普通高等教育"十四五"规划教材

# 电工电子技术基础实验教程

李 晖 金 浩 赵 明◎主编
苏晓东◎主审

中国铁道出版社有限公司
CHINA RAILWAY PUBLISHING HOUSE CO., LTD.

## 内 容 简 介

本书为高等学校"电工电子技术基础"课程实践教学的配套实验教程,为提高学生实践创新能力而编写。全书共分5章,内容包括电工电子实验基础知识、电路分析基础实验、模拟电子技术实验、数字逻辑电路分析与设计实验等共16个基础实验案例及6个综合设计实验案例,为学生进行创新实验提供参考。

本书适合作为普通高等学校学生学习"电工电子技术基础"课程的实验和实践教材,也可作为高职高专院校相关实习及设计的辅助教材,并可作为相关技术人员的参考书。

**图书在版编目(CIP)数据**

电工电子技术基础实验教程/李晖,金浩,赵明主编. —北京:中国
铁道出版社有限公司,2021.7(2022.10重印)
普通高等教育"十四五"规划教材
ISBN 978-7-113-28305-6

Ⅰ.①电… Ⅱ.①李… ②金… ③赵… Ⅲ.①电工技术-实验-高等
学校-教材②电子技术-实验-高等学校-教材 Ⅳ.①TM-33②TN-33

中国版本图书馆 CIP 数据核字(2021)第 167164 号

书　　名:**电工电子技术基础实验教程**
作　　者:李　晖　金　浩　赵　明

策　　划:王文欢　　　　　　　　　编辑部电话:(010)83527746
责任编辑:张松涛　绳　超
封面设计:付　巍
封面制作:刘　颖
责任校对:苗　丹
责任印制:樊启鹏

出版发行:中国铁道出版社有限公司(100054,北京市西城区右安门西街8号)
网　　址:http://www.tdpress.com/51eds/
印　　刷:三河市宏盛印务有限公司
版　　次:2021年7月第1版　2022年10月第2次印刷
开　　本:787 mm×1 092 mm 1/16　印张:13.75　字数:348 千
书　　号:ISBN 978-7-113-28305-6
定　　价:40.00 元

# 前　言

本书是编者在总结多年电工电子技术基础课程实践教学改革的经验，以加强学生实践能力和创新能力的培养为目标，参考电工电子技术基础课程教材和相关实验教材编写完成的。本书侧重理论联系实际的科学实验方法指导和基础实验电路形象化，加强基本电工电子实验技能的训练，强调学生在整个实验过程中的自主性。全书共分5章，涵盖了电路分析、模拟电子技术和数字逻辑电路等电工电子基础课程的实验内容，内容丰富充实、系统全面，每个实验均给出了详细的理论分析和计算。通过实验预习的设计、计算及仿真验证等实验前过程，不仅巩固了理论知识，而且使学生在进入实验室前就可以对实验的过程、内容及结果有充分了解。第1章电工电子实验基础知识介绍了安全用电常识、常用电工电子元器件、测量基础知识、测量误差分析、实验数据处理方法、实验所涉及的测量仪器仪表及使用方法；第2章电路分析基础实验包括基尔霍夫定律、叠加定理和戴维宁定理实验，单相交流参数测定及功率因数提高实验，一阶电路响应和电路谐振实验，受控源电路和选频电路实验，三相电路实验，三相异步电动机的控制实验；第3章模拟电子技术实验包括单晶体管共射放大电路实验、负反馈放大电路实验、集成运算放大器运算功能实验、波形发生器设计与调试实验和直流稳压电源实验；第4章数字逻辑电路分析与设计实验包括小规模组合逻辑电路分析与设计实验、中规模组合逻辑电路设计实验、触发器时序逻辑电路分析实验、计数器设计实验和寄存器设计实验。在每个实验之后都设置了思考题，供学生在课余时间进行理论研究和实验探索时参考。第5章综合设计实验编写了6个综合设计实验案例，包括详细的设计过程和理论推导，为学生进行实验研究和开展科技创新设计提供指导。在本书的附录中编写了3个实验报告样例和1个课程设计报告样例，为学生撰写实验报告和课程设计报告提供参考。

本书适合作为普通高等学校学生学习"电工电子技术基础"课程的实验和实践教材，也可作为高职高专院校相关实习及设计的辅助教材，并可作为相关技术人员的参考书。

本书由李晖、金浩和赵明任主编，张楠和牛小语任副主编。参加本书编写的教师均为哈尔滨商业大学多年从事电工电子基础课程教学和实践教学指导的一线教师。其中，第1章和第2章由李晖和金浩共同编写；第3章、第4章和附录由李晖、金浩、张楠和牛小语共同编写；第5章由赵明、张楠和牛小语共同编写。本书由哈尔滨商业大学苏晓东教授主审。

由于时间仓促，加之编者水平有限，书中疏漏与不妥之处在所难免，敬请广大读者批评指正。

编　者

2021 年 4 月

# 目 录

# 第1章 电工电子实验基础知识

## 1.1 概　述

电工电子技术基础课程实验教学是电工电子技术基础课程教学的重要组成部分,实验教学为每位学生提供了理论联系实际综合能力培养的机会,通过实验不仅能巩固所学的理论知识,还可以在实验中发现问题,掌握理论分析与实际电路运行的关系,对培养学生的科学精神、独立分析问题和解决问题的能力都有很好的促进作用。为了使每节实验课都能达到预期的教学效果,每个参加实验的学生都应该明确如下事项。

### 1.1.1 实验目的与实验安全用电

#### 1. 实验目的

实验目的主要可以归纳如下:

(1)用实验的方法来验证电路基本理论,以巩固和加深对电路基本理论的学习和理解。

(2)通过实验验证基于理论的应用电路设计的正确性。

(3)学习并掌握电工电子基础实验所涉及的各种仪器、仪表的主要技术性能及正确使用方法。

(4)培养学生独立连接实验线路、检查和排除电路中简单故障的能力。

(5)培养学生掌握实验方法、测试技术、处理实验数据和分析误差的能力。

(6)培养学生撰写科学严谨、理论依据明确、文字通顺和误差分析准确的实验报告的能力。

#### 2. 实验安全用电

实验安全包括人身安全和设备安全。由于实验室采用 220 V/380 V,50 Hz 的交流电,当人体直接与动力电的相线(俗称"火线")接触时就会遭到电击。每台仪器只有在额定电压下才能正常工作。对于人体而言,一般安全电压为 36 V,超出该电压时就有可能对人体造成伤害。因此,电工电子学的实际操作实验要求每一个操作者一定要切实遵守实验室各项安全操作规程,以确保实验过程中的安全。应特别注意以下几个方面:

(1)不得擅自接通电源。

(2)不得触及带电部分,遵守"先接线后通电源,先断电源后拆线"的操作程序。

(3)不得擅自触碰和踩踏实验室的相关电源设备,如地插座、插排和电源箱等。

(4)注意仪器设备的规格、量程和操作规程。不了解性能和使用方法时不得随意使用该仪器设备。

(5)实验进行时,要保持双脚站立在胶皮垫上面。

（6）使用电烙铁时,应保证人走电断的安全方式,同时放置在安全位置,防止烫伤和电伤其他人员。

（7）发现异常现象(如声响、发热和焦臭味等)应立刻断开电源,并及时报告指导教师。

### 1.1.2 实验基本要求

实验课与理论课相比,具有自身的特殊性。为了实现实验目的,首先需要了解实验操作要求。

**1. 实验预习要求及操作要求**

1）实验预习要求

做好预习是实验顺利进行的关键环节,课前预习需要做到以下几点:

（1）熟悉实验室的安全操作规程和管理制度。

（2）认真复习实验的相关理论,仔细阅读实验指导书上的相关内容,明确实验目的、意义和实验要求,了解有关器件的使用方法。

（3）根据实验要求,掌握实验原理。根据实验的要求,参照实验指导书和视频资料列写实验步骤、画好实验线路图和实验中需要记录的数据表格。

*（4）应用 Proteus 软件完成实验电路的仿真分析。

（5）按要求完成预习报告,必须携带实验指导书和预习报告方可进入实验室进行实验。

2）实验操作要求

实验操作需要做到以下几点:

（1）进入实验室后先根据实验内容准备好实验所需的仪器设备和元器件,并合理摆放。

（2）按照实验方案和实验步骤的要求先调试电源及检测仪器仪表,然后连接实验电路。

（3）严禁带电接线、拆线或改接线路。实验线路接好,检查无误后方可接通电源进行实验。

（4）若发现异常现象,如发生焦煳味、冒烟故障,应立即切断电源,保护现场,并报告指导教师,排除故障后再继续实验操作。

（5）待仪器稳定后认真记录实验数据,独立思考,培养根据实验数据分析实验结果的能力。

（6）若发生仪器设备损坏情况,必须立即报告指导教师,并按实验室有关规定进行处理。

（7）实验结束时,应将记录结果交给指导教师审阅签字。经指导教师同意后方可拆除线路,清理现场。

3）实验故障的分析处理

实验过程,不可避免地会出现各种各样的故障现象,产生故障的原因一般可归纳为以下四个方面:

（1）操作不当(如布线错误等);

（2）设计不当(如电路出现险象等);

（3）元器件或仪器设备使用不当;

（4）元器件功能不正常或仪器本身出现故障。

常见的故障分析处理的方法:

（1）直观检查。由于在实验中大部分故障是由于布线错误或电路虚接引起的,因此,在故

---

*表示选作内容,全书同。

障发生时,复查电路连线为排除故障的首选方法。检查电源线、地线和元器件引脚之间有无短路,连接处有无接触不良或虚接,有无漏线、错线等。

(2)观测法。用万用表检查导线是否内部断开,用万用表或示波器等检测仪器仪表对电路中的某部分电阻、电压或波形进行测量,找到故障点。对有极性的元件(例如二极管、晶体管和电解电容等)检查极性是否接反,然后对故障状态进行分析和排除。

(3)替换法。如果多输入端元器件有多余端,则可调换另一输入端试用。必要时可更换元器件,以检查是否为元器件功能不正常所引起的故障。

(4)激励响应法。在电路的某一部分或者某一级输入端加上特定信号,观察该部分电路的输出响应,从而确定该部分是否有故障,必要时可以切断周围连线以避免相互影响。

以上检查故障的方法,是指在仪器工作正常的前提下进行的,判断和排除故障要根据课堂所掌握基本理论和实验原理进行分析和处理。如果怀疑仪器仪表工作不正常,可以更换仪器仪表或者将使用的仪器仪表换到已确定为正确的电路中进行比对测量。

**2. 实验报告要求**

实验报告是实验工作的全面总结,是在实验的定性观察和定量测量后,对数据进行整理和分析,去伪存真地对实验现象和结果得出正确的理解和认识。实验报告的撰写需要做到以下几点:

(1)在每次实验之前必须把实验题目、实验目的和意义、实验原理、实验电路图和理论计算值填写在实验报告相应的栏目及表格中。

(2)根据实验的要求参照实验指导书和视频资料列写实验步骤。

(3)根据实验原始记录和实验数据处理要求整理实验数据。将实验中的测量数据按照误差理论的要求进行数据分析和处理,得出实验结论。

(4)需要绘制的曲线图,应按规定绘制在坐标纸上,由曲线得出的数据可以在实验后完成。

(5)实验结果分析及实验结论要根据实验结果给出,决不允许按照理论结果伪造实验数据。

(6)总结实验中的故障排除情况及实验的心得体会。

# 1.2　常用元器件简介

任何电路都是由元器件构成的。熟悉和掌握各类元器件的性能、特点和适用范围对于完成实验有着十分重要的作用。本节将对电阻器、电容器、电感器、二极管和晶体管等常用元器件作简单介绍。

## 1.2.1　电阻器

电阻器简称电阻,是电工电子线路中应用最广泛的元件之一。它在电路中主要是稳定和调节电路中的电压和电流,作实验电路的负载,起限流、分流、降压、分压和阻抗匹配等作用。

**1. 电阻器的符号和种类**

电阻器在电路图中用字母 $R$ 表示,基本单位是 $\Omega$(欧[姆]),此外还有 $m\Omega$(毫欧)、$k\Omega$(千欧)和 $M\Omega$(兆欧)等。部分常用电阻器的图形符号如图 1.1 所示。

(a)固定电阻器 (b)可变电阻器 (c)热敏电阻器 (d)光敏电阻器 (e)压敏电阻器

图 1.1　常用电阻器的图形符号

电阻器的种类很多,从原理上分为固定电阻器、可变电阻器和敏感电阻器;从制作工艺上又分为线绕电阻器、陶瓷电阻器、水泥电阻器、薄膜电阻器、厚膜电阻器和玻璃釉电阻器等;从材料上分为碳膜电阻器、金属膜电阻器、金属氧化膜电阻器和合成膜电阻器;从用途上可分为通用电阻器、高压电阻器、高阻电阻器、高频电阻器、精密电阻器和无感电阻器等。

(1)固定电阻器是电阻值固定的电阻器,其阻值不会因为发热而改变,满足线性伏安特性。使用时要注意电阻器的功率和耐压等性能指标要求。

(2)可变电阻器是一种具有 3 个端头且电阻值可调整的电阻器。在使用中,通过调节可调电阻器的活动端,不但能使电阻值在最大值与最小值之间变化,而且在电路中还能调节滑动端头与两个固定端头之间的电位高低,故也称电位器。在电路中,可变电阻器常用于分压或改变负载的大小。电位器的种类较多,各有特点。按所使用的电阻材料不同,分为碳膜电位器、碳质实芯电位器、玻璃釉电位器和线绕电位器等。

(3)热敏电阻器是敏感元件的一类,按照温度系数不同分为正温度系数热敏电阻器(PTC)和负温度系数热敏电阻器(NTC)。热敏电阻器的典型特点是对温度敏感,不同的温度下表现出不同的电阻值。正温度系数热敏电阻器(PTC)在温度越高时电阻值越大,负温度系数热敏电阻器(NTC)在温度越高时电阻值越小。热敏电阻器属于半导体器件,是一种具有非线性伏安特性的电阻元件。

(4)光敏电阻器是利用半导体光电导效应制成的一种特殊电阻器,对光线十分敏感,其电阻值能随着外界光照强弱(明暗)变化而变化。光敏电阻器在无光照射时,呈高阻状态;当有光照射时,其电阻值迅速减小。光敏电阻器是一种具有非线性伏安特性的电阻元件。

(5)压敏电阻器是一种具有非线性伏安特性的电阻元件,当过电压处于压敏电阻器的控制电压范围内,压敏电阻器可以将电压钳位到一个相对固定的电压值,从而实现对后级电路的保护。

部分常用电阻器外形如图 1.2 所示。

**2. 电阻器的参数及识别方法**

电阻器的主要性能参数包括额定功率、标称阻值、阻值允许偏差、最高工作电压、温度特性、最高工作温度和高频特性等。

电阻器阻值的标识方法有以下几种:

(1)直标法:在电阻器的表面,将材料类型和主要参数以文字、数字或字母直接标出,阻值的整数部分标在阻值单位符号的前面,阻值的小数部分标在阻值单位符号的后面。例如当滑动变阻器顶部标注的参数为 102 时,就代表其阻值是 $10 \times 10^2$ 即 1 kΩ;当滑动变阻器顶部标注的参数为 503 时,就代表其阻值是 $50 \times 10^3$ 即 50 kΩ。

(2)色标法:又称色环表示法,即用不同颜色的色环涂在电阻器上,用来表示电阻器的阻值及误差等级。色环电阻有两种:一种是 5 个色环的电阻,左面 3 个环表示阻值为 3 位有效数字;另一种是 4 个色环的电阻,左面 2 个色环表示阻值为 2 位有效数字。两种色环电阻的右侧第一色环表示误差,右侧第二色环表示倍率,即在有效数字后面乘倍率 $10^i$。五色环电阻各色环所代表的含义见表 1.1。

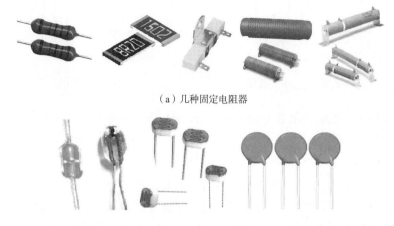

（a）几种固定电阻器

（b）热敏电阻器、光敏电阻器、压敏电阻器

（c）几种电位器

图 1.2　部分常用电阻器外形

表 1.1　五色环电阻各色环所代表的含义

| 颜色 | 第一色环 | 第二色环 | 第三色环 | 倍率 | 误差 |
|---|---|---|---|---|---|
| 棕 | 1 | 1 | 1 | $10^1$ | ±1% |
| 红 | 2 | 2 | 2 | $10^2$ | ±2% |
| 橙 | 3 | 3 | 3 | $10^3$ | — |
| 黄 | 4 | 4 | 4 | $10^4$ | — |
| 绿 | 5 | 5 | 5 | $10^5$ | ±0.5% |
| 蓝 | 6 | 6 | 6 | $10^6$ | ±0.25% |
| 紫 | 7 | 7 | 7 | $10^7$ | ±0.10% |
| 灰 | 8 | 8 | 8 | $10^8$ | ±0.05% |
| 白 | 9 | 9 | 9 | $10^9$ | — |
| 黑 | 0 | 0 | 0 | $10^0$ | — |
| 金 | — | — | — | — | ±5% |
| 银 | — | — | — | — | ±10% |
| 无 | — | — | — | — | ±20% |

四色环电阻与五色环电阻的色环表示实例分别如图 1.3 和图 1.4 所示。

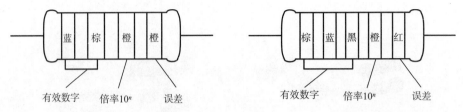

<table>
<tr><td>图 1.3　四色环电阻的色环表示实例</td><td>图 1.4　五色环电阻的色环表示实例</td></tr>
</table>

图 1.3 所示四色环电阻的阻值为 $61 \times 10^3 = 61$ kΩ，图 1.4 所示五色环电阻的阻值为 $160 \times 10^3 = 160$ kΩ，误差为 ±2%。

### 3. 电阻器的测量

测量电阻器的阻值，通常用万用表的欧姆挡。用指针式万用表欧姆挡时，首先要进行调零，选择合适的挡位，使指针尽可能指示在表盘中部，以提高测量精度。如果用数字万用表测量，没有挡位区别的数字万用表直接显示电阻的数值和单位；有挡位区别的万用表，低挡位测量高阻值时，因量程不够，数字会显示"OL"，需要将万用表欧姆挡调到相应的挡位。数字万用表测量精度要高于指针式万用表。

需要说明的是，相同标称值的电阻器，其额定功率和允许误差可能不尽相同。因此，要根据实际要求来选择最合适的电阻器。

## 1.2.2　电容器

### 1. 电容器的符号和种类

电容器是一种储能元件，在电路中，电容器担负着隔直流、储存电能、旁路、耦合、滤波、谐振和调谐等任务。电容器用符号 $C$ 表示。电容的基本单位是法拉，简称法（F），此外还有 mF（毫法）、μF（微法）、nF（纳法）、pF（皮法）。它们之间的具体换算如下：

$$1 \text{ F} = 1\,000 \text{ mF} = 10^6 \text{ μF}, 1 \text{ μF} = 1\,000 \text{ nF} = 10^6 \text{ pF}$$

电容器按结构可分为固定电容器、可变电容器和微调电容器；按介质材料可分为无机固体介质电容器、有机固体介质电容器、电解电容器、气体介质电容器和液体介质电容器。

电容器接入交流电路中时，由于电容器的不断充放电，所以电容器极板上所带电荷对定向移动的电荷具有阻碍作用，物理学上把这种阻碍作用称为容抗，用字母 $X_C$ 表示，单位为 Ω（欧［姆］），$X_C$ 与交流电的频率 $f$ 及电容值 $C$ 的关系为

$$X_C = \frac{1}{2\pi f C} \tag{1.1}$$

### 2. 电容器的标注方法

（1）电解电容器的标注。电解电容器有正负极，引脚短的为负极、引脚长的为正极。从电容器侧面也可以看见正负极的标识，还可以读出电容的容值和耐压值。

（2）其他电容器的标注。

①直接标称法。即用文字、数字、符号直接打印在电容器上的方法，用 2 ~ 4 位数字表示电容量的有效数字，再用字母表示数值的量级，带小数点为 μF。如 1p2 表示 1.2 pF，3μ3 表示

3.3 μF,0.22 表示 0.22 μF。

②数码表示法。一般用三位数字,前两位为容量有效数字,第三位是倍率,若第三位是9,表示×$10^{-1}$,单位一律是 pF。如 103 表示 $10 \times 10^3$ pF $= 10^4$ pF $= 0.01$ μF,479 表示 $47 \times 10^{-1}$ pF $= 4.7$ pF。该表示法往往用于陶瓷电容器,并且还带有表示偏差的字母 K( ±10%)和 J( ±5%)。

如图 1.5 所示为实验室最常见的电解电容器和陶瓷电容器外形。标有 470 μF 的电解电容器大小为 470 μF,耐压450 V,在图 1.5 上可见" − "极标识;标有 102 K 的陶瓷电容器大小为 $10 \times 10^2$ pF( ±10%),即 0.001 μF。

图 1.5　电解电容器和陶瓷电容器外形

### 3. 电容器的测量

利用万用表欧姆挡可以检查电容器是否有短路、断路或漏电等情况。目前质量较好的数字万用表都有测量电容器的功能,可以方便地检测电容器,若要准确地测量电容器需要采用专用测量电容器的电桥。

### 4. 电容器在使用时应注意的问题

(1)电容器在使用前应先进行外观检查,检查电容器引线是否折断,表面有无损伤,型号和规格是否符合要求,电解电容器引线根部有无电解液渗漏等。

(2)电容器两端的工作电压不能超过电容器本身的耐压要求。电解电容器必须注意正、负极性,不能接反。

(3)检测 0.022 μF 以下的小容量电容,因其容量太小,用万用表 $R \times 10$ kΩ 挡,只能定性地检查其是否有漏电、内部短路或击穿现象。测试时指针有轻微摆动,说明良好。

电容器的主要指标包括标称值、耐压大小和允许误差。相同标称值的电容器,其耐压大小和允许误差可能不尽相同。因此,要根据实际要求来选择最合适的电容器。

## 1.2.3　电感器

电感器简称电感。电感器是依照电磁感应原理由绝缘导线(如漆包线和纱包线)绕制而成的,是电子电路中常用的元器件之一。电感器可分为两大类,一类是应用自感作用的电感线圈,另一类是应用互感作用的变压器和互感器等。本节重点介绍第一类电感器。

### 1. 电感器的符号和种类

电感器在电路中用字母 $L$ 表示,常用的图形符号如图 1.6 所示。

(a)空芯电感器　(b)有芯电感器　(c)可调电感器　(d)变压器

图 1.6　电感器常用的图形符号

电感器的种类很多,按电感量是否可调,可分为固定电感器和可调电感器;按工作频率不同,可分为高频电感器、中频电感器和低频电感器;按工作性质可分为振荡电感器、扼流电感器、偏转电感器、补偿电感器、隔离电感器和滤波电感器等。

常见的几种电感器外形如图 1.7 所示。

图 1.7　常见的几种电感器外形

### 2. 电感器的主要性能参数

电感器的主要性能参数有电感量、感抗、品质因数和额定电流等。

（1）电感量。标注的电感量大小表示线圈本身固有特性，主要取决于线圈的圈数、结构及绕制方法。电感的国际单位是 H（亨［利］）。常用的电感单位还有：mH（毫亨）和 μH（微亨），换算关系如下：

$$1\ H = 10^3\ mH,1\ mH = 10^3\ \mu H$$

（2）感抗 $X_L$。电感器对交流电流阻碍作用的大小称为感抗 $X_L$，单位为 Ω（欧［姆］）。它与电感量 $L$ 和交流电频率 $f$ 的关系为

$$X_L = \omega L = 2\pi f L \tag{1.2}$$

（3）品质因数。品质因数也称 $Q$ 值，是衡量电感器质量的一个物理量。$Q$ 为感抗 $X_L$ 与其消耗电能的等效内阻 $r$ 的比值，即

$$Q = \frac{X_L}{r} \tag{1.3}$$

电感器的 $Q$ 值愈高，回路的损耗愈小。

（4）额定电流。对于高频电感器和大功率电感器而言，额定电流是指允许通过电感器的最大直流电流。

### 3. 电感器的测量

电感器的主要指标包括标称值、品质因数、固有电容和额定电流等。准确地测量电感器的电感量 $L$ 和品质因数 $Q$，需要用专门测量电感的电桥来进行。一般可用万用表欧姆挡测量电感器的阻值，并与其技术指标相比较，阻值比规定的阻值小很多，说明存在有局部短路或严重短路的情况；若阻值很大，则表示电感器断路。

相同标称值的电感器，其品质因数、固有电容和额定电流可能不尽相同。因此，要根据实际要求来选择最合适的电感器。

## 1.2.4　二极管

### 1. 二极管的结构和特性

二极管是用一个 PN 结作为管芯，在 PN 结的两端加上接触电极引出线，并以外壳封装而成的半导体器件。

二极管具有单向导电性，可以用于整流、检波、限幅、元件保护以及在数字电路中作为开关元件等。部分常用二极管外形如图 1.8 所示。

### 2. 二极管的种类

二极管按材料不同分为锗二极管、硅二极管和砷化镓二极管；按结构不同分为点接触型二

极管和面接触型二极管;按用途分整流二极管、检波二极管、变容二极管、稳压二极管、开关二极管、发光二极管、压敏二极管、肖特基二极管、快恢复二极管和激光二极管等;按封装形式可分为玻璃封装二极管、塑料封装二极管和金属封装二极管等;按工作频率可分为高频二极管和低频二极管。

图1.8　部分常用二极管外形

### 3. 二极管的主要性能参数

二极管主要性能参数有最大整流电流 $I_F$、最高反向工作电压 $U_R$、反向电流 $I_R$ 以及最高工作频率 $f_M$ 等。实际应用中,要根据电路具体情况,选择满足要求的二极管。

### 4. 二极管的识别

普通二极管在电路中常用字母"VD"或"D"加数字表示,如"$VD_5$"或"$D_5$"表示编号为 5 的二极管,稳压二极管在电路图中用字母"$D_Z$"表示。

小功率二极管的负极通常在表面用一个色环标出;金属封装二极管的螺母部分通常为负极引线;发光二极管则通常用引脚长短来识别正、负极,长脚为正,短脚为负;另外,若仔细观察发光二极管,可以发现内部的两个电极一大一小:一般来说,电极较小、个头较矮的是发光二极管的正极,电极较大的是发光二极管的负极。

稳压二极管从外形上分金属封装和塑封两组。金属封装稳压二极管管体的正极一端为平面形,负极一端为半圆面形。塑封稳压二极管管体上印有彩色标记的一端为负极,另一端为正极。对标志不清楚的稳压二极管,则需要借助仪器仪表来测量。

整流桥是将四个二极管首尾相连接成环形,连接点引出接线的集成元件,因此有四个引脚,整流桥表面通常标注内部电路结构或者交流输入端及直流输出端的名称,交流输入端通常用"AC"或者"～"表示;直流输出端通常以"＋""－"符号表示。

贴片二极管由于外形多种多样,其极性也有多种标注方法:在有引线的贴片二极管中,管体有白色色环的一端为负极;在有引线而无色环的贴片二极管中,引线较长的一端为正极;在无引线的贴片二极管中,表面有色带或者有缺口的一端为负极;贴片发光二极管中有缺口的一端为负极。

不同种类二极管,其图形符号也不相同,部分二极管的图形符号如图1.9所示。

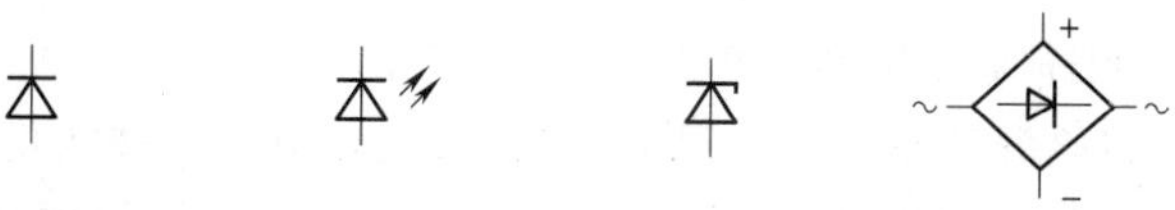

(a)普通二极管　(b)发光二极管　(c)稳压二极管　(d)整流桥
图1.9　部分二极管的图形符号

### 5. 二极管的性能检测

(1)普通二极管的性能检测。根据二极管单向导电性,通过万用表的二极管挡或者电阻挡($R \times 1$ kΩ 或 $R \times 100$ Ω),分别用红表笔与黑表笔碰触二极管的两个极,用表笔经过两次对二极管的交换测量,测量阻值较小,表明为正向电阻,此时红表笔所接电极为二极管的正极,黑表笔连接的是二极管的负极。通常小功率锗二极管的正向电阻值为300 ~ 1 500 Ω,硅管为几千欧或更大一些。锗管反向电阻为几十千欧,硅管在 500 kΩ 以上(大功率二极管的数值要大得多)。正反向电阻差值越大越好。

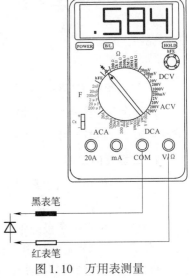

使用数字万用表的二极管挡检测二极管很方便:将数字万用表挡位开关放置在二极管挡或者电阻挡($R \times 1$ kΩ 或 $R \times 100$ Ω),然后将二极管的一极与数字万用表的黑表笔相接,另一极与红表笔相接,此时显示屏上即可显示二极管正向压降值。不同材料的二极管,其正向压降值不同:锗二极管为 0.150 ~ 0.300 V,硅二极管为 0.400 ~ 0.700 V。若表笔接反(正极与黑表笔相接,负极与红表笔相接),则屏幕上会显示"OL"(在二极管正常的情况下),该数值为二极管的反向压降。用万用表测量二极管的示意图如图 1.10 所示。图中红表笔接二极管的正极,黑表笔接二极管的负极,万用表显示的数字是 0.584 V。

图 1.10　万用表测量二极管的示意图

由于用数字万用表测量时的电流很小,因此屏幕上显示的二极管压降值要低于在额定电流时的压降值。同种型号的二极管,测量的正向压降值越小,说明该二极管的性能越好,在整流时的效率越高。

(2)发光二极管的性能检测。发光二极管仍然可以用万用表进行性能检测,检测的方法与普通二极管相同。对于能够正常工作的发光二极管来说,如果将红表笔接发光二极管的正极,黑表笔接发光二极管的负极,万用表显示的为发光二极管的压降。若表笔接反(正极与黑表笔相接,负极与红表笔相接),则屏幕上会显示"OL"。

(3)稳压二极管的性能检测:

①正负电极的判别。对标志不清楚的稳压二极管,可以用万用表判别其极性,测量的方法与普通二极管相同。如果将红表笔接二极管的正极,黑表笔接二极管的负极,万用表显示的为稳压管的压降。若表笔接反(正极与黑表笔相接,负极与红表笔相接),则屏幕上会显示"OL"(在二极管正常的情况下)。但是由于稳压管工作在反向击穿区,所以当稳压管接到电路中时,应注意要将正极接负,负极接正。

若测得稳压二极管的正、反向电阻均很小或均为无穷大,则说明该二极管已击穿或开路损坏。

②稳压值的测量。用连续可调直流电源供电,对于 13 V 以下的稳压二极管,可将稳压电源的输出电压调至 15 V,将电源正极串联 1 只 1.5 kΩ 限流电阻后与被测稳压二极管的负极相连接,电源负极与稳压二极管的正极相接,再用万用表测量稳压二极管两端的电压值,所测的数值即为稳压二极管的稳压值。若稳压二极管的稳压值高于 15 V,则应将稳压电源调至 20 V 以上。

### 1.2.5　晶体管

#### 1. 晶体管的结构和特性

晶体管(又称三极管)也是重要的半导体器件,是由两个 PN 结,三个电极(发射极、基极和集电极)构成。晶体管的放大作用和开关作用的应用促使了电子技术的飞跃发展。

#### 2. 晶体管的种类

晶体管按材料可分为硅管和锗管;按 PN 结的不同构成,可分为 NPN 型和 PNP 型;按结构可分为点接触型和面接触型;按工作频率可分为高频晶体管($f_T > 3$ MHz)和低频晶体管($f_T < 3$ MHz);按功率大小可分为大功率管($P_C > 1$ W)、中功率管($P_C$ 在 $0.7 \sim 1$ W)、小功率管($P_C < 0.7$ W);按封装形式可分为金属封装、塑料封装、玻璃封装和陶瓷封装等形式;按用途可分为放大管、开关管、低噪声管和高反压管等。

部分常用晶体管外形如图 1.11 所示。

图 1.11　部分常用晶体管外形

#### 3. 晶体管的主要性能参数

晶体管主要性能参数包括:

(1)电流放大系数 $\bar{\beta}$。当晶体管接成共发射极电路时,在静态($u_i = 0$)时集电极电流 $I_C$ 与基极电流 $I_B$ 的比值称为共发射极静态电流(直流)放大系数。

$$\bar{\beta} = \frac{I_C}{I_B} \tag{1.4}$$

当晶体管工作在动态($u_i \neq 0$)时,基极电流的变化量为 $\Delta I_B$,它引起集电极电流的变化量为 $\Delta I_C$。$\Delta I_B$ 与 $\Delta I_C$ 的比值称为动态电流(交流)放大系数。

$$\beta = \frac{\Delta I_C}{\Delta I_B} \tag{1.5}$$

$\bar{\beta}$ 和 $\beta$ 的含义不同,但在特性曲线近于平行等距并且 $I_{CEO}$ 较小的情况下,两者数值接近,因此晶体管的电流放大系数统一用 $\beta$ 表示。虽然晶体管的输出特性曲线是非线性的,但晶体管工作在放大区时,其输出特性曲线近似水平,$I_C$ 随 $I_B$ 成正比变化,$\beta$ 值可认为是基本恒定的。

常用晶体管的 $\beta$ 值在 $20 \sim 200$ 之间。

(2)集-基极反向截止电流 $I_{CBO}$。$I_{CBO}$ 是当发射极开路时流经集电结的反向电流,其值通常很小。

(3)集-射极反向截止电流 $I_{CEO}$。$I_{CEO}$ 是当基极开路时的集电极电流,也称为穿透电流。

(4)集电极最大允许电流 $I_{CM}$。集电极电流 $I_C$ 超过一定值时,晶体管的 $\beta$ 值会下降。当 $\beta$ 值下降到正常数值的 2/3 时的集电极电流,称为集电极最大允许电流 $I_{CM}$。

（5）集–射极反向击穿电压 $U_{(BR)CEO}$。当基极开路时,加在集电极和发射极之间的最大允许电压,称为集–射极反向击穿电压 $U_{(BR)CEO}$。

（6）集电极最大允许耗散功率 $P_{CM}$。由于集电极电流在流经集电结时将会产生热量,从而会引起晶体管参数变化。当晶体管因受热而引起的参数变化不超过允许值时,集电极所消耗的最大功率称为集电极最大允许耗散功率 $P_{CM}$。

**4. 晶体管的极性判别**

（1）直读法。晶体管有 NPN 型及 PNP 型之分,管型是 NPN 还是 PNP,应从管壳上标注的型号来辨别。依照部颁标准,晶体管型号的第二位（字母）,A、C 表示 PNP 管,其中 A 代表锗管,C 代表硅管;B、D 表示 NPN 管,其中 B 代表锗管,D 代表硅管。

常用中、小功率晶体管有金属圆壳和塑料封装（半柱型）等外形,其中部分晶体管电极排列方式示意图如图 1.12 所示。

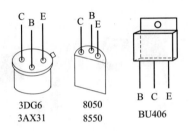

图 1.12　部分晶体管电极排列方式示意图

晶体管引脚的排列位置依其品种、型号及功能等不同而异。要正确使用晶体管,首先必须识别出晶体管的各个电极。

（2）万用表检测：

①基极（B）的判别。晶体管的结构可看作两个背靠背的 PN 结,对 NPN 型来说基极是两个 PN 结的公共阳极,对 PNP 型管来说基极是两个 PN 结的公共阴极。基极与集电极、基极与发射极分别是两个 PN 结,它们的反向电阻都很大,而正向电阻都很小,所以用数字万用表（$R \times 1~\text{k}\Omega$ 或 $R \times 100~\Omega$ 挡）测量时,先将任一表笔接到某一认定的电极上,另一表笔分别接到其余两个电极上,如果测得阻值都很大（两大）,调换表笔反过来测得阻值都较小（两小）,则可断定所认定的电极是基极;若不符合上述结果,应另换一个电极重新测试,直到符合上述结果为止。与此同时,根据表笔带电极性判别晶体管的极性:当黑表笔接在基极,红表笔分别接在其他两电极测得的电阻值小时,可确定该晶体管为 NPN 型,反之为 PNP 型。

②集电极（C）和发射极（E）的判别：

方法一:对于 PNP 型管,将数字万用表置于 $R \times 1~\text{k}\Omega$ 挡,红表笔接基极,用黑表笔分别接触另外两个电极时,所测得的两个电阻值会是一大一小。在阻值小的一次测量中,黑表笔所接电极为集电极;在阻值较大的一次测量中,黑表笔所接电极为发射极。

对于 NPN 型管,要将黑表笔接基极,用红表笔去接触其余两电极进行测量,在阻值较小的一次测量中,红表笔所接电极为集电极;在阻值较大的一次测量中,红表笔所接的电极为发射极。

方法二:将数字万用表置于 $R \times 1~\text{k}\Omega$ 挡,两表笔分别接除基极之外的两电极,如果是 NPN 型管,用手指捏住基极与黑表笔所接电极,可测得一电阻值,然后将两表笔交换,同样用手捏住基极和黑表笔所接电极,又可测得一电阻值,两次测量中阻值小的一次,黑表笔所对应的是 NPN 型管的集电极,红表笔所对应的是发射极,如图 1.13 所示。

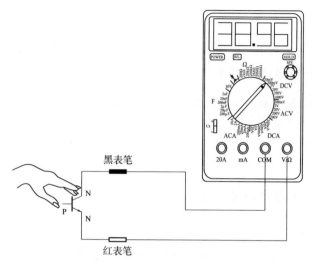

图 1.13　数字万用表测试晶体管 C 极和 E 极方法示意图

方法三:用指针式万用表测量时,以测量电极在不同接法时的电流放大系数的大小来比较。电极接法正确时的 $\beta$ 值比接法错误时的 $\beta$ 值大,则可判断出 C 和 E。以 NPN 型管为例:如图 1.14 所示,应以黑表笔接认定的 C,红表笔接认定的 E(若为 PNP 型则反之),将 C、B 两极用大拇指和食指捏住(注意:勿使 C、B 短路,此时人体电阻作为 $R_B$, $I_B>0$)和断开(相当 $R_B=\infty$, $I_B=0$),观察在上述两种情况下,指针摆动的差值 $\Delta\varphi$ 角。若 $\Delta\varphi$ 较大(阻值较小),说明集电极电流 $I_C=\beta I_B$ 较大,具有放大作用,则假定的 C、E 是正确的;若 $\Delta\varphi$ 很小(阻值较大),说明假定的 C、E 极不对,则要将表笔调换位置重新测试一次。示意图如图 1.14 所示。

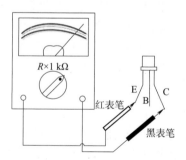

图 1.14　指针式万用表测试 NPN 型管 C 极和 E 极方法示意图

方法四:数字万用表上一般都有测试晶体管 $h_{FE}$ 的功能,可以用来测试晶体管的集电极和发射极。首先测出晶体管的基极,并且测出是 NPN 型还是 PNP 型晶体管,然后将万用表置于 $h_{FE}$ 功能挡,将晶体管的电极分别插入基极孔、发射极孔和集电极孔,此时从显示上读出 $h_{FE}$ 值;对调一次发射极与集电极,再测一次 $h_{FE}$;数值较大的一次为插入的发射极和集电极正确。

# 1.3 测量基础知识

测量是指人们借助专门的设备、仪器仪表或工具,为确定被测对象的量值而进行的实验过程。测量的结果通常用两部分表示:一部分是数值,另一部分是单位,如 3.12 V 和 5.6 mA。

## 1.3.1 电工电子测量技术的概念

电工电子测量技术是指利用电子技术来进行的测量,主要包括元器件参数的测量,如电阻、电容及其他电子元器件参数的测量;电路参数的测量,如电压、电流、功率、功率因数、电路的频率特性和增益等的测量;信号特性的测量,如频率、相位、频谱、信噪比、信号波形和失真度等的测量。

## 1.3.2 电工电子技术常用测量方法

### 1. 电压的测量方法

电压是电路中最基本的参数之一,很多参数,如电流、电压增益和功率等都可以从电压值派生出来。根据被测数据的性质、频率和测量精度等,选择不同的测量仪表。对直流电压值,可以用直流电压表或数字万用表的直流电压挡直接测得。电压表具有很高的内阻,测量时必须和被测电路相并联。对于交流信号,应使用电磁式电压表。对于正弦波信号,还可以用万用表的交流电压挡或交流毫伏表测得正弦交流电压有效值。

### 2. 电流的测量方法

电流的测量方法可分为直接测量法和间接测量法。

(1) 直接测量法。即将电流表串联在电路中,进行电流值的测量。测量直流电流通常使用磁电式电流表,测量交流电流主要采用电磁式电流表。应注意电流表的正负接线柱的接法要正确:电流从正接线柱流入,从负接线柱流出;被测电流不要超过电流表的量程;因电流表内阻很小,不允许把电流表并联在负载两端,更不允许直接连到电源的两极上。

(2) 间接测量法。即根据被测电路负载上的电压和阻值换算出电流值的方法,如测量晶体管放大电路静态工作点 $I_C$ 时,只需要测量 $R_C$ 两端的电压 $U_{R_C}$,然后除以 $R_C$ 的阻值即可。

### 3. 功率的测量方法

功率主要包括电源提供的功率和电路消耗的功率两大类。电路消耗的功率是指通过用电器的电流与在用电器上产生的电压降之积,即 $P = UI$,也可通过用电器的等效电阻来换算:$P = I^2R$ 或者 $P = U^2/R$。一般情况下,电源提供的功率等于用电器消耗的功率。

对于功率的测量,可以通过被测电路的电压和电流值或负载的等效电阻进行计算,也可以使用功率表直接读取功率值。功率表主要由一个电流线圈和一个电压线圈组成,电流线圈与负载串联,测量负载的电流;电压线圈与负载并联,测量负载的电压。

其他(如频率等)测量方法参阅 1.6 节常用仪器仪表的使用。周期与相位差可以通过模拟示波器来测量;频率与周期为倒数关系,即 $f = 1/T$。因此,可以先测信号的周期,再求倒数即可得到信号的频率。

### 1.3.3　数字电子技术常用测量方法

数字集成电路中,主要是判断逻辑门各端点间的逻辑关系,一般用到两种测试方法:一是静态测量法,主要包括用发光二极管、逻辑笔和 LED 数码管显示等方法来确定逻辑电平的高低以及器件工作状态等;二是动态测量法,使用示波器进行动态波形的显示、用万用表测量电平数值和用逻辑分析仪进行测量等。判断芯片是否正常工作也可以万用表直流电压挡测量引脚电压是否满足标准高低电平的要求。

# 1.4　测量误差分析

## 1.4.1　测量误差的来源

在电工电子技术实验中由于测量仪器存在误差、测量方法不完善、测量环境及测量人员的水平等因素的影响,在测量结果和被测量真值之间总存在差别,称为测量误差。

测量误差的来源主要有以下几个方面:

(1)仪器仪表误差。由于测量仪器仪表的性能不完善所产生的误差。

(2)使用误差(操作误差)。是指在测量过程中,由于对量程等的使用不当造成的误差。

(3)读数误差。由于人的感觉器官限制所造成的误差。

(4)方法误差(理论误差)。由于测量方法不完善和理论依据不严谨等引起的误差。

(5)环境误差。由于受到环境影响所产生的附加误差。

## 1.4.2　测量误差的分类

### 1. 系统误差

系统误差是指在相同条件下,多次测量同一量值时误差的绝对值和符号保持不变或按一定规律变化的误差。由于测量仪器本身不完善、测量仪器仪表使用不当、测量环境不同和读数方法不当等引起的误差均属于系统误差。

### 2. 随机误差(偶然误差)

随机误差是指在测量过程中误差的大小和符号都不固定,随机误差具有偶然性。例如:噪声干扰、电磁场的微变和温度的变化等所引起的误差均属于随机误差。

### 3. 过失误差(粗大误差)

过失误差是指在一定测量条件下,测量值明显偏离其真值所形成的误差。例如:读数、记录、数据处理和仪表量程换算的错误等引起的误差。

## 1.4.3　测量误差的表示方法

### 1. 绝对误差

绝对误差是指测量值 $A$ 与被测量的真值 $A_0$ 之间的差值,用 $\Delta A$ 表示,即

$$\Delta A = \left| A_0 - A \right| \tag{1.6}$$

$A_0$ 一般无法测得,测量中采用高一级标准仪器所测量的 $A$ 值来代替真值 $A_0$。本书中以理论

计算值代替真值,则绝对误差可以表示为

$$\Delta A = \left| A_{计算值} - A_{测量值} \right| \tag{1.7}$$

绝对误差的单位和被测量的单位相同。

### 2. 相对误差

相对误差为绝对误差 $\Delta A$ 与被测量真值 $A_0$ 之比,一般用百分数形式表示,即

$$\delta_A = \frac{\Delta A}{A_0} \times 100\% \approx \frac{\Delta A}{A} \times 100\% \tag{1.8}$$

本书用理论计算值代替真值,计算相对误差。

$$\delta_A = \frac{\Delta A}{A_{计算值}} \times 100\% \tag{1.9}$$

### 3. 引用误差

引用误差为绝对误差 $\Delta A$ 与仪器量程的满刻度值 $A_m$ 的比值,一般用百分数形式表示,即

$$\delta_m = \frac{\Delta A}{A_m} \times 100\% \tag{1.10}$$

# 1.5  实验数据处理

## 1.5.1  测量结果的表示方法

测量数据处理是建立在误差分析的基础上的。在数据处理过程中,通过分析、整理引出正确的科学结论。常用的实验数据处理法包括有效数字、列表法和图示法。

### 1. 有效数字

有效数字是指左边第一个非零的数字开始到右边最后一位数字为止所包含的数字。实验测量结果其实都是近似值,通常是用有效数字的形式来表示的。

### 2. 列表法

列表法是将在实验中测量的数据填写在经过设计的表格上。简单而明确地表示出各种数据以及数据之间的简单关系,便于检查对比和分析,这是记录实验数据最常用的方法。

### 3. 图示法

图示法是将测量的数据用曲线或其他图形表示的方法。图示法简明直观,易显示数据的极值点、转折点和周期性等。也可以从图线中求出某些实验结果。

测量结果用曲线表示比数字或公式更形象和直观。在绘制曲线时应合理选择坐标和坐标的分度,标出坐标代表物理量和单位。测量点的数量一般根据曲线的具体形状确定,每个测量点间隔要分布合理,应用误差原理,处理曲线波动,使曲线变得光滑均匀符合实际要求。

## 1.5.2  测量结果的处理

测量结果一般由数字或曲线图来表示,测量结果的处理主要是对实验中测得的数据进行分析,得出正确的结果。

测量中得到的实验数据都是近似数。因此,测量的数据就由可靠数字和欠准数字两部分组

成,统称为有效数据。例如:用量程 100 mA 的电流表测量某支路电流时,读数为78.4 mA,前面的"78"称为可靠数字,最后的"4"称为欠准数字,则 78.4 mA 的"有效数字"是 3 位。在用有效数字记录测量数据时,按以下形式正确表示:

(1)在记录测量数值时,只保留 1 位欠准数字。

(2)有效数字的位数与小数点无关,小数点的位置权与所用的单位有关。例如:380 mA 和 0.380 A 都是 3 位有效数字。

(3)大数值与小数值要用幂的乘积的形式表示。例如:61 000 Ω,当有效数字的位数是 2 位时,则记为 $6.1 \times 10^4$ Ω,当有效数字的位数是 3 位时,则记为 $6.10 \times 10^4$ Ω 或 $610 \times 10^2$ Ω。

(4)一些常数量如 e、π 等有效数字的位数可以按需要确定。

(5)表示相对误差时的有效数字,通常取小数点后 1 至 2 位,例如:±1%、±1.5%。

### 1.5.3　电子电路实验误差分析与数据处理应注意的问题

#### 1.　使用有效数字时要注意的问题

(1)用有效数字来表示测量结果时,可以从有效数字的位数估计出测量的误差。

(2)最左边的"0"不算有效数字。

(3)多余的有效数字应采取四舍五入原则。

(4)数字仪表读取数据时注意挡位的合理选择,有效数字一般保留数字仪表读出的数值。

#### 2.　使用表格时要注意的问题

(1)表格的名称简练易懂。

(2)测量点能够准确地反映测试量之间的关系。

(3)测量值与计算值应明确区分,计算值应注明计算公式(不一定写在表格中)。

(4)制表规范、合理,易读懂,表达的信息要完整。

#### 3.　绘制曲线时要注意的问题

(1)建立合理的坐标系。应以横坐标为自变量,纵坐标为因变量。

(2)绘制时使用坐标纸。选择与测量数据的精确度相适应的大小与分度。

(3)选择合理的测量点数量。根据曲线的具体形状选择测量点的数量。

# 1.6　常用电子仪器仪表

数字万用表、函数信号发生器、示波器、交流毫伏表和交流可调电源等是电工电子学实验中最常使用的电子仪器仪表和设备。本节主要介绍它们的基本组成、主要功能及使用方法。

## 1.6.1　数字万用表

#### 1.　数字万用表的组成和工作原理

数字万用表是采用集成电路的 A/D 转换器(模/数转换器)和液晶显示屏,将被测量的数值直接以数字形式显示出来的一种电子测量仪表。数字万用表主要由功能转换器、数字显示屏、A/D 转换器、电子计数器和功能/量程转换开关等组成。

#### 2.　数字万用表操作面板说明

数字万用表可用来测量交直流电压和电流,电阻、电容、二极管和晶体管的通断测试等,其操作面板示意图如图 1. 15 所示。

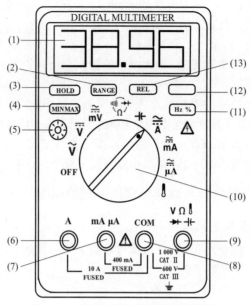

图 1.15　数字万用表操作面板示意图

（1）数字显示屏：显示数值。

（2）RANGE 按钮：启用手动量程模式。

（3）HOLD 按钮：启用"显示保持"模式。

（4）MIN MAX 按钮：启用最小值或最大值模式。

（5）（背光）开关：开启、关闭背光灯。

（6）10 A 电流测量插孔：用于交流电和直流电电流测量（最高可测量 10 A）的输入端子。

（7）小于 400 mA 电流测量插孔：用于交流电和直流电的微安以及毫安测量（最高可测量 400 mA）的输入端子。

（8）COM（公共地）：应将黑表笔插入此孔。

（9）电压电阻综合测量插孔：用于电压、电阻、通断性、二极管和电容测量的输入端子。

（10）测量功能设置旋钮：包括 10 个测量挡位，分别为：关闭电源挡、交流电压伏特挡、直流电压挡、直（交）流电压毫伏挡、电阻（二极管）测量挡、电容测量挡、直（交）流电流安培挡、直（交）流电流毫安挡、直（交）流电流微安挡以及温度测量挡。

（11）频率和占空比按钮：启用"频率和占空比测量"模式。

（12）激活切换按钮：用于激活或切换测量模式。

（13）REL 按钮：将测得的读数存储为参考值并激活相对测量模式。

**3. 数字万用表的使用方法**

（1）交流电压和直流电压的测量：

①将功能/量程转换开关转至$\widetilde{V}$、$\overline{\overline{V}}$或$\frac{\widetilde{\overline{\phantom{m}}}}{mV}$。

②按激活切换按钮可以在万用表处于$\frac{\widetilde{\overline{\phantom{m}}}}{mV}$挡时，进行交流和直流电压测量的切换。

③将红色测试导线连接至 $\frac{V\,\Omega}{\rightarrow\!\!\!\vdash\!\!\!\dashv}$ 端子,黑色测试导线连接至 COM 端子。

④用探头接触电路上的测点两端以测量其电压。需要注意的是,由于在直流电路中电压有正负之分,因此测量直流电压时,红表笔接正,黑表笔接负。而在交流电路中红黑表笔不再有正负区分。

⑤读取显示屏上测出的电压。当电压读数为正时,说明实际电压方向与参考方向相同。当电压读数为负时,说明实际电压方向与参考方向相反。如果需要正的读数,可以调换两根表笔的测量位置重新测量。

(2)交流电流和直流电流的测量:

①将功能/量程转换开关转至 $\widetilde{\underset{A}{\,}}$、mA 或 μA。

②按激活切换按钮可以在交流和直流电流测量之间进行切换。

③断开电路中的电源。

④将红色测试导线连接至 A 或 mA μA 端子,黑色测试导线连接至 COM 端子。

⑤断开待测的电路路径,然后将测试导线衔接断口并接通电源。由于在直流电路中电流有正负之分,因此测量直流电流时,红色测试导线应接正,黑色测试导线接负。而在交流电路中红黑测试导线不再有正负区分。

⑥读取显示屏上测出的电流。当电流读数为正时,说明实际电流方向与参考方向相同;当电流读数为负时,说明实际电流方向与参考方向相反。

(3)电阻的测量:

①将功能/量程转换开关转至 $\overset{\text{\tiny ))}}{\Omega}$,确保已切断待测电路的电源。

②将红色测试导线连接至 $\frac{V\,\Omega}{\rightarrow\!\!\!\vdash\!\!\!\dashv}$ 端子,黑色测试导线连接至 COM 端子。

③将测试表笔跨接在被测电阻两端测试电阻。

④读取显示屏上测出的数值。

(4)电容的测量:

①将功能/量程转换开关转至 $\dashv\!\vdash$。

②将红色测试导线连接至 $\frac{V\,\Omega}{\rightarrow\!\!\!\vdash\!\!\!\dashv}$ 端子,黑色测试导线连接至 COM 端子。

③将探针接触电容器引脚。

④读数稳定后(最多 18 s),读取显示屏所显示的电容值。

(5)二极管的测量:

①将功能/量程转换开关转至 $\overset{\text{\tiny ))}}{\Omega}\!\!\!\to\!\!\!\vdash$。

②按两次激活切换按钮以激活二极管测量。

③将红色测试导线连接至 $\frac{V\,\Omega}{\rightarrow\!\!\!\vdash\!\!\!\dashv}$ 端子,黑色测试导线连接至 COM 端子。

④将红色探针接到待测的二极管的正极而黑色探针接到负极。

⑤读取显示屏上的正向偏压。

⑥如果测试导线极性与二极管极性相反,显示读数为"OL"。这可以用来区分二极管的正极和负极。

（6）通断性测试：

①将功能/量程转换开关转至 ⟳Ω 。

②按一次激活切换按钮以激活通断性测试状态。

③将表笔连接到被测电路两端，如果电阻低于 70 Ω，蜂鸣器将持续响起，表明出现短路，否则电路断开。

（7）温度的测量：

①将功能/量程转换开关转至 ⸝。

②将热电偶插入万用表的 ⊶⊣⊢ 和 COM 端子中。确保将热电偶标记有 "+" 的插头插入 V Ω⸝ ⊶⊣⊢ 端子中。

③读取显示屏上的电压。

④按激活切换按钮可以在 ℃ 和 ℉ 之间切换。

（8）频率和占空比的测量：

①当处于所需功能（交流电压或交流电流）下时，按 $\boxed{Hz\%}$ 按钮。

②读取显示屏上的信号频率。

③如要进行占空比测量，则再按一次 $\boxed{Hz\%}$ 按钮。

④读取显示屏上的占空比百分数。

（9）自动关机：

①万用表会在 20 min 不活动之后自动关闭电源。

②如要重新启动本产品，首先将旋钮调回 OFF 位置，然后调到所需位置。

③如要禁用自动关机功能，则需在开机时按住激活切换按钮，直至屏幕上显示 PoFF。

**4. 数字万用表的使用注意事项**

（1）测量电流时，输入电流不允许超过 10 A。

（2）测量电压时，输入直流电压不允许超 1 000 V，交流电压有效值不允许超过 700 V。

（3）如果被测直流电压高于 36 V 或交流电压有效值高于 25 V 时，应仔细检查表笔连接是否正确、接触是否可靠以及绝缘是否良好等，以防电击事故的发生。

（4）测量时应选择合适的功能和量程，谨防误操作；切换功能和量程时，表笔应离开测试点；显示值的"单位"与相应量程挡的"单位"一致。

（5）若测量前不确定被测量的范围，应先将量程开关置到最高挡，再根据显示值逐步调整到合适的挡位。

（6）不允许带电测电阻。即测量电阻时，应先保证被测电路所有电源都已关闭，并且所有电容都已完全放电，之后才可进行测量。

（7）测电容前，应对被测电容进行充分放电；用大电容挡测漏电或击穿电容时读数将不稳定；测电解电容时，切勿插错正、负极。

（8）显示屏显示 "⊞⊟" 符号时，应及时更换电池。

## 1.6.2　数字函数信号发生器

数字函数信号发生器，即直接数字频率合成函数信号发生器，是基于稳定度极高的石英晶体振荡器和计算机技术而发展起来的一种新型的信号发生器。它没有振荡器,而是利用直接数字合成技术产生一连串数据流,再经过 D/A 转换输出一个预先设定的模拟信号。其优点是:输出波形精度高;信号相位和幅度连续无畸变;在输出频率范围内不需设置频段;频率扫描可无间隙地连续覆盖全部频率范围等。本节重点介绍数字函数信号发生器与电工电子技术实验相关的主要功能和使用方法。

**1. 数字函数信号发生器操作面板简介**

数字函数信号发生器具有双路输出、调幅输出、门控输出、猝发计数输出、频率扫描和幅度扫描等功能,低电平 <0.3 V、高电平 >4 V。其操作面板示意图如图 1.16 所示。

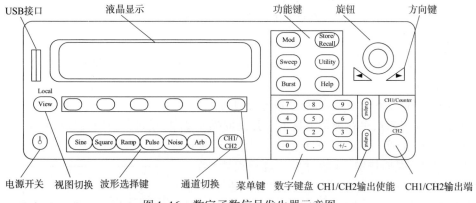

图 1.16　数字函数信号发生器示意图

主要区域的具体功能如下:

(1)View(视图切换)按键。提供了 3 种界面显示模式:单通道常规模式、单通道图形模式和双通道常规模式。在液晶显示区域,3 种模式都显示了状态区、菜单区、波形显示区和参数显示区,区别在于:单通道常规模式突出显示的是信号参数;单通道图形模式突出显示的是信号图形;双通道常规模式显示了两个通道的信号参数,并可设置当前活动通道参数。

(2)菜单键。菜单键所对应的功能会随着显示的内容而发生变化。图 1.17 所示为正弦波常规显示界面,菜单键所对应的功能从左到右依次为频率、幅值、偏移、相位和同相位。

图 1.17　正弦波常规显示界面

(3)波形选择键。从左往右分别为 Sine(正弦波)、Square(方波)、Ramp(锯齿波)、Pulse(脉冲波)、Noise(噪声波)和 Arb(任意波)。

(4)通道切换按键。可通过此按键切换活动通道,便于设定每个通道的参数及观察和比较波形。

(5)数字键盘。包括数字键"0~9"、小数点"."和符号键"+/-"。用于对波形参数的设置。

(6)方向键和旋钮。与数字键盘功能类似。方向键可实现数位的切换,而旋钮可改变某一位数值的大小,旋转范围为"0~9"且每次旋转变化 1。

（7）功能键：

①Mod 键：按键可输出经过调制的波形。

②Sweep 键：按键可对正弦波、方波、锯齿波或任意波形进行扫描输出。

③Burst 键：按键可实现对正弦波、方波、锯齿波、脉冲波或任意波形的脉冲串波形输出。

④Store/Recall 键：按键可实现存储或显示波形的基本信息。

⑤Utility 键：按键可实现多种功能，如自检、校准和参数输出等。

⑥Help 键：按键可显示参考设备的帮助信息。

（8）CH1/CH2 输出使能按键。实现打开或关闭相应通道的输出信号。当需要输出某个通道信号时，按下相应的按键，按键灯被点亮。

（9）CH1/CH2 输出端。有两个同轴电缆输出孔，连接同轴电缆输出信号。

**2．使用方法**

下面以产生有效值为 10 mV，频率为 1 kHz 正弦波为例，说明数字函数信号发生器的使用方法。其具体步骤如下：

（1）接通电源，按下电源开关键，设备进行初始化。

（2）按下 Sine 按键，可在屏幕上显示正弦波的操作菜单，通过菜单中的选项对正弦波信号的频率/周期、幅值/高电平、偏移/低电平和相位参数进行设置。

①按下频率/周期按键，开始对频率进行设置（若对周期设置，可再次按下频率/周期按键），设置界面如图 1.18 所示。首先，使用数字键盘或方向键与旋钮将数值设置为 1（或者 1 000），然后再按下对应于所需单位 kHz （或 Hz）的菜单键。

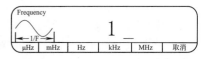

图 1.18  正弦波频率/周期设置界面

②按下幅值/高电平按键，界面如图 1.19 所示，其中，$mV_{pp}$ 表示峰-峰值（波峰与波谷之间的差值）毫伏大小关系；$V_{pp}$ 代表峰-峰值伏的大小关系；$mV_{RMS}$ 表示正弦波的有效值，其大小为 $mV_{pp}/2\sqrt{2}$；dBm 表示正弦波功率分贝大小关系，即其在 50 Ω 阻抗下的表达式为 $10 + 20 \lg(0.5\ V_{pp})$。此项可参照步骤①设置正弦波幅值为 28 $mV_{pp}$，如图 1.19 所示。

图 1.19  正弦波频率/周期设置界面

③偏移/低电平和相位等参数采用系统默认值即可。

（3）按下通道切换按键和 CH1/CH2 输出使能按键，使能 CH1 作为调制好的信号输出通道，最后将该输出信号连接到示波器进行观察和测量，连接方法参见 1.6.3 节相关内容。

**3．使用注意事项**

（1）若需获得帮助，则可通过按住任意按键获得该按键的帮助信息。

（2）如果菜单被隐藏，则按下菜单键中的任意按键可恢复菜单显示。

（3）CH2 不支持 Mod，Sweep 和 Burst 功能。

（4）应严格按照技术规格来设置波形的参数。

（5）请勿在高温、高压、潮湿和温湿度变化大的场所使用和存放该设备。

（6）更换熔断器时,首先应选用规定的熔断器,其次确保更换前应将电源线与交流市电电源切断,避免触电现象发生。

### 1.6.3　数字示波器

数字示波器是通过数据采集、A/D 转换、软件编程等一系列技术制造出来的高性能示波器。数字示波器不仅具有多重波形显示、分析和数学运算功能,自动光标跟踪测量功能,波形、设置、CSV 和位图文件存储功能,波形录制和回放功能等,还支持即插即用 USB 存储设备和打印机,并可通过 USB 存储设备进行软件升级等。

#### 1. 数字示波器操作面板简介

数字示波器前操作面板示意图如图 1.20 所示。其前操作面板上各旋钮、按键和通道标志的位置及操作方法与传统示波器类似。

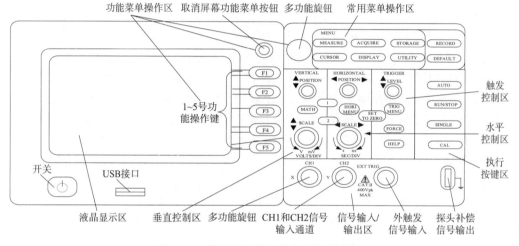

图 1.20　数字示波器前操作面板示意图

按照功能,前操作面板可分为功能菜单操作区、常用菜单操作区、执行按键区、垂直控制区、水平控制区、触发控制区、信号输入/输出区、液晶显示区共八大区。

（1）功能菜单操作区。功能菜单操作区包括 5 个按键、1 个按钮和 1 个多功能旋钮。5 个按键用于操作屏幕右侧的功能菜单及子菜单;按钮用于取消屏幕上显示的功能菜单;多功能旋钮用于选择和确认功能菜单中下拉菜单的选项等。

（2）常用菜单操作区。常用菜单操作区的按钮及其说明如图 1.21 所示。按下任一按键,屏幕右侧会出现相应的功能菜单,通过功能菜单操作区的 5 个按键可选定相应功能。其中,MEASURE 按键可自动测量信号的频率、周期、上升时间、下降时间和占空比等参数;ACQUIRE 按键可调整采样方式;DISPLAY 按键可调整显示方式;STORAGE 按键可将示波器波形或设置参数保存到 U 盘,也可调出设置参数;UTILITY 按键可实现对示波器的辅助功能设置,如显示当前系统信息和界面风格等;CURSOR 按键可显示测量光标和光标菜单;RECORD 按键可对当前波形进行录制;DEFAULT 按键可对示波器的参数进行出厂设置。

（3）执行按键区。执行按键区包括 4 个按键:

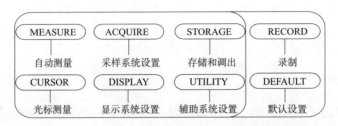

图 1.21　数字示波器常用菜单操作区的按钮及其说明

①AUTO(自动设置):按下 AUTO 按键,示波器将根据输入的信号,自动设置和调整水平、垂直及触发方式等各项控制值,使波形显示达到最适宜观察状态。

②RUN/STOP(运行/停止):RUN/STOP 为运行/停止波形采样按键。运行(波形采样)状态时,该按键为黄色;按一下该按键,停止波形采样且该按键变为红色,这样有利于绘制波形并可在一定范围内调整波形的垂直衰减和水平时基;再按一下,恢复波形采样状态。

③SINGLE(信号):对信号进行单次触发模式。

④CAL(校正信号):0.5Vpp 的校正信号的输出。

**注意**:应用自动设置功能时,被测信号的频率应大于或等于 50 Hz,占空比大于 1%。

(4)垂直控制区。在垂直控制区中,垂直位置 POSITION 旋钮可设置所选通道波形的垂直显示位置。转动该旋钮不但显示的波形会上下移动,且所选通道的"地"(GND)标识也会随波形上下移动并显示于屏幕中。垂直衰减 SCALE 旋钮调整所选通道波形的显示幅度。转动该旋钮改变 VOLT/DIV(伏/格)垂直挡位,同时下端状态栏对应通道显示的幅值也会发生变化。

(5)水平控制区:

①水平位置 POSITION 旋钮用来调整信号波形在显示屏上的水平位置,转动该旋钮不仅可以使波形水平移动,而且触发位移标志 T 也可以在显示屏上部随之移动,移动值则显示在屏幕上。

②水平衰减 SCALE 旋钮用来改变水平时基挡位设置,转动该旋钮可以改变 SEC/DIV(秒/格)水平挡位,状态栏显示的主时基值也会发生相应的变化。水平扫描速度为 20 ns~50 s,以 1—2—5 的形式步进。通过水平衰减 SCALE 旋钮可快速打开或关闭延迟扫描功能。

③水平功能菜单 HORI MENU 键,显示 TIME 功能菜单,在此菜单下,可开启/关闭延迟扫描,切换 Y(电压)—T(时间)、X(电压)—Y(电压)和 ROLL(滚动)模式,设置水平触发位移复位等。

**注意**:按一次按钮 1,选中通道 1;按一次按钮 2,选中通道 2;连续两次按下按钮 1 或按钮 2,则关闭通道 1 或通道 2。

(6)触发控制区。触发控制区主要用于触发系统的设置。转动 LEVEL 触发电平设置旋钮,屏幕上会出现一条上下移动的水平黑色触发线及触发标志,且触发电平的数值也随之发生变化。停止转动 LEVEL 旋钮,触发线、触发标志及触发电平的数值会在约 5 s 后消失。按下 LEVEL 旋钮触发电平快速恢复到零点。按 TRIG MENU 键可调出触发功能菜单,改变触发设置。FORCE 键主要用来设置触发方式中的"普通"和"单次"模式。

(7)信号输入/输出区。在信号输入/输出区中,CH1 和 CH2 为信号输入通道,EXT TREIG 为外触发信号输入端,最右侧为示波器校正信号输出端(输出频率 1 kHz、幅值 5 V 的方波信号)。

（8）液晶显示区。液晶显示区的功能是在对上述七个功能区进行设置和选择时做出相应的显示。

### 2．使用方法

下面以上一节产生的有效值为 10 mV，频率为 1 kHz 正弦波为例，简单介绍数字示波器测量交流信号的使用方法。

（1）按下示波器的电源按钮，启动示波器。

（2）按下按钮 1，选中通道 CH1。

（3）将正弦波信号接入示波器的 CH1 信号输入通道。

（4）按下按钮 AUTO，则在示波器的显示区中显示该正弦波形。

（5）通过垂直控制区和水平控制区的相应按钮，可进一步微调所显示的正弦波形。

连接示意图如图 1.22 所示。

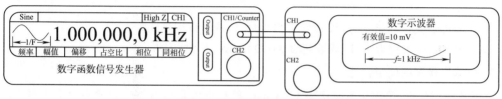

图 1.22　应用数字示波器测量正弦波信号连接示意图

### 3．使用注意事项

（1）测量信号时，应认真检查各个旋钮所处的位置，以免引起读数错误。

（2）被测信号电压不应超过示波器规定的输入端最大输入电压（峰值），以免损坏示波器。

（3）在使用示波器前，推荐自行校准示波器，以便准确地进行测量。

（4）使用时通常要求被测量设备和测量设备都应可靠连接参考地。

（5）更换熔断器时，首先应选用规定的熔断器，其次确保更换前应将电源插头从插座上拔下，避免触电现象发生。

## 1.6.4　数字交流毫伏表

交流毫伏表是用来测量电工电子技术实验中交流电压有效值的常用电子测量仪器。相比万用表交流电压挡其优点是：测量电压范围广、频率宽、灵敏度高和输入阻抗高等。

### 1．交流毫伏表的操作面板介绍

双通道交流毫伏表前面板示意图如图 1.23 所示。

（1）POWER：电源开关。

（2）量程切换按键：进行量程的切换。

（3）MANUAL/AUTO：手动/自动测量切换选择按键。

（4）dB/dBm：dB 或 dBm 切换选择按键。

（5）CH1/CH2：CH1/CH2 测量范围切换选择按键。

（6）CH2：被测信号输入通道 2。

（7）CH1：被测信号输入通道 1。

（8）显示当前测量通道实测输入信号的电压值，dB 或 dBm 值。

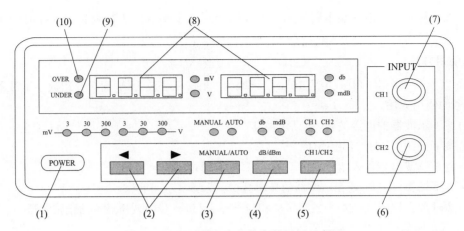

图 1.23　双通道交流毫伏表前面板示意图

（9）UNDER：欠量程指示灯，读数低于 300 时，该指示灯闪烁。

（10）OVER：过量程指示灯，读数超过 3 999 时，该指示灯闪烁。

**2. 交流毫伏表的使用方法**

电源开关打开后，预热交流毫伏表 1 ~ 3 min，然后进入自检状态。自检通过后即进入测量状态。由于测量过程中两个通道均保持各自的测量量程和测量方式，因此选择测量通道时不会更改原通道的设置。

（1）当测量方式为自动测量时，交流毫伏表能根据被测信号的大小自动选择测量量程，同时允许手动方式干预量程选择。这时当量程处于 300 V 挡时，若 OVER 灯亮，表示过量程，输入信号过大，超过了使用范围。此时，电压显示为 HHHH V，dB 显示为 HHHH dB。

（2）当测量方式为手动测量时，可以根据交流毫伏表的提示设置量程。若 OVER 灯亮，应该手动切换到上面的量程测量；若 UNDER 灯亮，表示测量欠量程，应切换到下面的量程测量。

**3. 数字交流毫伏表的使用注意事项**

（1）测量过程中，切勿长时间输入过量程电压。

（2）测量过程中，切勿频繁地开机和关机。

（3）自动测量过程中，进行量程切换时会出现瞬态的过量程现象，此时只要输入电压不超过最大量程，片刻后读数即可稳定下来。

（4）交流毫伏表应放置在通风和干燥的地方，长时间不使用时应罩上塑料套。

## 1.6.5　三相可调电源

**1. 三相可调电源操作面板说明**

三相可调电源在实验教学中可提供固定的三相 380 V 和单相 220 V 交流电压、可调的三相 0 ~ 450 V 和单相 0 ~ 250 V 的交流电压。三相可调电源控制箱操作面板示意图如图 1.24 所示。

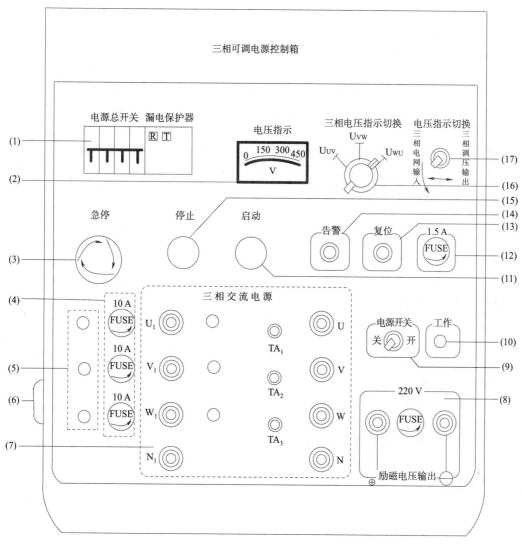

图 1.24　三相可调电源控制箱操作面板示意图

（1）电源总开关（漏电保护器）：可提供实验用三相及单相交流电源,合闸前需将漏电保护器上的 R 按钮按下。

（2）电压指示仪表：显示输出电压。

（3）"急停"按钮：启用"急停"模式。

（4）10 A 熔丝：当输出电流超过额定电流时,熔丝熔断。

（5）10 A 熔丝指示灯：对应熔丝工作正常时,指示灯亮。

（6）电压调节旋钮：可调节三相交流电压大小,调节时电压指示仪表指针随之偏转。

（7）三相交流电源输出端：可输出固定的三相 380 V（$U_1$、$V_1$ 和 $W_1$ 任意两相之间的线电压）和单相 220 V 交流电压（$U_1$、$V_1$ 和 $W_1$ 中任意一相与 $N_1$ 之间的相电压）,以及 0~450 V（U、V 和 W 任意两相之间）的线电压和 0~250 V（U、V 和 W 中任意一相与 N 之间）的相电压。

（8）励磁电源：可提供 220 V 的直流励磁电压。

(9) 励磁电源开关:启用"励磁电源"模式。

(10) 励磁电源工作指示灯:励磁电源工作正常时,指示灯亮。

(11) "启动"按钮:按下"启动"按钮,绿色"启动"指示灯亮,电源箱启动。

(12) 1.5 A 熔丝:当输出电流超过额定电流时,熔丝熔断。

(13) "复位"按钮:电源箱报警后,按下"复位"按钮,电源箱可重新启动。

(14) "告警"指示灯:当输出电流大于设定值或线路出现短路时,电源自动切断,"告警"指示灯亮。

(15) "停止"按钮:按下"停止"按钮,红色"停止"指示灯亮,电源箱停止工作。

(16) 三相电压指示切换开关:切换指示电网电压或交流调节输出电压,可以分别切换成 $U_{UV}$、$U_{VW}$ 和 $U_{WU}$ 三个线电压,并单独对其进行调压。

(17) 电压指示切换开关:选择三相电网输入或三相调压输出。

**2. 三相可调电源的使用方法**

1) 三相可调电源控制箱的电网电压输出

(1) 将电压指示切换开关置于"三相电网输入",直流励磁电源开关置于"关",将电压调节旋钮逆时针旋转到最小值。

(2) 合上电源总开关(漏电保护器),红色"停止"按钮指示灯亮。

(3) 检查实验连接电路无误后,按下"启动"按钮,红色"停止"按钮指示灯灭,绿色"启动"指示灯亮。此时在三相交流电源输出模块的左侧 $U_1$、$V_1$、$W_1$、$N_1$ 上可直接输出 220 V/380 V 的交流三相电压,右侧无输出。

2) 三相交流调压输出电源的电压调节

(1) 将电压指示切换开关置于"三相调压输出",启动电源箱。

(2) 电源箱启动后左侧仍可以直接输出三相交流电压,右侧输出电压可调节。

(3) 如果要得到实验所需的交流电压值,则需旋转电压调节旋钮进行调压。调压输出在三相交流电源输出端的右侧 U、V、W、N 上。将万用表的表笔接入三相交流电源调压输出侧的相应插孔,读取此时的交流电压值。缓慢旋转电压调节旋钮,电压指示仪表盘的指针随之偏转,同时万用表的电压读数随之改变。将电压调节到指定示数,读示数时需同时参照万用表与仪表盘上的指针示数。

(4) 在单相交流参数实验中,若想调节相电压,可以将万用表的一根表笔接入三相交流电源输出侧 U、V 和 W 中的任意一相,另一根表笔接中性线 N;若想调节线电压,可以将万用表的两根表笔接入三相交流电源输出侧 U、V 和 W 中的任意两相。

(5) 在三相电路实验中,三相交流电源模块右侧的 U、V 和 W 作为三根相线都需用到,中性线 N 根据具体电路连接。

(6) 三相交流调压输出端设有过电流、短路保护技术,当输出电流大于设定值(3.5 A)或发生线路错接短路时,即能自动切断电源,发出报警声,"告警"指示灯亮,按下"复位"按钮,减小负载或纠正错接线路后方可重新启动使用,不复位的情况下不能启动。

3) 直流励磁电源的使用

(1) 按照"THSXDY-1A 型三相可调电源控制箱的启动步骤"启动电源箱。

(2) 将直流励磁电源开关置于"开",励磁电源"工作"指示灯亮,熔断器额定电流为 0.5 A。

(3) 实验结束后,需要将直流励磁电源开关置于"关"。

**3. 三相可调电源的使用注意事项**

(1)合上电源总开关后,检查"停止"按钮指示灯亮,表示装置只是接通电源,但还不能输出电压。此时在电源输出端进行实验电路接线操作是安全的。

(2)线路连接完毕检查无误,才能按下"启动"按钮。

(3)实验进行的过程中如果需要改接线路,必须按下"停止"按钮以切断交流电源,保证操作安全。

(4)实验结束后,需要先按下"停止"按钮以切断交流电源,再断开电源总开关。

(5)在进行三相交流电源调压操作时,需要同时结合万用表与电压指示仪表盘上的指针来读示数。

(6)实验过程中禁止带电插拔电源箱上的电源线。

(7)实验过程中遇到紧急情况时,可按"急停"按钮迅速切断电源,重新启动时只需顺时针旋转"急停"按钮即可。

# 第2章 │ 电路分析基础实验

## 2.1 基尔霍夫定律、叠加定理和戴维宁定理实验

### 2.1.1 实验目的

(1)验证基尔霍夫定律、叠加定理和戴维宁定理。
(2)掌握实验电路的连接、调试及参数测试方法。
(3)熟悉直流毫安表、万用表和直流稳压电源的使用方法。

### 2.1.2 实验预习要求

(1)复习基尔霍夫定律、叠加定理和戴维宁定理的理论知识。
(2)根据实验电路及参数完成理论值的计算。
(3)熟悉电路连接过程和参数测试要求,列写实验步骤。
(4)根据实验中要测试的实验数据画出数据记录表格。
*(5)完成实验电路的 Proteus 仿真。

### 2.1.3 实验原理

#### 1. 基尔霍夫定律

1)基尔霍夫电流定律

(1)基尔霍夫电流定律的内容:在任一瞬时,流入某一节点的电流之和等于由该节点流出的电流之和。或者说在任一瞬时,流入(流出)某一节点电流的代数和为零。

(2)实验参考电路及理论计算。基尔霍夫电流定律实验电路如图 2.1 所示。选择电路中的电源及元器件参数为:$E_1 = 12$ V,$E_2 = 6$ V,$R_1 = 510$ Ω,$R_2 = 510$ Ω,$R_3 = 1$ kΩ。

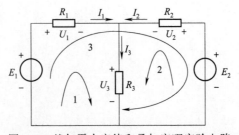

图 2.1 基尔霍夫定律和叠加定理实验电路

根据电路图采用支路电流法求解电路中各支路电流。电路方程为

$$\begin{cases} I_1 + I_2 = I_3 \\ E_1 = R_1 I_1 + R_3 I_3 \\ E_2 = R_2 I_2 + R_3 I_3 \end{cases} \tag{2.1}$$

代入元器件参数,解得:$I_1 \approx 9.47\ \text{mA}$,$I_2 \approx -2.3\ \text{mA}$,$I_3 = 7.17\ \text{mA}$。

2)基尔霍夫电压定律

(1)基尔霍夫电压定律的内容:在任一瞬时,沿任一闭合回路的任一循环方向,电压升之和等于电压降之和。或者说在任一瞬时,沿任一闭合回路的任一循环方向,电压代数和为零。

(2)实验参考电路及理论计算。基尔霍夫电压定律实验电路如图 2.1 所示。电路中有 3 个回路。根据基尔霍夫电流定律的计算结果,对各回路电压进行计算。

根据式(2.1),回路 1 和回路 2 代入数据可得

回路 1:$R_1 I_1 + R_3 I_3 = (510 \times 9.47 \times 10^{-3} + 1\,000 \times 7.17 \times 10^{-3})\ \text{V} \approx 12\ \text{V} = E_1$

回路 2:$R_2 I_2 + R_3 I_3 = (-510 \times 2.3 \times 10^{-3} + 1\,000 \times 7.17 \times 10^{-3})\ \text{V} \approx 6\ \text{V} = E_2$

回路 3:根据图 2.1 列写回路 3 电压公式并代入式(2.1)的计算结果可得

$$E_1 - U_1 + U_2 - E_2 = 12 - 510 \times 9.47 \times 10^{-3} - 510 \times 2.3 \times 10^{-3} - 6 = 0 \tag{2.2}$$

3 个回路的理论计算结果验证了基尔霍夫电压定律。

**2. 叠加定理**

(1)叠加定理的内容:对于线性电路,任意一条支路的电流(或任一负载元件两端的电压),都可以看成是由电路中各个电源单独作用时,在此支路产生的电流(或此元件两端产生的电压)的代数和。

(2)实验参考电路及理论计算。叠加定理实验电路如图 2.1 所示。根据叠加定理分别画出电源 $E_1$ 和 $E_2$ 单独作用的电路图,如图 2.2 所示。

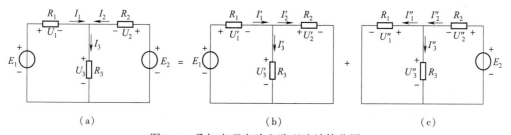

　　　　(a)　　　　　　　　　　　(b)　　　　　　　　　　　(c)

图 2.2　叠加定理实验电路理论计算分图

本实验以 3 个电阻两端的电压和流过电阻 $R_1$ 的电流为例进行理论值的计算。

由图 2.2(b)得

$$\begin{cases} I_1' = \dfrac{E_1}{R_1 + R_2 // R_3} = 14.16\ \text{mA} \\ U_1' = R_1 I_1' = (510 \times 14.16 \times 10^{-3})\ \text{V} = 7.22\ \text{V} \\ U_2' = E_1 - U_1' = 4.78\ \text{V} \\ U_3' = E_1 - U_1' = 4.78\ \text{V} \end{cases} \tag{2.3}$$

由图 2.2(c)得

$$
\begin{cases}
I''_1 = \dfrac{E_2}{R_2 + R_1 /\!/ R_3} \cdot \dfrac{R_3}{R_1 + R_3} = 4.69 \text{ mA} \\[2mm]
U''_1 = R_1 I''_1 = (510 \times 4.69 \times 10^{-3}) \text{ V} = 2.39 \text{ V} \\[2mm]
U''_2 = \dfrac{E_2}{R_2 + R_2 /\!/ R_3} \cdot R_2 = 3.61 \text{ V} \\[2mm]
U''_3 = U''_1 = 2.39 \text{ V}
\end{cases}
\tag{2.4}
$$

根据图 2.2(b)、(c)的电压和电流的参考方向,叠加计算之后得

$$
\begin{cases}
I_1 = I'_1 - I''_1 = (14.16 - 4.69) \text{ mA} = 9.47 \text{ mA} \\[2mm]
U_1 = U'_1 - U''_1 = (7.22 - 2.39) \text{ V} = 4.83 \text{ V} \\[2mm]
U_2 = -U'_2 + U''_2 = (-4.78 + 3.61) \text{ V} = -1.17 \text{ V} \\[2mm]
U_3 = U'_3 + U''_3 = (4.78 + 2.39) \text{ V} = 7.17 \text{ V}
\end{cases}
\tag{2.5}
$$

### 3. 戴维宁定理

(1)戴维宁定理的内容:任何一个有源二端线性网络都可以用一个电动势为 $U_{oc}$ 的理想电压源和等效内阻 $R_{eq}$ 的电阻串联来等效代替,其中等效电压源的电动势 $U_{oc}$ 等于二端网络的开路电压,等效内阻 $R_{eq}$ 等于二端网络去除全部电源(理想电压源短路,理想电流源开路)后从开路处看进去的等效电阻。

(2)实验参考电路及理论计算。有源二端网络的实验电路如图 2.3 所示。选择电路中的元器件参数为 $U_S = 12$ V,$R_0 = 10 \ \Omega$,$R_1 = 300 \ \Omega$,$R_2 = 510 \ \Omega$,$R_3 = 510 \ \Omega$,$R_4 = 200 \ \Omega$。

其等效实验电路如图 2.4 所示。

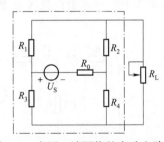

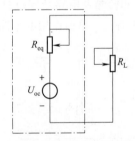

图 2.3　有源二端网络的实验电路　　　　图 2.4　有源二端网络的等效实验电路

①开路电压和短路电流计算。计算开路电压和短路电流的电路图如图 2.5 所示。

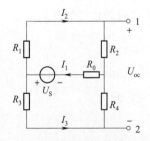

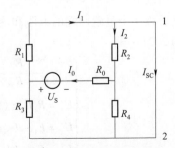

(a)开路电压理论计算电路图　　　　　　(b)短路电流理论计算电路图

图 2.5　有源二端网络开路电压和短路电流理论计算电路图

由图 2.5(a)计算得

$$\begin{cases} I_1 = \dfrac{U_S}{R_0 + (R_1 + R_2)//(R_3 + R_4)} = 31 \text{ mA} \\[2mm] I_2 = \dfrac{U_S - R_0 I_1}{R_1 + R_2} = 14.4 \text{ mA} \\[2mm] I_3 = \dfrac{U_S - R_0 I_1}{R_3 + R_4} = 16.5 \text{ mA} \\[2mm] U_{oc} = R_2 I_2 - R_4 I_3 = 4.04 \text{ V} \end{cases} \tag{2.6}$$

由图 2.5(b)计算得

$$\begin{cases} I_0 = \dfrac{U_S}{R_0 + (R_1//R_3) + (R_2//R_4)} = 35 \text{ mA} \\[2mm] I_1 = \dfrac{I_0 R_3}{R_1 + R_3} = 22.04 \text{ mA} \\[2mm] I_2 = \dfrac{I_0 R_4}{R_2 + R_4} = 9.86 \text{ mA} \\[2mm] I_{sc} = I_1 - I_2 = 12.18 \text{ mA} \end{cases} \tag{2.7}$$

利用开路短路法计算等效电阻可得

$$R_{eq} = \frac{U_{oc}}{I_{sc}} = 331.7 \text{ } \Omega \tag{2.8}$$

也可以采用去除电源法计算等效电阻,请读者自行计算。

②外特性验证。接入负载后,计算有源二端网络的外特性。

如图 2.4 所示的等效电路中,如果取 $R_L = 1 \text{ k}\Omega$,计算负载中流过的电流和负载两端的电压可得

$$\begin{cases} I_L = \dfrac{U_{oc}}{R_L + R_{eq}} = 3.03 \text{ mA} \\[2mm] U_L = I_L R_L = 3.03 \text{ V} \end{cases} \tag{2.9}$$

以同样的方法,分别取 $R_L$ 为 2 kΩ、750 Ω、510 Ω、200 Ω 和 100 Ω 等不同参数值,计算负载中流过的电流和负载两端的电压。请读者自行计算。

### 2.1.4　实验注意事项

(1)连接电路前先调试两个直流电源,然后关闭实验箱电源,连接电路。

(2)所有改接线操作必须先关闭实验箱电源。

(3)禁止将电流表和电源直接相连,以免电流过大造成仪器损坏。

(4)实验过程中要注意监测直流电源电压值,以免影响实验结果。

(5)实验过程中注意观察电路工作状况,一旦出现过热或冒烟现象,立刻关闭电源并报告指导教师。

### 2.1.5 实验内容及操作步骤

#### 1. 基尔霍夫定律实验

（1）实验所需仪器及元器件：

①万用表，1 块。

②直流毫安表，1 块。

③固定电阻器：

a. 510 Ω，2 个。

b. 1 kΩ，1 个。

④直流电源：

a. 12 V，1 个。

b. 6 V，1 个。

（2）实验操作步骤：

①调节直流电压源：选择两个电压值分别为 12 V 和 6 V 的固定直流电压源；也可以选择可调电压源，将电压分别调至 12 V 和 6 V，用万用表直流电压挡测量电压值。

②实验电路如图 2.6 所示，此电路为基尔霍夫定律和叠加定理的通用实验电路。直流电流表需要串联到电路中，注意直流电流表的正负极要与图 2.6 所示的电流方向一致。本实验用一个直流毫安表测量三条支路的电流，需要分三次完成，当测量一条支路的电流时，其他两条支路的电流表位置要用短路线连接，如图 2.6 所示的虚线部分。

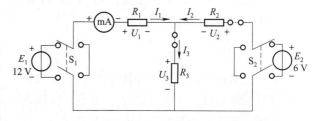

图 2.6 基尔霍夫定律和叠加定理实验电路图

③参照图 2.6 连接电路，电源 $E_1$ 和 $E_2$ 接到步骤①调好的直流电压源上，$E_1 = 12$ V，$E_2 = 6$ V，并保证电源的正负极正确对应。开关 $S_1$ 和 $S_2$ 均拨到电源一侧，图 2.6 中直流毫安表用于测量电流 $I_1$，另两条支路的虚线位置要用短路线连接，不能空置。检查无误后接通电源。电路稳定后读取直流毫安表显示的数值，并将测量结果记录到表 2.1 中。

④关闭电源，将直流毫安表变换位置测量电流 $I_2$，注意要将图 2.6 所示的原直流毫安表的位置用短路线连接。将测量结果记录到表 2.1 中。

⑤关闭电源，将直流毫安表变换位置测量电流 $I_3$，注意要将图 2.6 所示的原直流毫安表的位置用短路线连接。将测量结果记录到表 2.1 中。

⑥保持电路电源接通的状态，用万用表的直流电压挡分别测量电阻 $R_1$、$R_2$ 和 $R_3$ 两端的电压，万用表的红表笔接到图 2.6 所示电压值的" + "端，将测量结果记录到表 2.2 中。

**表 2.1 基尔霍夫电流定律实验数据记录表**

| 项目 | $I_1$/mA | $I_2$/mA | $I_3$/mA |
|---|---|---|---|
| 测量值 | | | |

表 2.2　基尔霍夫电压定律实验数据记录表

| 项目 | $U_1/\text{V}$ | $U_2/\text{V}$ | $U_3/\text{V}$ |
|---|---|---|---|
| 测量值 | | | |

### 2. 叠加定理实验

叠加定理实验电路图和基尔霍夫定律实验电路图一样。实验用到的元器件和仪器仪表也相同,此处不再赘述。

实验操作步骤:

(1) 参照图 2.6 连接电路,直流毫安表测量电流 $I_1$,电阻 $R_2$ 和 $R_3$ 所在支路的虚线位置要用短路线连接,将电压源 $E_1$ 和 $E_2$ 旁边的开关 $S_1$ 和 $S_2$ 均拨到电源接通状态,即将 $E_1$ 和 $E_2$ 接入电路,构成两个电源共同作用的工作状态,检查无误后接通电源。

(2) 选择电阻 $R_1$、$R_2$ 和 $R_3$ 两端的电压和电阻 $R_1$ 支路的电流 $I_1$ 进行叠加定理的验证。电路稳定后,读取直流毫安表的读数 $I_1$。然后用万用表电压挡分别测量 $R_1$、$R_2$ 和 $R_3$ 两端的电压 $U_1$,$U_2$ 和 $U_3$,并将测量结果记录在表 2.3 中。

(3) 将开关 $S_2$ 拨到短路一侧,即将电压源 $E_2$ 去除,构成电压源 $E_1$ 单独作用的工作状态,然后读取直流毫安表读数 $I_1'$,分别用万用表电压挡测量 $R_1$、$R_2$ 和 $R_3$ 两端的电压 $U_1'$、$U_2'$ 和 $U_3'$,并将测量结果记录在表 2.3 中。

(4) 将开关 $S_1$ 拨到短路一侧,即将电压源 $E_1$ 去除,然后将开关 $S_2$ 拨到电源一侧,使 $E_2$ 处于接通状态,构成电压源 $E_2$ 单独作用的工作状态,然后读取直流毫安表读数 $I_1''$,分别用万用表电压挡测量 $R_1$、$R_2$ 和 $R_3$ 两端的电压 $U_1''$、$U_2''$ 和 $U_3''$,并将测量结果记录在表 2.3 中。

表 2.3　叠加定理实验数据记录表

| 项目 | 测量值 | | | |
|---|---|---|---|---|
| $E_1$ 和 $E_2$ 共同作用 | $U_1/\text{V}$ | $U_2/\text{V}$ | $U_3/\text{V}$ | $I_1/\text{mA}$ |
| $E_1$ 单独作用 | $U_1'/\text{V}$ | $U_2'/\text{V}$ | $U_3'/\text{V}$ | $I_1'/\text{mA}$ |
| $E_2$ 单独作用 | $U_1''/\text{V}$ | $U_2''/\text{V}$ | $U_3''/\text{V}$ | $I_1''/\text{mA}$ |

### 3. 戴维宁定理实验

(1) 实验所需仪器及元器件:

① 万用表,1 块。

② 直流毫安表,1 块。

③ 可调直流电源,2 个。

④ 固定电阻器:

a. 750 Ω,1 个。

b. 510 Ω,2 个。

c. 300 Ω,1 个。

d. 200 Ω,2 个。

e. 100 Ω,1 个。

⑤可变电阻器:

a. 1 kΩ,1 个。

b. 10 kΩ,1 个。

(2)实验操作步骤:

①调节直流电压源。选择一个可调电压源,将电压调至 12 V,用万用表直流电压挡测量电压值。

②测量开路电压 $U_{OC}$。实验电路如图2.7(a)所示,将 12 V 的直流电源接到图中的 $U_S$ 处,注意电源的正负极,检查无误后接通电源,用万用表的直流电压挡测量图2.7(a)的"1"、"2"两端的电压,将测量结果填入表2.4中。

③测量短路电流 $I_{SC}$。实验电路如图2.7(b)所示,将电路中的"1"、"2"两端用短路线连接,检查无误后接通电源,读取电流表读数,并将测量结果填入表2.4中,并利用式(2.8)计算 $R_{eq}$。

④测量等效电阻 $R_{eq}$。实验电路如图2.7(c)所示,将图2.7(a)接入的 12 V 直流电源去除,并用短路线连接,然后用万用表电阻挡测量"1"、"2"两端的电阻值,将测量结果填入表2.4中,并与步骤②和步骤③的测量结果计算后得到的 $R_{eq}$ 值相比较,以检验测量结果的正确性。

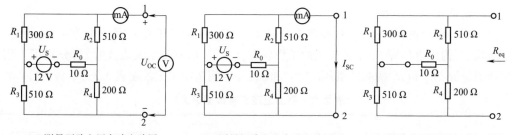

(a)测量开路电压实验电路图　(b)测量短路电流实验电路图　(c)等效电阻测量实验电路图

图2.7　有源二端网络开路电压、短路电流和等效电阻测量实验电路图

⑤原电路的外特性测量。将 1 kΩ 的负载电阻连接到电路中,电路如图2.8(a)所示,检查无误后接通电源,读取直流毫安表的数值,并用万用表的直流电压挡测量负载电阻两端的电压,将测量结果记录到表2.5中;变换负载的阻值,分别测量电流和电压,并将测量结果记录到表2.5中。

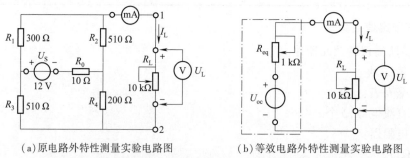

(a)原电路外特性测量实验电路图　(b)等效电路外特性测量实验电路图

图2.8　有源二端网络外特性测量实验电路图

⑥搭建等效电路。将可调直流电源的电压调整到步骤②测量的 $U_{OC}$ 数值,将可变电阻的阻值调整为 $R_{eq}$ 的数值。参照图 2.8(b)连接电路,将负载电阻调整步骤④测量使用的几种阻值,检查无误后接通电源。分别读取直流毫安表的数值和负载电阻两端的电压值将测量结果记录到表 2.5 中。

表 2.4  有源二端网络实验数据记录表

| 测量值 | | | 计算值 |
|---|---|---|---|
| 开路电压 $U_{oc}$/V | 短路电流 $I_{sc}$/mA | 等效电阻 $R_{eq}$/Ω | 等效电阻 $R_{eq}$/Ω |
| | | | |

表 2.5  有源二端网络及其等效电路外特性实验数据记录表

| 项　目 | $R_L = \underline{\quad 1 \quad}$ kΩ | | $R_L = \underline{\quad\quad}$ Ω | | $R_L = \underline{\quad\quad}$ Ω | | $R_L = \underline{\quad\quad}$ Ω | |
|---|---|---|---|---|---|---|---|---|
| | $U_L$/V | $I_L$/mA | $U_L$/V | $I_L$/mA | $U_L$/V | $I_L$/mA | $U_L$/V | $I_L$/mA |
| 有源二端网络测量值 | | | | | | | | |
| 等效电路测量值 | | | | | | | | |

## 2.1.6  数据处理及误差分析要求

### 1. 基尔霍夫电流定律实验数据处理及误差分析要求

(1)根据表 2.1 测量的 3 个电流值计算验证基尔霍夫电流定律;计算 3 个电流理论值和测量值之间的相对误差,找出最大误差点,分析误差原因。

(2)根据已知的电源电压值和表 2.2 测量的电阻两端的电压值,验证基尔霍夫电压定律;计算理论值和测量值之间的相对误差,找出最大误差点,分析误差原因。

### 2. 叠加定理实验数据处理及误差分析要求

根据表 2.3 测量的电压值和电流值,验证电流和电压的叠加定理;计算理论值和测量值之间的相对误差,分别找出 4 组测量值的最大误差点,分析误差原因。

### 3. 戴维宁定理实验数据处理及误差分析要求

(1)利用开路短路法计算等效电阻,并与理论计算值相比较。

(2)比较开路短路法计算的等效电阻和直接测量得到的等效电阻的数值,分别计算测量值和理论值的相对误差,分析误差原因。如果误差过大,则需要重新测量。

(3)计算有源二端网络外特性测量结果和等效电路的测量结果之间的相对误差,找到最大误差点,分析误差原因。如果误差过大,则需要重新测量。

(4)将外特性的测量结果画在以电压为横坐标,电流为纵坐标的坐标纸上,并将所画的线段延长与横、纵坐标轴相交,观察交点的数值。将交点的数值与计算的开路电压和短路电流值相比较,计算相对误差,分析误差原因。

**思考题**

(1)根据实验台提供的元器件自行设计含有电压源和电流源的电路,并用叠加定理完成理论计算和实验验证。

（2）根据实验台提供的元器件自行设计含有电压源和电流源的电路，并用戴维宁定理完成理论计算和实验验证。

# 2.2　单相交流参数测定及功率因数提高实验

## 2.2.1　实验目的

（1）掌握单一元件正弦交流电路基本参数的测定方法。
（2）加深理解单一元件两端电压与电流之间的关系。
（3）验证 *RLC* 串联交流电路基尔霍夫电压定律。
（4）掌握荧光灯实验电路的连接和测试方法。
（5）验证通过并联电容提高功率因数的方法。
（6）熟悉交流电流表、电压表和功率表（功率因数表）的使用方法。

## 2.2.2　实验预习要求

（1）复习并推导单一元件参数相量的欧姆定律的表达式。
（2）完成 *RLC* 串联电路基尔霍夫电压定律的推导和计算。
（3）完成并联电容的方法提高功率因数的电路参数计算。
（4）熟悉电路连接过程和参数测试要求，列写实验步骤。
（5）根据实验中要测试的实验数据画出数据记录表格。
*（6）完成实验电路的 Proteus 仿真。

## 2.2.3　实验原理

### 1. 单一元件正弦交流电路基本参数测试

1）交流参数欧姆定律
在正弦交流信号作用下，阻抗元件 $Z$ 两端电压与流过的电流关系为

$$\dot{U} = Z\dot{I} \tag{2.10}$$

电路阻抗可以表示为

$$Z = R + jX = |Z| \angle \varphi \tag{2.11}$$

利用交流电压表、交流电流表和多功能功率表，分别测量出元件两端电压 $U$、流经元件的电流 $I$ 和元件所消耗功率 $P$，计算求得元件的等效参数 $R$、$X$、$Z$ 和 $\varphi$，相应的公式为

$$R = P/I^2 \tag{2.12}$$
$$|Z| = U/I \tag{2.13}$$
$$X = \sqrt{|Z|^2 - R^2} \tag{2.14}$$

单一元件（$R$、$Lr$、$C$）交流参数测试实验电路如图 2.9 所示。
单一元件（$R$、$Lr$、$C$）参数的计算公式见表 2.6。

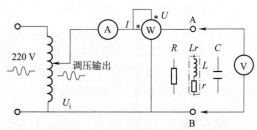

图 2.9　单一元件交流参数测试实验电路图

表 2.6 单一元件参数的计算公式

| 元件 | $R$ | $Lr$[①] | $C$ |
|---|---|---|---|
| 电流 | $I = \dfrac{U}{R}$ | $I = \dfrac{U}{\sqrt{r^2 + (\omega L)^2}}$ | $I = \omega CU$ |
| 有功功率 | $P = UI = I^2 R$ | $P = UI\cos\varphi = I^2 r$ | $P = 0$ |
| $\cos\varphi$ | 1 | $\cos\varphi = \dfrac{r}{\sqrt{r^2 + (\omega L)^2}}$ | 0 |

①$Lr$ 表示电感线圈是由电感和电阻串联构成的。

2）实验举例

在图 2.9 中，设 $\dot{U}_{AB} = 30\angle 0°$ V，元器件参数为 $R = 51\ \Omega$，$r = 3\ \Omega$，$L = 61\ \text{mH}$，$C = 25\ \mu\text{F}$。代入表 2.6 中的相关公式可以计算出电流、功率和功率因数。

$$\begin{cases} \dot{I}_R = \dfrac{\dot{U}_{AB}}{R} = \dfrac{30\angle 0°}{51}\ \text{mA} = 588.2\angle 0°\ \text{mA} \\[2mm] \dot{I}_{Lr} = \dfrac{\dot{U}_{AB}}{r + j\omega L} = \dfrac{30\angle 0°}{3 + j314 \times 61 \times 10^{-3}}\ \text{A} = \dfrac{30\angle 0°}{19.39\angle 81.1°}\ \text{A} = 1.55\angle -81.1°\ \text{A} \\[2mm] \dot{I}_C = \dfrac{\dot{U}_{AB}}{-j\dfrac{1}{\omega C}} = \dfrac{30\angle 0°}{\dfrac{1}{314 \times 25 \times 10^{-6}}\angle -90°}\ \text{mA} = \dfrac{30\angle 0°}{127.39\angle -90°}\ \text{mA} = 235.5\angle 90°\ \text{mA} \end{cases} \tag{2.15}$$

$$\begin{cases} P_R = \dfrac{U_{AB}^2}{R} = \dfrac{30 \times 30}{51}\ \text{W} = 17.65\ \text{W} \\[2mm] P_{Lr} = I_{Lr}^2 \cdot r = 7.21\ \text{W} \\[2mm] P_C = 0 \end{cases} \tag{2.16}$$

$$\cos\varphi_L = \dfrac{r}{\sqrt{r^2 + (\omega L)^2}} = 0.155 \tag{2.17}$$

实验时，根据测量的电压 $U_{AB}$、电流 $I$ 和功率 $P$ 就可以计算出单一元件的参数。

**2. $RLC$ 串联电路基尔霍夫电压定律验证**

1）$RLC$ 串联电路的基尔霍夫电压定律

$RLC$ 串联电路如图 2.10 所示。

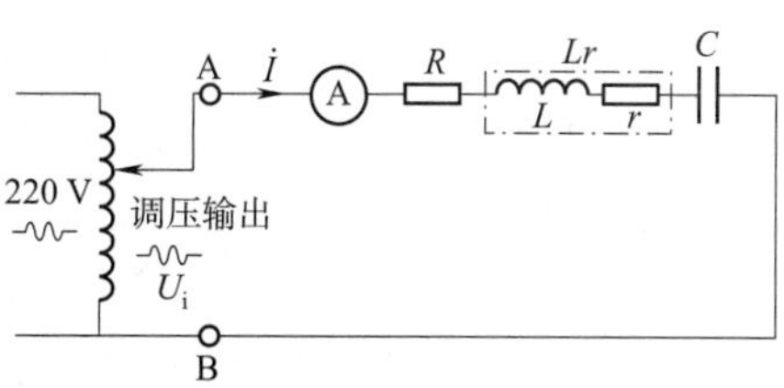

电路阻抗 $Z$ 表示为

$$Z = R' + jX \tag{2.18}$$

$$\begin{cases} R' = R + r \\ X = X_L - X_C \end{cases} \tag{2.19}$$

图 2.10 $RLC$ 串联电路图

式中，$R$ 为电阻；$r$ 为电感线圈 $L$ 的内阻；$X_L$ 为电感线圈 $L$ 的感抗；$X_C$ 为电容 $C$ 的容抗。

电路中的电压、电流关系满足相量形式的欧姆定律为

$$\dot{U}_i = \dot{I}Z = \dot{I}\left[(R + r) + j(X_L - X_C)\right] \tag{2.20}$$

相量形式的基尔霍夫电压定律为

$$\dot{U}_i = \dot{U}_R + \dot{U}_{Lr} + \dot{U}_C \tag{2.21}$$

2)实验举例

设 $\dot{U}_i = 50 \angle 0° $ V,求得

$$\dot{I} = \frac{\dot{U}_i}{Z} = \frac{50 \angle 0°}{(51+3)+j(19.15-127.39)} \text{ mA} = \frac{50 \angle 0°}{120.96 \angle -63.5°} \text{ mA} = 413.4 \angle 63.5° \text{ mA} \quad (2.22)$$

3 个元件两端的电压分别为

$$\begin{cases} \dot{U}_R = \dot{I}R = 413.4 \times 10^{-3} \angle 63.5° \times 51 \text{ V} = 21.11 \angle 63.5° \text{ V} \\ \dot{U}_{Lr} = \dot{I}(r+j\omega L) = 413.4 \times 10^{-3} \angle 63.5° \times 19.39 \angle 81.1° \text{V} = 8.03 \angle 144.6° \text{ V} \\ \dot{U}_C = \dot{I}\left(-j\dfrac{1}{\omega C}\right) = 413.4 \times 10^{-3} \angle 63.5° \times 127.39 \angle -90° \text{V} = 52.66 \angle -26.5° \text{ V} \end{cases} \quad (2.23)$$

相量合成计算可得

$$\dot{U}_R + \dot{U}_{Lr} + \dot{U}_C = (21.11 \angle 63.5° + 8.03 \angle 144.6° + 52.66 \angle -26.5°) \text{V} \approx 50 \angle 0° \text{ V}$$

画出相量图如图 2.11 所示。

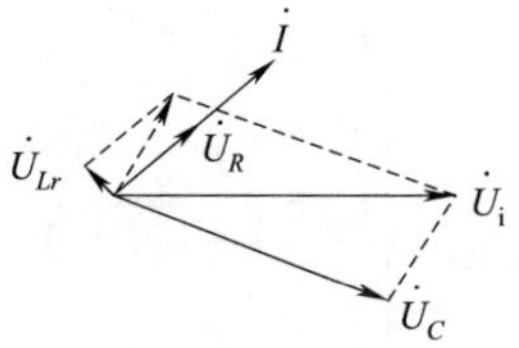

### 3. 功率因数提高

1)功率因数提高的方法

对于感性负载,其功率因数一般很低。因此为提高电源的利用率和减少供电线路的损耗,必须进行无功补偿,以提高线路的功率因数。

图 2.11    *RLC* 串联电路相量图

提高功率因数的方法,除改善负载本身的工作状态、设计合理外,由于工业负载基本都是感性负载,因此常用的方法是在负载两端并联电容,补偿无功功率,以提高线路的功率因数。功率因数提高电路图如图 2.12(a)所示。

并联电容前,电路的电流 $\dot{I}$ 和负载 $Z$ 中流过的电流 $\dot{I}_{Lr}$ 相等,此时通过测量电路的电压 $U$、电流 $I$ 和功率 $P$ 计算得到功率因数 $\cos\varphi$。计算公式为

$$\cos\varphi = P/UI \quad (2.24)$$

并联电容后,电压 $\dot{U}$ 不变但是线路电流 $\dot{I}$ 变为负载电流 $\dot{I}_{Lr}$ 和电容中流过的电流 $\dot{I}_C$ 之和。根据电路参数和特性画出相量图,如图 2.12(b)所示。如果电容值选择合适,相量合成后线路中的电流 $\dot{I}$ 减小了,电压 $\dot{U}$ 和电流 $\dot{I}$ 之间的相位差 $\varphi$ 减小,$\cos\varphi$ 增大,功率因数仍然可以利用式(2.24)进行计算,电压 $U$ 和功率 $P$ 不变,电流 $I$ 减小,电源或电网的功率因数得到提高。

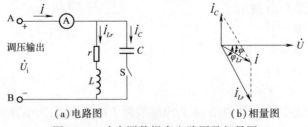

(a)电路图                    (b)相量图

图 2.12    功率因数提高电路图及相量图

2)实验举例

日光灯[①]是典型的感性负载,日光灯电路的功率因数较低,一般在 0.5 以下,为了提高电路

---

① "日光灯"是实验台上标注的名称,其规范术语是"荧光灯"。

的功率因数,可以采用感性负载并联电容的方法。

日光灯电路并联电容提高功率因数实验电路如图 2.13 所示。日光灯电路由日光灯管、镇流器和启辉器[①]三部分组成。可以将日光灯电路等效成感性负载 $Z = r + jX_L$,功率因数提高的相量图如图 2.12(b)所示。在未并联电容前,通过测量电路的电压 $U$、电流 $I$、功率 $P$ 和功率因数 $\cos \varphi$,根据式(2.10)~式(2.14)和式(2.24)可以计算出日光灯等效阻抗参数 $r$ 和 $X_L$。然后采用并联电容的方法观察功率因数的变化,通过实验和理论分析探究是否只要并联电容就可以提高功率因数。

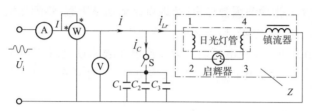

图 2.13　日光灯电路并联电容提高功率因数实验电路图

## 2.2.4　实验注意事项

(1)本实验需要的交流电压有效值分 30 V、50 V 和 220 V 3 种,连接电路之前一定要确定交流电压有效值和实验要求相符。

(2)所有改接线操作必须先关闭实验箱电源。

(3)实验用的电流表和功率表的电流线圈一定要串联在电路中。

(4)实验过程中要注意观察电路工作状况,一旦出现过热或冒烟现象,立刻关闭电源并报告指导教师。

## 2.2.5　实验内容及操作步骤

### 1.单一元件正弦交流电路基本参数测试实验

(1)根据图 2.20,本实验需要的元器件及仪器仪表如下:

①电阻器(51 Ω),1 个。

②电感器(61 mH,3 Ω),1 个。

③电容器(25 μF),1 个。

④三相交流可调电源,1 台。

⑤多功能功率表,1 块。

⑥电流表,1 块。

⑦电压表,1 块。

⑧万用表,1 块。

(2)实验操作步骤:

①选择三相交流可调电源调压输出侧 4 个插孔中的任意两个作为本实验用电压输出,将万用表调到交流电压挡,将两根表笔分别插入任意两个插孔中,注意调整表笔以保证表笔与电源

---

① "启辉器"是实验台上标注的名称,其规范术语是"辉光启动器"。

输出孔接触良好。打开三相交流电源箱开关,缓慢旋转调节旋钮,使万用表读数为 30 V。

②关闭电源,参照图 2.9 连接电路,先将电阻 $R$ 接到电路的 AB 端。

③经指导教师确认电路连接无误后,将电源接入电路;打开电源开关,用万用表交流电压挡或者交流电压表测量电阻两端的电压,微调交流电压调压旋钮使电阻两端电压有效值 $U_{AB}$ = 30 V。

④读取电流表的读数,测量结果填入表 2.7 中。

⑤调整多功能功率表为功率输出,读取功率表的读数,将测量结果填入表 2.7 中。

⑥调整多功能功率表为功率因数输出,读取电路的功率因数,将测量结果填入表 2.7 中。

⑦关闭电源,用电感替换电阻,检查无误后接通电源。

⑧电路稳定后,用万用表交流电压挡或者交流电压表测量电感两端的电压,微调交流电压调压旋钮使电感两端电压有效值 $U_{AB}$ = 30 V;读取电流表、功率表和功率因数的读数,将测量结果填入表 2.7 中。

⑨关闭电源,用电容替换电感,检查无误后接通电源。

⑩电路稳定后,用万用表交流电压挡或者交流电压表测量电容两端的电压,微调交流电压调压旋钮使电容两端电压有效值 $U_{AB}$ = 30 V;读取电流表、功率表和功率因数表的读数,将测量结果填入表 2.7 中,关闭电源。

注意:多功能功率表在电流线圈和电压线圈的一个端子上标有"＊"标记,将标有"＊"标记的两个端子接在电源的同一端,电流线圈的另一端串联接至负载,电压线圈的另一端则并联接至负载的另一端。

表 2.7　单一元件交流参数测定实验数据记录表

| 被测元件 | 测量值 | | | | 计算值 | | | |
|---|---|---|---|---|---|---|---|---|
| | $U_{AB}$/V | $I$/mA | $P$/W | $\cos \varphi$ | $R$/Ω | $L$/mH | $r$/Ω | $C$/μF |
| 电阻器 | 30 | | | | | | | |
| 电感线圈 | 30 | | | | | | | |
| 电容器 | 30 | | | | | | | |

**2.RLC 串联电路基尔霍夫电压定律验证实验**

(1)实验所需仪器及元器件:

①万用表,1 块。

②电流表,1 块。

③三相交流可调电源,1 台。

④电阻器(51 Ω),1 个。

⑤电感线圈(61 mH,3 Ω),1 个。

⑥电容器(25 μF),1 个。

(2)实验操作步骤:

①选择三相交流可调电源调压输出侧 4 个插孔中的任意两个作为本实验用电压输出,将万用表调到交流电压挡,将两根表笔分别插入任意两个插孔中,注意调整表笔以保证表笔与电源输出孔接触良好。打开三相交流电源箱开关,缓慢旋转调节旋钮,使万用表读数为 50 V。

②关闭电源,参照图 2.10 连接电路,测量无误后关闭电源。

③电路稳定后,用万用表交流电压挡测量电压 $U_i$,微调交流电压调压旋钮使电压有效值 $U_i$ = 50 V。

④电路稳定后,读取电流表读数,将测量结果填入表 2.8 中。

⑤将万用表调节到交流电压挡,分别测量电阻、电感和电容两端的电压 $U_R$、$U_{Lr}$ 和 $U_C$,将测量结果填入表 2.8 中,关闭电源。

表 2.8　RLC 串联电路实验数据记录表

| $U_i/\text{V}$ | $U_R/\text{V}$ | $U_{Lr}/\text{V}$ | $U_C/\text{V}$ | $I/\text{mA}$ |
|---|---|---|---|---|
| 50 | | | | |

### 3. 功率因数提高实验

(1)实验所需仪器及元器件:

①三相交流可调电源,1 台。

②多功能功率表,1 块。

③电流表,1 块。

④电压表,1 块。

⑤万用表,1 块。

⑥日光灯套件,1 套。

⑦电容器:

a. 1 μF,1 个。

b. 2.2 μF,1 个。

c. 4.7 μF,1 个。

(2)实验操作步骤:

①选择三相交流可调电源调压右侧 4 个插孔中的任意一个彩色插孔和黑色插孔作为本实验的交流电压输出,将万用表调到交流电压挡,将两根表笔分别插入两个插孔中,注意调整表笔以保证表笔与电源输出孔接触良好。打开三相交流电源箱开关,缓慢旋转调节旋钮,使万用表读数为 220 V。

②关闭电源,参照图 2.13 连接电路,将交流电源的彩色输出孔经电流表和功率表后连接日光灯灯管的"1"端进入,日光灯灯管的"2"和"3"端接启辉器,日光灯灯管的"4"端连接镇流器,镇流器的另一端接交流电源的黑色插孔。先不接入电容器,检查无误后接通电源。

③调整多功能功率表为功率输出,电路稳定后,读取电压、电流和功率的数值,将测量结果填入表 2.9 中。

④调整多功能表为功率因数输出,电路稳定后,读取电路的功率因数,将测量结果填入表 2.9 中;并根据测量结果计算出日光灯电路的等效参数,将计算结果填入表 2.9 中。

⑤关闭电源,参照图 2.13 将电容器 $C_1 = 1$ μF 并联接入电路,电容器的一端接日光灯灯管的"1"端,电容器的另一端与交流电源的黑色插孔相连。检查无误后接通电源。

⑥关闭电源,电路稳定后,读取电流、功率和功率因数的数值,将测量结果填入表 2.9 中。

⑦关闭电源,用电容器 $C_2 = 2.2$ μF 替换 $C_1$,检查无误后接通电源。电路稳定后,读取电流表、功率表和功率因数表的读数,将测量结果填入表 2.9 中。

⑧关闭电源,用电容器 $C_3 = 4.7\ \mu F$ 替换 $C_2$,检查无误后接通电源。电路稳定后,读取电流表、功率表和功率因数表的读数,将测量结果填入表 2.9 中,关闭电源。

表 2.9　日光灯实验数据记录表

| 项　目 | 测量值 | | | | 计算值 | | |
|---|---|---|---|---|---|---|---|
| | $U_i/V$ | $I/mA$ | $P/W$ | $\cos\varphi$ | $r/\Omega$ | $L/mH$ | $\cos\varphi$ |
| 未并联电容器 | 220 | | | | | | |
| 并联电容器 $C_1$ | 220 | | | | | | |
| 并联电容器 $C_2$ | 220 | | | | | | |
| 并联电容器 $C_3$ | 220 | | | | | | |

### 2.2.6　数据处理及误差分析要求

**1. 单一元件正弦交流电路基本参数测试**

(1)根据测得的电压、电流和功率数值计算电阻值、电感值、内阻值和电容值。

(2)计算 3 个单一元件的标称值和测量结果数值之间的相对误差,分析误差原因。

**2. RLC 串联电路基尔霍夫电压定律验证实验**

(1)计算串联电路电流的相对误差,分析误差原因。

(2)计算 3 个元件电压计算值和测量值之间的相对误差,分析误差原因。

(3)根据 3 个元件的电压、电流相位特性,结合电压测量值,验证 RLC 串联交流电路基尔霍夫定律。

**3. 功率因数提高实验**

(1)根据实验测得的日光灯电路的电压、电流、功率值计算电路等效阻抗参数和功率因数。

(2)将计算所得的功率因数和测量的功率因数相比较,计算绝对误差,分析误差原因。

(3)分别计算并联电容器后测量的功率因数与并联电容器电路前的功率因数的绝对误差,分析并联不同数值的电容器对电路的功率因数有何影响?感性负载是否并联电容器就一定能提高功率因数?是否并联的电容值越大,功率因数提高越多?

**思考题**

(1)RLC 串联电路实验中为什么会出现 $U_C > U_i$ 的现象?

(2)根据实验台提供的元器件自行设计阻抗串并联正弦交流电路,完成理论计算和实验验证。

# 2.3　一阶电路响应和电路谐振实验

## 2.3.1　实验目的

(1) 掌握 $RC$ 一阶电路暂态响应的变化过程,加深理解电路参数变化对暂态过程的影响。

(2) 掌握 $RLC$ 串并联谐振的原理及电路元件参数与电路谐振频率之间的关系。

(3) 熟悉函数信号发生器、交流毫伏表和示波器的使用方法。

(4) 掌握示波器测定 $RC$ 电路暂态过程时间常数的方法。

(5) 理解输入信号的幅值和频率的变化对 $R$、$L$ 和 $C$ 两端电压的影响。

(6) 理解时间常数对微分电路和积分电路输出波形的影响。

(7) 掌握受控源电路的连接和测试方法。

## 2.3.2　实验预习要求

(1) 列写一阶 $RC$ 电路暂态响应的工作过程,以及积分电路和微分电路的工作原理。

(2) 分析 $RC$ 参数变化对输出波形的影响。

(3) 根据电路参数列写积分电路微分方程,求取时间常数,并分析时间常数与输入脉冲脉宽(或周期)的关系。

(4) 复习 $RLC$ 串并联谐振电路的工作原理。

(5) 根据 $RLC$ 串并联谐振电路的工作原理和电路元件参数,完成电路谐振频率的推导和计算。

(6) 熟悉电路连接过程和参数测试要求,列写实验步骤。

(7) 根据实验中要测试的实验数据画出数据记录表格。

*(8) 完成实验电路的 Proteus 仿真。

## 2.3.3　实验原理

### 1. 一阶电路响应

一阶 $RC$ 电路的暂态过程实质上就是电容器的充、放电过程,理论上需持续无穷长的时间,但从工程应用角度考虑,可以认为经过 $t_p = (3 \sim 5)\tau$ 的时间即已基本结束,其实际持续的时间很短暂,因而称为暂态过程。暂态过程所需时间取决于 $RC$ 电路的时间常数。

1) 一阶 $RC$ 积分电路

(1) 一阶 $RC$ 积分电路工作原理。

一阶 $RC$ 积分电路电路图如图 2.14(a)所示。电路输入端加矩形脉冲电压,电容 $C$ 两端作为输出端,若时间常数 $\tau = 5t_p$,则输出电压 $u_c$ 近似正比于输入电压 $u_i$ 对时间的积分,故此电路称为积分电路。充、放电过程电容器两端电压 $u_c$ 的波形如图 2.14(b)所示。

若矩形脉冲电压脉宽 $t_p = (3 \sim 5)\tau$ 或 $RC$ 电路取时间常数 $\tau = (1/5 \sim 1/3)t_p$,$RC$ 积分电路输出电压变化过程由零输入响应和零状态响应构成,充电过程 $u_c$ 按照零状态响应计算可得,即

$$u_C(t) = U_o(1 - e^{-\frac{t}{\tau}}) \qquad (2.25)$$

式中,$U_o$ 为输入矩形波的幅值;$\tau = RC$ 为时间常数。

放电过程，$u_C$ 按照式(2.25)零输入响应计算可得，即

$$u_C(t) = U_o e^{-\frac{t}{\tau}} \tag{2.26}$$

式中，$U_o$ 为电容电压最大值(近似为输入矩形波的幅值)；$\tau = RC$ 为时间常数。

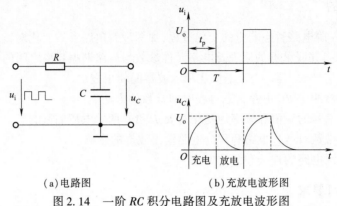

(a)电路图　　　　　(b)充放电波形图

图 2.14　一阶 $RC$ 积分电路图及充放电波形图

(2)标尺法测定 $RC$ 电路时间常数 $\tau$ 的原理。标尺法测定 $RC$ 电路时间常数的示意图如图 2.15 所示。

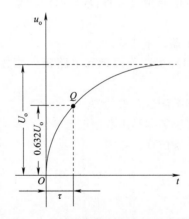

图 2.15　时间常数测定方法示意图

设置或测得输入矩形波的幅值 $U_o$，确保矩形波幅值输出的持续时间 $t_p \geqslant (3 \sim 5)\tau$。

由于从 $t = 0$ 经过一个 $\tau$ 的时间，$u_C$ 增长到稳态值的 63.2%。当 $t = \tau$ 时，由式(2.25)可得

$$u_C(t) = U_o(1 - e^{-1}) = U_o \left(1 - \frac{1}{2.718}\right) = 63.2\% U_o \tag{2.27}$$

此时测得电容电压($Q$ 点)$u_C = 0.632U_o$ 时所对应的时间即为电路时间常数 $t = \tau$。这个时间常数的值应该近似等于电路的 $RC$ 值。

(3)参数变化对积分电路输出波形的影响：

若时间常数 $\tau \gg t_p$(例如 $\tau = 10t_p$)，则输出电压 $u_C$ 近似正比于输入电压 $u_i$ 对时间的积分。

若时间常数 $\tau \ll t_p$(例如 $\tau = 0.1t_p$)，则输出电压 $u_C$ 近似等于输入电压 $u_i$。

参数变化对积分电路输出波形的影响波形图如图 2.16 所示。

2)一阶 $RC$ 微分电路

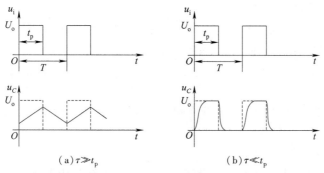

图 2.16　参数变化对积分电路输出波形的影响曲线图

（1）一阶 $RC$ 微分电路工作原理。一阶 $RC$ 微分电路图如图 2.17（a）所示。电路输入端加矩形脉冲电压，电阻 $R$ 两端作为输出端，若时间常数满足 $\tau \ll t_\mathrm{p}$，输出电压 $u_R$ 近似地与输入电压 $u_\mathrm{i}$ 对时间的微分成正比，故此电路称为微分电路，微分电路 $u_R$ 的波形如图 2.17（b）所示。

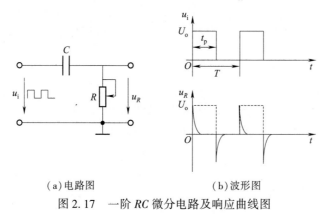

（a）电路图　　　　　　（b）波形图

图 2.17　一阶 $RC$ 微分电路及响应曲线图

（2）参数变化对微分电路输出波形的影响。若时间常数 $\tau \gg t_\mathrm{p}$，则输出电压 $u_R$ 与输入电压 $u_\mathrm{i}$ 波形近似，此种微分电路转变为放大电路所采用的是级间阻容耦合电路，输出波形如图 2.18（a）所示。

如果时间常数 $\tau = \left(\dfrac{1}{5} \sim \dfrac{1}{3}\right) t_\mathrm{p}$，$u_R$ 的波形变化如图 2.18（b）所示。

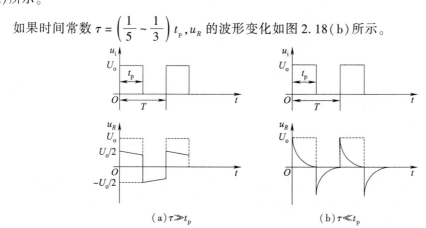

（a）$\tau \gg t_\mathrm{p}$　　　　　　（b）$\tau \ll t_\mathrm{p}$

图 2.18　参数变化对微分电路输出波形的影响曲线图

**2. 谐振电路工作原理**

在具有电感和电容元件的交流电路中,电路输出电压与电流一般是不同相的。如果调节电路的参数或电源的频率而使它们同相,这时电路中就会发生谐振现象。

研究谐振的目的就是要认识这种客观现象,并在生产上充分利用谐振的特征,同时又要预防它所产生的危害。

按照发生谐振的电路的不同,谐振现象可分为串联谐振和并联谐振。下面分别讨论两种谐振现象的特征。

1)串联谐振

(1)串联谐振电路分析。$RLC$ 串联谐振实验电路图如图 2.19 所示。选择电路中的元器件参数为:$R = 1$ kΩ,$C = 0.01$ μF,$L = 30$ mH,$r$ 忽略不计。

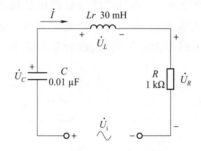

图 2.19 $RLC$ 串联谐振实验电路图

$RLC$ 串联谐振电路中,根据式(2.20),当 $X_L = X_C$ 时,即

$$2\pi fL = \frac{1}{2\pi fC} \tag{2.28}$$

时,$\dot{U}_i = \dot{I}Z = \dot{I}(R + r)$,相位条件满足

$$\varphi = \arctan\frac{X_L - X_C}{R} = 0 \tag{2.29}$$

即电源电压 $u$ 与电路中的电流 $i$ 同相位。这时电路中发生串联谐振。

由发生串联谐振的条件可以得出谐振频率为

$$f = f_0 = \frac{1}{2\pi\sqrt{LC}} \tag{2.30}$$

如果参照图 2.19 的电路参数,可得谐振频率为

$$f = f_0 = \frac{1}{2 \times 3.14 \times \sqrt{30 \times 10^{-3} \times 0.01 \times 10^{-6}}} \text{ Hz} = 9\,193 \text{ Hz} \tag{2.31}$$

根据式(2.21),发生谐振时

$$\dot{U}_{Lr} + \dot{U}_C = 0, \quad \dot{U}_R \approx \dot{U}_i \tag{2.32}$$

(2)串联谐振电路特征:

①阻抗最小,电流最大。电路的阻抗模 $|Z| = \sqrt{R^2 + (X_L - X_C)^2} = R$,其值最小。因此,在电源电压 $\dot{U}_i$ 不变的情况下,电路中的电流将在谐振时达到最大值,即

$$I = I_0 = \frac{U_i}{R} \tag{2.33}$$

如果电源电压有效值为 700 mV,则串联电路谐振时电路的电流值为

$$I_0 = \frac{U_i}{R} = \frac{0.7}{1 \times 10^3} = 0.7 \text{ mA} \tag{2.34}$$

其中,阻抗模和电流等随频率变化的曲线如图 2.20 所示。

②由于 $X_L = X_C$,于是 $U_L = U_C$。而 $\dot{U}_L$ 与 $\dot{U}_C$ 在相位上相反,互相抵消,因此电源电压 $\dot{U} \approx \dot{U}_R$,串联谐振时的相量图如图 2.21 所示。

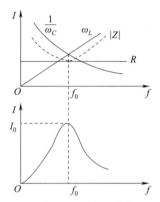 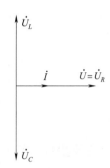

图 2.20　阻抗模和电流等随频率变化曲线图　　图 2.21　串联谐振相量图

③由于电源电压与电路中电流同相($\varphi = 0$),因此电路对电源呈现电阻性。电源供给电路的能量全被电阻器所消耗,电源与电路之间不发生能量的互换。能量的互换只发生在电感线圈与电容器之间。

④品质因数 $Q$。电路发生谐振时电容器 $C$ 两端的电压 $U_C$ 或电感线圈 $L$ 两端的电压 $U_L$ 与电源电压的比值称为品质因数,通常用 $Q$ 来表示,即

$$Q = \frac{U_C}{U} = \frac{U_L}{U} = \frac{1}{\omega_0 CR} = \frac{\omega_0 L}{R} \tag{2.35}$$

式中,$\omega_0$ 为谐振角频率;$Q$ 为电路的品质因数或简称 $Q$ 值。

品质因数的意义是表示在谐振时电容器或电感线圈上的电压是电源电压的 $Q$ 倍。$Q$ 值越大,曲线越尖锐。

2)并联谐振

(1)并联谐振电路分析。$RLC$ 并联谐振实验电路图如图 2.22 所示。选择电路中的元器件参数为:$R = 1$ kΩ,$C = 0.01$ μF,$L = 30$ mH,$r$ 忽略不计。

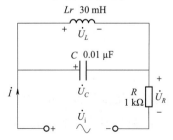

图 2.22　$RLC$ 并联谐振实验电路图

    $RLC$ 并联谐振电路的谐振频率与串联谐振电路的谐振频率计算公式相同,见式(2.30)。因此,并联谐振电路的谐振频率也为 9 193 Hz。

    (2)并联谐振电路特征:

    ①阻抗最大,电流最小。

    ②由于并联谐振,$LC$ 形成的并联阻抗理论上趋于无穷大,电路相当于断路,$I \approx 0$。

    其他特征参考串联谐振电路。

### 2.3.4 实验注意事项

    (1)接电路前先学习第 1 章中数字函数信号发生器、交流毫伏表和示波器三个仪器的操作规程和使用方法。

    (2)所有改接线操作必须先关闭实验箱电源。

    (3)测试结果与理论分析不相符时,确定电路无误后,检测 3 个仪器同轴电缆是否正常。

    (4)实验过程中要注意观察电路器件工作情况,一旦出现过热或冒烟现象,立刻关闭电源并报告指导教师。

### 2.3.5 实验内容及操作步骤

#### 1. 一阶电路响应实验

    (1)实验所需仪器及元器件:

    ①万用表,1 块。

    ②示波器,1 台。

    ③函数信号发生器,1 台。

    ④固定电阻器:

    a. 10 kΩ,1 个。

    b. 30 kΩ,1 个。

    ⑤可变电阻器(10 kΩ),1 个。

    ⑥电容器:

    a. 3 300 pF,1 个。

    b. 1 000 pF,1 个。

    c. 0.1 μF,1 个。

    d. 0.33 μF,1 个。

    (2)实验操作步骤:

    ①调节示波器和函数信号发生器。本实验输入电压 $u_i$ 为幅值 5 V,频率 1 kHz 的矩形波。信号的脉宽 $t_p \approx 0.5$ ms。

    示波器和函数信号发生器的具体调节步骤如下:

    a. 示波器调节:打开示波器电源,示波器预热。示波器使用说明参见 1.6 节相关内容。

    b. 函数信号发生器调节:打开函数信号发生器电源,波形选择方波 square,幅值调整为 5 V,频率调整为 1 kHz。

    c. 连接:如图 2.23 所示,选用函数信号发生器的 CH1 和示波器的 CH1 相连(分别将两个仪器 CH1 输出的同轴电缆红色夹子相连,黑色夹子相连),调节函数信号发生器,同时用示波器观察,调整矩形波电压的幅值为 5 V,频率为 1 kHz,此时脉冲宽度 $t_p \approx 0.5$ ms。

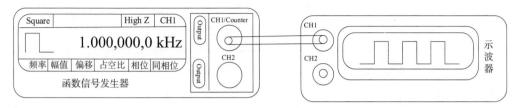

图 2.23　信号发生器与示波器连接示意图

②一阶 *RC* 积分电路实验:

a. 将图 2.24 所示电路接上调好的信号源,并将示波器的两通道分别接入信号和输出信号,构成实验电路图,如图 2.24 所示。电阻参考值 $R = 30$ kΩ,电容参考值 $C = 3\ 300$ pF,观察电压 $u_i$ 和 $u_C$ 的波形。

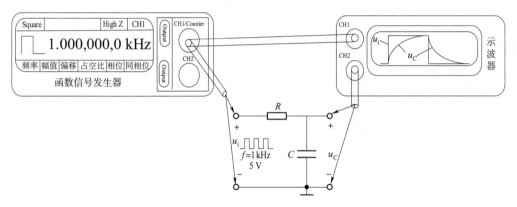

图 2.24　积分电路实验电路图

b. 测定一阶 *RC* 积分电路的时间常数 $\tau$。调节示波器,使显示的波形最大,并处于合适的位置,待波形稳定后,用标尺法测定 $\tau$ 值(即测定两点间水平距离),示波器上观察到的波形如图 2.25 所示。

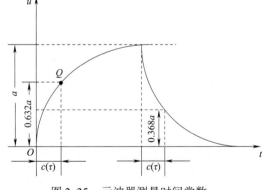

图 2.25　示波器测量时间常数波形示意图

测得荧光屏上电容电压的最大值 $U_m$ 对应的格数 $a(\text{div}) = U_m(\text{div-格数})$;然后选取 $t = \tau$ 时的电容电压($Q$ 点)对应的格数 $b(\text{div}) = 0.632a$;测量此时时间轴对应的格数 $c(\tau)$,则所测时间常数为

$$\tau = S(\text{ms})/\text{div} \times c(\text{div})$$

式中,$S$ 为"扫描时间"指示值,显示在示波器的左上角。

也可以采用放电波形相关参数计算时间常数,读者可以自行测量,应与充电过程的测量结果相比较。

将显示屏上测得的 $\tau$ 值及示波器显示的波形按比例绘制出来,填入表 2.10 中。

表 2.10　时间常数测定数据及波形记录表

| 波形名称 | 参数 | | | 波形 |
|---|---|---|---|---|
| 时间常数测量结果及波形 | $t_p$/ms | | | 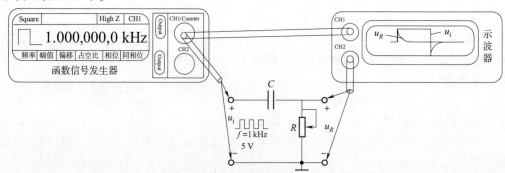 |
| | $R$/k$\Omega$ | | | |
| | $C$/$\mu$F | | | |
| | $\tau$/ms | 计算值 | | |
| | | 测量值 | | |

c. RC 参数变化对输出波形的影响。在图 2.24 的基础上,选取不同的 R、C 值,把在示波器荧光屏上观察到的波形按一定比例描绘下来,填入表 2.11 中,并观察 $\tau$ 值变化时对积分波形的影响。

表 2.11　RC 积分电路参数变化对输出波形的影响记录表

| 项　目 | | $t_p \approx (\quad)\tau$ | $t_p \approx (\quad)\tau$ | $t_p \approx (\quad)\tau$ |
|---|---|---|---|---|
| 参数 | $t_p$/ms | | | |
| | $R$/k$\Omega$ | 10 | 10 | 30 |
| | $C$/$\mu$F | 0.003 3 | 0.33 | 0.001 |
| | $\tau$ 计算值/ms | | | |
| 波形 | | | | |

③一阶 RC 微分电路实验。同样将函数信号发生器和示波器连接到图 2.17(a)所示的微分电路中,构成一阶 RC 微分电路实验电路图,如图 2.26 所示,电容选取 $C = 0.1~\mu$F,电阻选用 10 k$\Omega$ 的可变电阻,检查无误后接通电源,缓慢调节可变电阻的旋钮,选择 3 个典型波形,将示波器的波形描绘下来填入表 2.12 中,然后关闭电源,分别测量对应的可变电阻的数值,将测量结果填入表 2.12 中。

图 2.26　RC 微分电路实验电路图

表 2.12　*RC* 微分电路实验数据记录表

| 项　目 | | $t_p \approx ($　$)\tau$ | $t_p \approx ($　$)\tau$ | $t_p \approx ($　$)\tau$ |
|---|---|---|---|---|
| 参　数 | $t_p$/ms | | | |
| | $R$/kΩ | | | |
| | $C$/μF | 0.1 | 0.1 | 0.1 |
| | $\tau$ 计算值/ms | | | |
| 波　形 | | | | |

## 2. 谐振实验

(1)实验所需仪器及元器件:

①函数信号发生器,1 台。

②交流毫伏表,1 台。

③示波器,1 台。

④万用表,1 块。

⑤固定电阻器:

a. 200 Ω,1 个。

b. 1 kΩ,1 个。

⑥电容器:

a. 0.01 μF,1 个。

b. 0.1 μF,1 个。

⑦电感线圈(30 mH),1 个。

(2)串联谐振实验操作步骤:

①调节示波器、交流毫伏表和函数信号发生器。具体调节步骤如下:

a. 示波器调节:打开示波器电源,示波器预热。

b. 交流毫伏表调节:打开交流毫伏表电源,交流毫伏表预热进入自检状态。

c. 函数信号发生器调节:本实验的输入电压 $u_i$ 为幅值 1 V(有效值近似 700 mV),频率 9.193 kHz 的正弦波。打开函数信号发生器电源,波形选择正弦波 [Sine],有效值调整为 700 mV$_{RMS}$,频率调整为 9.193 kHz。

d. 连接:选用函数信号发生器的 CH1、交流毫伏表的 CH1 和示波器的 CH1 相连(分别将 3 个仪器 CH1 输出的同轴电缆的红色夹子相连,黑色夹子相连),在调节函数信号发生器的同时,用示波器和交流毫伏表观察,以确定正弦波电压的有效值为 700 mV,频率为 9.193 kHz。

②测量 $R$、$L$、$C$ 输出电压：

a. 将图 2.19 所示电路接入调好的信号源，并将函数信号发生器、示波器和交流毫伏表的 CH1 通道接输入信号，将示波器和交流毫伏表的 CH2 通道接电阻 $R$ 两端，构成如图 2.27 所示实验电路图。通过示波器观察输入电压 $u_i$ 和 $R$ 两端的输出电压 $u_R$ 的波形，通过交流毫伏表读取输入电压 $u_i$ 和 $R$ 两端的电压 $u_R$ 的数据，并将数据填入表 2.13 中。

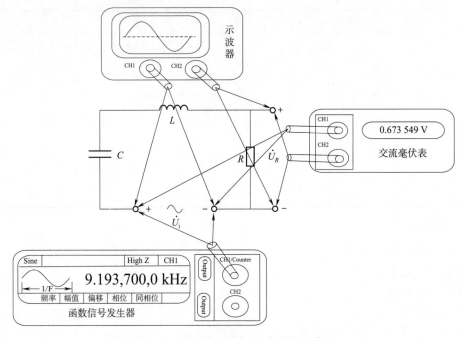

图 2.27 *RLC* 串联谐振电路实验电路图

b. 按照同样的步骤用交流毫伏表 CH2 通道分别测量、观察电感线圈 $L$ 和电容器 $C$ 两端的输出电压 $u_L$ 和 $u_C$，并将数据填入表 2.13 中。

c. 此时频率 9.193 kHz 即谐振频率，电感线圈 $L$ 和电容器 $C$ 两端的输出电压有效值应该相等，电阻器 $R$ 两端的输出电压有效值最大近似等于输入电压有效值。如果不符合以上条件，则需缓慢调节输入频率，使得电阻器 $R$ 两端的输出电压有效值最大，并将此时输入信号的频率和电压有效值填入表 2.13 中。

**注意**：由于示波器存在输出阻抗，所以准确读取 $R$、$L$ 和 $C$ 两端电压值时不要将示波器接在电路中。

d. 调整示波器使输出电压波形处于合适状态，按下 MATH 键观察频谱曲线，MATH 键发出红色亮光。示波器屏幕右侧出现数学计算操作界面栏，其中的选项均选择为默认内容，即类型为傅里叶变换 FFT。通过将屏幕右下角 FFT 的幅值与频率参数，乘以曲线达到谐振时纵向幅值与横向频率所占的格数来评测谐振频率曲线。

③调整函数信号发生器，改变输入信号的频率 $f$，同时观察示波器显示的输入信号和电阻器两端信号的时域波形和频率曲线。

④调整输入信号频率为原始状态 9.193 kHz，将实验电路中的电容器 $C$ 变为 0.1 μF，重复以上测量 $R$、$L$、$C$ 输出电压的步骤，观察输出，并将数据填入表 2.13 中。

⑤将实验电路中的电容器 $C$ 恢复为 $0.01~\mu F$，将实验电路中的电阻器 $R$ 变为 $200~\Omega$，重复以上测量 $R$、$L$、$C$ 输出电压的步骤，观察谐振频率曲线，并将数据填入表 2.13 中。

表 2.13　*RLC* 串联谐振电路输出电压实验数据记录表

| 参数值 | 频率选项 | $f/kHz$ | $U_R/V$ | $U_L/V$ | $U_C/V$ |
|---|---|---|---|---|---|
| $R = 1~000~\Omega$<br>$C = 0.01~\mu F$<br>$L = 30~mH$ | 信号频率 $= f_0$ | | | | |
| | 谐振时频率实测值 | | | | |
| $R = 1~000~\Omega$<br>$C = 0.1~\mu F$<br>$L = 30~mH$ | 信号频率 $= f_0$ | | | | |
| | 谐振时频率实测值 | | | | |
| $R = 200~\Omega$<br>$C = 0.01~\mu F$<br>$L = 30~mH$ | 信号频率 $= f_0$ | | | | |
| | 谐振时频率实测值 | | | | |

（3）并联谐振实验操作步骤：

①调节输入信号及连接电路的具体步骤如下：

a. 输入信号调节：本实验的输入电压 $u_i$ 仍为幅值 1 V（有效值近似 700 mV），频率 9.193 kHz 的正弦波。打开函数信号发生器电源，波形选择正弦波 Sine，有效值调整为 700 mV$_{RMS}$，频率调整为 9.193 kHz。

b. 连接：选用函数信号发生器的 CH1、交流毫伏表的 CH1 和示波器的 CH1 相连（分别将 3 个仪器 CH1 输出的同轴电缆的红色夹子相连，黑色夹子相连），在调节函数信号发生器的同时，用示波器和交流毫伏表观察，以确定正弦波电压的有效值为 700 mV，频率为 9.193 kHz。

②测量 $R$、$L$、$C$ 输出电压：

a. 将图 2.22 所示电路接入调好的信号源，并将函数信号发生器、示波器和交流毫伏表的 CH1 通道接输入信号，将示波器和交流毫伏表的 CH2 通道接电阻 $R$ 两端，构成如图 2.28 所示实验电路图。通过示波器观察输入电压 $u_i$ 和 $R$ 两端的输出电压 $u_R$ 的波形，通过交流毫伏表读取输入电压 $u_i$ 和 $R$ 两端的电压 $u_R$ 的数据，并将数据填入表 2.14 中。

b. 按照同样的步骤用交流毫伏表 CH2 通道分别测量电感 $L$ 和电容 $C$ 两端的输出电压 $u_L$ 或 $u_C$，并将数据填入表 2.14 中。

c. 此时频率 9.193 kHz 即谐振频率，此时电阻器 $R$ 两端的输出电压应极其微弱。缓慢调节输入频率，观察电阻器 $R$ 两端的输出电压有效值的变化，找到 $R$ 两端的输出电压为最小值时的频率，并将此时电压有效值和频率填入表 2.14 中。

注意：由于示波器存在输出阻抗，所以在准确读取 $R$、$L$ 和 $C$ 两端电压值时不要将示波器接在电路中。

d. 调整示波器使输出电压波形处于合适状态，按下 MATH 键观察频谱曲线，MATH 键发出红色亮光。示波器屏幕右侧出现数学计算操作界面栏，其中的选项均选择为默认内容，即类型为傅里叶变换 FFT。通过将屏幕右下角 FFT 的幅值与频率参数，乘以曲线达到谐振时纵向幅值与横向频率所占的格数来评测谐振频率曲线。

③调整函数信号发生器，改变输入信号的频率 $f$，同时观察示波器显示的输入信号和电阻器两端信号的时域波形和频率曲线。

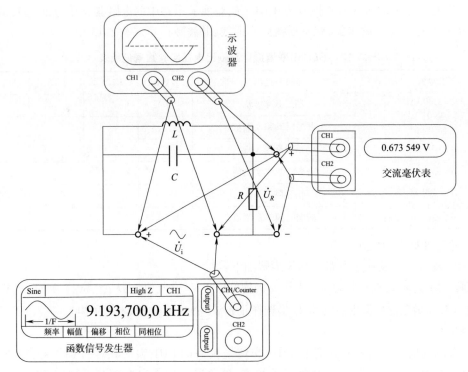

图 2.28　*RLC* 并联谐振电路连接示意图

**表 2.14　*RLC* 并联谐振电路输出电压实验数据记录表**

| 参数值 | 频率选项 | $f/\text{kHz}$ | $U_R/\text{V}$ | $U_L(U_C)/\text{V}$ |
|---|---|---|---|---|
| $R = 1\ 000\ \Omega$<br>$C = 0.01\ \mu\text{F}$<br>$L = 30\ \text{mH}$ | 信号频率 $= f_0$ | | | |
| | 谐振时频率实测值 | | | |

## 2.3.6　数据处理及误差分析要求

（1）根据实验电路的元件参数计算积分电路的时间常数和电路谐振频率,并与实验测量数据相比较,计算相对误差,并分析误差原因。

（2）计算表 2.13 和表 2.14 中 $R$、$L$、$C$ 取不同参数时输出电压的理论值,与实验记录数据相比较,计算相对误差,并分析误差原因。

（3）分析参数变化对积分电路和微分电路输出波形的影响。

（4）分析频率变化和参数变化对谐振频率和输出电压的影响。

**思考题**

（1）根据实验台提供的元器件自行设计二阶暂态电路,完成理论计算和实验验证。

（2）根据实验台提供的元器件自行设计一阶电路零状态响应实验电路,完成理论计算和实验验证。

# 2.4　受控源电路和选频电路实验

## 2.4.1　实验目的

（1）掌握受控源电路的工作过程和外部特性。

（2）掌握 RC 带通滤波电路元件参数与传递函数之间的关系。

（3）加深理解 RC 带通滤波电路的选频原理。

（4）掌握受控源电路的连接及特性测试方法。

（5）掌握根据测量数据绘制带通滤波电路的频率特性曲线。

## 2.4.2　实验预习要求

（1）查阅资料，熟悉受控源电路的内部结构和工作原理。

（2）复习 RC 带通滤波电路进行选频的工作原理。

（3）根据 RC 带通滤波电路的工作原理和电路元件参数，完成电路传递函数的推导和计算。

（4）设计受控源电路特性测试实验步骤。

（5）设计 RC 选频电路通频带宽测试的实验步骤。

（6）根据实验中要测试的实验数据画出数据记录表格。

*（7）完成实验电路的 Proteus 仿真。

## 2.4.3　实验原理

### 1. 受控源电路

受控源电路按照控制量和输出的不同分为四种类型：电压控制电压源（VCVS）、电压控制电流源（VCCS）、电流控制电流源（CCCS）和电流控制电压源（CCVS）。本实验研究电压控制电流源（VCCS）和电流控制电压源（CCVS）两种类型。

1）电压控制电流源（VCCS）

电压控制电流源（VCCS）电路如图 2.29 所示。电流 $I_2$ 受控于输入电压 $U_1$，二者之间的关系为

$$I_2 = g_m U_1 \tag{2.36}$$

当 $U_1$ 变化时，$I_2$ 随之成比例变化，比例系数为 $g_m$。只要 $U_1$ 不变，此 VCCS 就是一个恒流源。而负载变化 $R_L$ 不会引起电流 $I_2$ 的变化，但是负载两端的电压 $U_2$ 会发生变化。

2）电流控制电压源（CCVS）

电流控制电压源（CCVS）电路如图 2.30 所示。电压 $U_2$ 受控于输入电流 $I_1$，二者之间的关系为

$$U_2 = r_m I_1 \tag{2.37}$$

当 $I_1$ 变化时，$U_2$ 随之成比例变化，比例系数为 $r_m$。只要 $I_1$ 不变，此 CCVS 就是一个恒压源。而负载 $R_L$ 变化不会引起电压 $U_2$ 的变化，但是负载电流 $I_2$ 会发生变化。

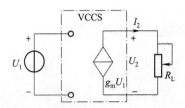 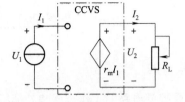

　　图 2.29　电压控制电流源(VCCS)电路图　　图 2.30　电流控制电压源(CCVS)电路图

### 2. 选频电路工作原理

　　选频电路实质是带通滤波电路,文氏电桥电路为其中的一种,如图 2.31 所示,该电路结构简单,其选频功能被广泛应用于低频振荡电路中。

　　电路中的元器件参数为:$R = 1\ \text{k}\Omega$,$C = 0.1\ \mu\text{F}$。

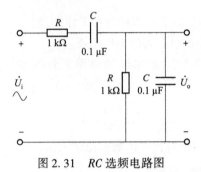

图 2.31　$RC$ 选频电路图

电路的传递函数为

$$T(\text{j}\omega) = \frac{U_o(\text{j}\omega)}{U_i(\text{j}\omega)} = \frac{\dfrac{\dfrac{R}{\text{j}\omega C}}{R + \dfrac{1}{\text{j}\omega C}}}{R + \dfrac{1}{\text{j}\omega C} + \dfrac{\dfrac{R}{\text{j}\omega C}}{R + \dfrac{1}{\text{j}\omega C}}} = \frac{\dfrac{R}{1 + \text{j}\omega RC}}{\dfrac{1 + \text{j}\omega RC}{\text{j}\omega C} + \dfrac{R}{1 + \text{j}\omega RC}} \tag{2.38}$$

$$= \frac{\text{j}\omega RC}{(1 + \text{j}\omega RC)^2 + \text{j}\omega RC} = \frac{1}{3 + \text{j}\left(\omega RC - \dfrac{1}{\omega RC}\right)}$$

　　由式(2.38)可知,当角频率 $\omega = \omega_0 = \dfrac{1}{RC}$,即

$$f = f_0 = \frac{1}{2\pi RC} = \frac{1}{2 \times 3.14 \times 10^3 \times 0.1 \times 10^{-6}}\ \text{Hz} = 1\ 592\ \text{Hz} \tag{2.39}$$

此时,输入电压 $\dot{U}_i$ 与输出电压 $\dot{U}_o$ 同相,且传递函数 $\dfrac{U_o}{U_i} = \dfrac{1}{3}$,传递函数的幅频特性和相频特性如图 2.32 所示。

　　其中,$f_0$ 为电路中心频率。当 $|T(\text{j}\omega)|$ 等于最大值$\left(\text{即}\dfrac{1}{3}\right)$的 70.7% 处的两个频率的之差称

为通频带宽度,简称通频带,即

$$\Delta f = f_2 - f_1$$

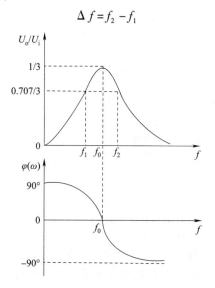

图 2.32　带通滤波电路频率特性图

## 2.4.4　实验注意事项

（1）接电路前先学习函数信号发生器、交流毫伏表和示波器的操作规程和使用方法。

（2）受控源电路必须接供电电源才能正常工作。

（3）所有改接线操作必须先关闭实验箱电源。

（4）测试结果与理论分析不相符时,确定电路无误后,检测 3 个仪器同轴电缆是否正常。

（5）实验过程中要注意观察电路器件工作情况,一旦出现过热或冒烟现象,立刻关闭电源并报告指导教师。

## 2.4.5　实验内容及操作步骤

### 1. 受控源实验

（1）实验所需仪器及元器件:

①万用表,1 块。

②直流毫安表,1 块。

③可变电阻（10 kΩ）,1 个。

④可调电压源（0 ~ 10 V）,1 台。

⑤可调电流源（0 ~ 20 mA）,1 台。

⑥直流稳压电源（±12 V）,1 台。

⑦电压控制电流源（VCCS）,1 个。

⑧电流控制电压源（CCVS）,1 个。

（2）实验操作步骤:

①电压控制电流源（VCCS）实验。实验电路如图 2.29 所示。

a. 将可调电压源输出 $U_1$ 调整为 1 V,然后接到输入端。

　　b. 将直流毫安表和负载 $R_L$ 串联,负载 $R_L$ 选择 10 kΩ 可变电阻,并将阻值调到 1 kΩ 挡。

　　c. 将 ±12 V 电源和地与受控源的相应插孔连接,检查无误后接通电源。

　　d. 电路稳定后读取直流电流表的读数,利用式(2.36)计算比例系数 $g_m$ 的数值,将测量结果和计算结果填入表 2.15 中。

　　e. 保持负载 $R_L$ 不变,调整输入电压 $U_1$ 分别为 2 V、3 V、4 V、5 V;读取直流电流表的数值和负载两端的电压值,将测量结果填入表 2.15 中,计算比例系数 $g_m$ 的数值,分析受控源的受控特性。

表 2.15　VCCS 比例系数测试记录表

| 输入测量值 | $U_1$/V | 1 | 2 | 3 | 4 | 5 |
|---|---|---|---|---|---|---|
| 输出测量值 | $I_2$/mA | | | | | |
| | $U_2$/V | | | | | |
| 计算值 | $g_m$ | | | | | |

　　f. 保持输入电压 5 V 不变,改变负载 $R_L$ 的数值分别为 2 kΩ、3 kΩ、5 kΩ、10 kΩ,读取直流电流表的数值和负载两端的电压值,将测量结果填入表 2.16 中,分析负载变化对受控源输出特性的影响。

表 2.16　VCCS 电路负载变化影响数据记录表

| 负载电阻值 | $R_L$/kΩ | 1 | 2 | 3 | 5 | 10 |
|---|---|---|---|---|---|---|
| 输出测量值 | $I_2$/mA | | | | | |
| | $U_2$/V | | | | | |

　　②电流控制电压源(CCVS)实验。实验电路图如图 2.30 所示。

　　a. 将可调电流源输出 $I_1$ 调整为 1 mA,然后接到输入端。

　　b. 将直流毫安表和负载 $R_L$ 串联,负载 $R_L$ 选择 10 kΩ 可变电阻,并将阻值调到 1 kΩ 挡。

　　c. 将 ±12 V 和地与受控源的相应端子连接,检查无误后接通电源。

　　d. 电路稳定后读取直流电流表的读数,利用式(2.37)计算比例系数 $r_m$ 的数值,将测量结果和计算结果填入表 2.17 中。

　　e. 保持负载 $R_L$ 不变,调整输入电流 $I_1$ 分别为 2 mA、3 mA、4 mA、5 mA;读取直流电流表的数值和负载两端的电压值,将测量结果填入表 2.17 中,计算比例系数 $r_m$ 的数值,分析受控源的受控特性。

表 2.17　CCVS 比例系数测试记录表

| 输入测量值 | $I_1$/mA | 1 | 2 | 3 | 4 | 5 |
|---|---|---|---|---|---|---|
| 输出测量值 | $I_2$/mA | | | | | |
| | $U_2$/V | | | | | |
| 计算值 | $r_m$ | | | | | |

　　f. 保持输入电流 5 mA 不变,改变负载 $R_L$ 的数值分别为 2 kΩ、3 kΩ、5 kΩ、10 kΩ,读取直流电流表的数值和负载两端的电压值,将测量结果填入表 2.18 中,分析负载变化对受控源输出特性的影响。

表 2.18 CCVS 电路负载变化影响数据记录表

| 负载电阻值 | $R_L/k\Omega$ | 1 | 2 | 3 | 5 | 10 |
|---|---|---|---|---|---|---|
| 输出测量值 | $I_2/mA$ | | | | | |
| | $U_2/V$ | | | | | |

### 2. 选频电路实验

（1）实验所需仪器及元器件：

①万用表,1 块。

②示波器,1 台。

③交流毫伏表,1 台。

④函数信号发生器,1 台。

⑤固定电阻器(1 kΩ),2 个。

⑥电容器(0.1 μF),2 个。

（2）实验操作步骤：

①调节示波器、函数信号发生器和交流毫伏表,将输入电压 $u_i$ 调节为幅值 5 V（有效值近似 3.5 V）,频率 1.592 kHz 的正弦波。

示波器、函数信号发生器和交流毫伏表的具体调节步骤参照 2.3 节相关内容,使用说明参见 1.6 节相关内容。

②连接电路。*RC* 选频电路连接示意图如图 2.33 所示。

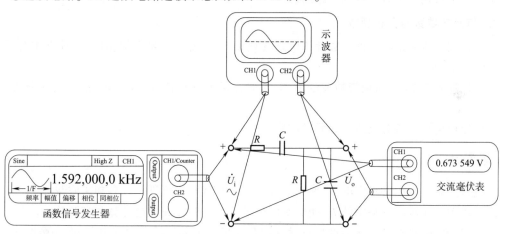

图 2.33 *RC* 选频电路连接示意图

a. 选用函数信号发生器的 CH1 与数字交流毫伏表的 CH1 和示波器的 CH1 相连（分别将 3 个仪器 CH1 输出端同轴电缆的红色夹子相连,黑色夹子相连）,在调节函数信号发生器的同时,用交流毫伏表和示波器观察,以确定正弦波电压的有效值为 3.5 V,频率为 1.592 kHz。将输入信号加入电路。

b. 选用交流毫伏表的 CH2 和示波器的 CH2 相连（分别将 2 个仪器 CH2 输出端同轴电缆的红色夹子相连,黑色夹子相连）,然后连接到输出端。

③测量通频带：

a. 检查无误后接通电源，待电路稳定后，观察示波器的波形和交流毫伏表的读数。记录幅值 $U_o$ 和频率 $f_0$，并将结果填入表2.19中。

b. 缓慢调节函数信号发生器降低输入信号频率，同时通过交流毫伏表观察输出信号 $U_o$ 的幅值，当交流毫伏表的读数为 0.707 $U_o$，即当输出信号幅值降低近似为 2.5 $V_{RMS}$ 时，记录此时交流毫伏表的读数 $U_1$ 和信号频率 $f_1$，并将结果填入表2.19中。

c. 缓慢调节函数信号发生器增加输入信号频率，同时通过交流毫伏表观察输出信号 $U_o$ 的幅值，当交流毫伏表的读数为 0.707 $U_o$，即当输出信号幅值降低近似为 2.5 $V_{RMS}$ 时，记录此时交流毫伏表的读数 $U_2$ 和信号频率 $f_2$，并将结果填入表2.19中。

d. 根据 $f_1$ 和 $f_2$ 计算 RC 选频电路的通频带。

表 2.19　RC 选频电路通频带实验数据记录表

| $f_0$/kHz | $U_o$/V | $f_1$/kHz | $U_1$/V | $f_2$/kHz | $U_2$/V | $\Delta f$/kHz |
|---|---|---|---|---|---|---|
| | | | | | | |

### 2.4.6　数据处理及误差分析要求

**1. 受控源特性测试数据分析要求**

（1）计算表2.15和表2.17的比例系数，并与理论计算值相比较，分析误差原因。

（2）分析负载变化对受控源电路的影响。

**2. 选频电路数据分析要求**

（1）根据实验电路的元件参数计算电路选频频率，与实验测量数据相比较，计算相对误差，并分析误差原因。

（2）计算表2.19中通频带的理论值，与实验记录数据相比较，计算相对误差，并分析误差原因。

（3）分析电路参数对电路选频频率的影响。

### 思考题

（1）将图2.6所示电路中的 $E_1$ 换成实验台上的 CCVS，完成理论计算和实验验证。

（2）将图2.6所示电路中的 $E_2$ 换成实验台上的 VCCS，完成理论计算和实验验证。

（3）根据实验台提供的元器件自行设计含有理想电源和受控电源的电路，并用戴维宁定理完成理论计算和实验验证。

# 2.5　三相电路实验

## 2.5.1　实验目的

（1）掌握对称三相负载星形连接和三角形连接方法，验证两种连接方法线、相电量之间的关系。

（2）通过星形连接无中性线实验加深理解三相四线制供电线路中的中性线作用。

（3）通过不对称负载实验进一步验证交流电路的基尔霍夫定律。

### 2.5.2　实验预习要求

（1）复习三相电路负载星形连接和三角形连接时的电路特性。

（2）根据实验电路及参数完成理论值的计算。

（3）熟悉电路连接过程和参数测试要求，列写实验步骤。

（4）根据实验中要测试的实验数据画出数据记录表格。

*（5）完成实验电路的 Proteus 仿真。

### 2.5.3　实验原理

#### 1. 负载星形连接有中性线（三相四线制）电路

负载星形连接有中性线电路原理图如图 2.34 所示。

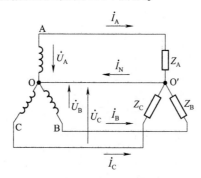

图 2.34　负载星形连接有中性线电路原理图

设 $U_P$ 为电源相电压有效值，$U_L$ 为线电压有效值；$I_P$ 为负载相电流有效值，$I_L$ 为电源线电流有效值。

图 2.34 中，$\dot{U}_{O'O} = 0$，由此可得 $\dot{U}_{AO'} = \dot{U}_A$，$\dot{U}_{BO'} = \dot{U}_B$，$\dot{U}_{CO'} = \dot{U}_C$。星形连接的电路中，相电流等于线电流。根据电路结构可知，无论负载是否对称，线电流等于相电流，即

$$I_L = I_P \tag{2.40}$$

设 $\dot{U}_A = U_P \angle 0°$，则 $\dot{U}_B = U_P \angle -120°$，$\dot{U}_C = U_P \angle 120°$。负载两端的电压和负载上流过的电流的关系为

$$\dot{I}_A = \frac{\dot{U}_A}{Z_A} \tag{2.41}$$

$$\dot{I}_B = \frac{\dot{U}_B}{Z_B} \tag{2.42}$$

$$\dot{I}_C = \frac{\dot{U}_C}{Z_C} \tag{2.43}$$

根据 KCL 可知，中性线电流与各相电流关系为

$$\dot{I}_N = \dot{I}_A + \dot{I}_B + \dot{I}_C \tag{2.44}$$

（1）三相负载对称。当负载对称时，设 $Z_A = Z_B = Z_C = Z = R + jX$，由于负载两端的电压有效

值相等,因此三相负载的相电流有效值相等,即

$$I_A = I_B = I_C = I_P = \frac{U_P}{|Z|} \tag{2.45}$$

$$\varphi_A = \varphi_B = \varphi_C = \varphi = \arctan\frac{X}{R} \tag{2.46}$$

此时流过中性线的电流 $I_N = 0$。

因此在负载对称的情况下,去除中性线,负载的工作状态不变。

(2)三相负载不对称。负载不对称,需要分别计算每一相的相电流,仍然按照式(2.41)~式(2.43)计算电流,只是此时的中性线电流 $I_N \neq 0$,需要按照式(2.44)计算求得。

(3)实例分析。选取 6 个 220 V,25 W 的白炽灯,接到三相交流电源上,实验电路图如图 2.35 所示。

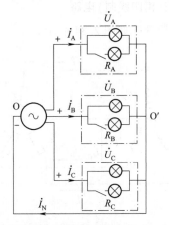

图 2.35  负载星形连接有中性线实验电路图

白炽灯额定工作状态时, $U_P = 220$ V。25 W 的白炽灯额定工作状态的电流和电阻分别为

$$I_P = \frac{P}{U_P} = \frac{25}{220}\ \text{A} \approx 113.6\ \text{mA} \tag{2.47}$$

$$R = \frac{U_P^2}{P} = \frac{220 \times 220}{25}\ \Omega = 1\ 936\ \Omega \tag{2.48}$$

①三相负载对称。图 2.35 中如果将 3 个开关闭合,即每相均接入 2 个并联的白炽灯,则每相的电流加倍,每相电阻为一个白炽灯电阻的二分之一,每相功率为一个白炽灯功率的四分之一。此时中性线电流为 0。

②三相负载不对称。将图 2.35 电路中任意一相的开关断开,此时该相仅有一个灯亮。此时三相电流有效值不再相等。选择 A 相只亮一个灯。

设 $\dot{U}_A = 220\angle 0°$,则 $\dot{U}_B = 220\angle -120°$, $\dot{U}_C = 220\angle 120°$。根据参数计算可得

$$\dot{I}_A = \frac{\dot{U}_A}{R_A} = \frac{220\angle 0°}{1\ 936}\ \text{mA} = 113.6\angle 0°\ \text{mA} \tag{2.49}$$

$$\dot{I}_B = \frac{\dot{U}_B}{R_B} = \frac{220\angle -120°}{1\ 936/2}\ \text{mA} = 227.3\angle -120°\ \text{mA} \tag{2.50}$$

$$\dot{I}_{\mathrm{C}} = \frac{\dot{U}_{\mathrm{C}}}{R_{\mathrm{C}}} = \frac{220\angle 120°}{1\ 936/2}\ \mathrm{mA} = 227.3\angle 120°\ \mathrm{mA} \tag{2.51}$$

$$\dot{I}_{\mathrm{N}} = \dot{I}_{\mathrm{A}} + \dot{I}_{\mathrm{B}} + \dot{I}_{\mathrm{C}} = 113.6\angle 180°\ \mathrm{mA} \tag{2.52}$$

可见,此时中性线电流已经不为 0,因此在实际应用电路中,负载不对称时,禁止去除中性线或者在中性线上安装开关。

**2. 负载星形连接无中性线**(三相三线制)**电路**

负载星形连接无中性线电路原理图如图 2.36 所示。电路中电源中性点和负载中性点之间的电压 $\dot{U}_{\mathrm{O'O}}$ 可以采用节点电压法求得。

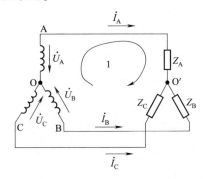

图 2.36　负载星形连接无中性线电路原理图

$$\dot{U}_{\mathrm{O'O}} = \frac{\dfrac{\dot{U}_{\mathrm{A}}}{Z_{\mathrm{A}}} + \dfrac{\dot{U}_{\mathrm{B}}}{Z_{\mathrm{B}}} + \dfrac{\dot{U}_{\mathrm{C}}}{Z_{\mathrm{C}}}}{\dfrac{1}{Z_{\mathrm{A}}} + \dfrac{1}{Z_{\mathrm{B}}} + \dfrac{1}{Z_{\mathrm{C}}}} \tag{2.53}$$

(1)三相负载对称。当负载对称时,设 $Z_{\mathrm{A}} = Z_{\mathrm{B}} = Z_{\mathrm{C}} = Z = R + \mathrm{j}X$,则 $\dot{U}_{\mathrm{O'O}} = 0$ V(与有中性线负载对称时情况相同)。

(2)三相负载不对称。当负载不对称时,由于 $\dot{U}_{\mathrm{O'O}} \neq 0$,则有

$$\dot{I}_{\mathrm{A}} = \frac{\dot{U}_{\mathrm{A}} - \dot{U}_{\mathrm{O'O}}}{Z_{\mathrm{A}}} \tag{2.54}$$

$$\dot{I}_{\mathrm{B}} = \frac{\dot{U}_{\mathrm{B}} - \dot{U}_{\mathrm{O'O}}}{Z_{\mathrm{B}}} \tag{2.55}$$

$$\dot{I}_{\mathrm{C}} = \frac{\dot{U}_{\mathrm{C}} - \dot{U}_{\mathrm{O'O}}}{Z_{\mathrm{C}}} \tag{2.56}$$

若三相负载不对称而又无中性线(即三相三线制)时,3 个负载的相电压不相等,各相电流也不相等,可能导致负载阻抗模小的一相因相电压过高而遭受损坏,负载阻抗模大的一相因相电压过低而不能正常工作。

因此,不对称三相负载作星形连接时,必须采用三相四线制接法,且中性线必须牢固连接,才能保证相电压有效值相等,负载正常工作。

无论负载是否对称,都满足交流形式的 KCL 和 KVL。

根据 KCL 可得

$$\dot{I}_A + \dot{I}_B + \dot{I}_C = 0 \tag{2.57}$$

根据图 2.36 回路 1,列写 KVL 方程可得

$$\dot{U}_A - \dot{I}_A Z_A + \dot{I}_B Z_B - \dot{U}_B = 0 \tag{2.58}$$

读者也可以参照式(2.58)列写其他两个回路的 KVL 方程。

(3)实例分析。选取 6 个 220 V,25 W 的白炽灯,接到三相交流电源上,不连接中性线,实验电路图如图 2.37 所示。

①三相负载对称。图 2.37 中如果将 3 个开关闭合,即每相均接入 2 个并联的白炽灯,则此时 $\dot{U}_{O'O} = 0$ V。三相电流有效值均为 227.3 mA。

②三相负载不对称。选择图 2.37 电路中 A 相只亮一个灯,设 $\dot{U}_A = 220\angle0°$ V,则 $\dot{U}_B = 220\angle-120°$ V,$\dot{U}_C = 220\angle120°$ V。

根据参数计算两个中性点之间的电压,可得

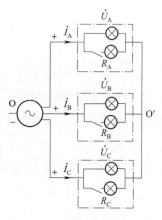

图 2.37 负载星形连接无中性线实验电路图

$$\dot{U}_{O'O} = \frac{\dfrac{\dot{U}_A}{R_A} + \dfrac{\dot{U}_B}{R_B} + \dfrac{\dot{U}_C}{R_C}}{\dfrac{1}{R_A} + \dfrac{1}{R_B} + \dfrac{1}{R_C}} = \frac{\dfrac{220\angle0°}{1\,936} + \dfrac{220\angle-120°}{1\,936/2} + \dfrac{220\angle120°}{1\,936/2}}{\dfrac{1}{1\,936} + \dfrac{1}{1\,936/2} + \dfrac{1}{1\,936/2}}\ \text{V} = 44\angle180°\ \text{V} \tag{2.59}$$

参照式(2.54)计算 A 相电流,得

$$\dot{I}_A = \frac{\dot{U}_A - \dot{U}_{O'O}}{R_A} = \frac{220\angle0° - 44\angle180°}{1\,936}\ \text{A} = \frac{264\angle0°}{1\,936} = 136.4\angle0°\ \text{mA} \tag{2.60}$$

由计算结果可见,由于负载不对称,若没有中性线,A 相负载的电压有效值为 264 V,已经超过了灯泡的额定电压,如果接通电路,灯泡会比正常工作时亮很多,甚至可能会烧坏。同样的,参照式(2.55)、式(2.56)可以计算 B 相和 C 相的电流,可得

$$\dot{I}_B = \frac{\dot{U}_B - \dot{U}_{O'O}}{R_B} = \frac{220\angle-120° - 44\angle180°}{1\,936/2}\ \text{A} = \frac{198.58\angle-106.38°}{1\,936/2}\ \text{A} = 208.3\angle-106.38°\ \text{mA} \tag{2.61}$$

$$\dot{I}_C = \frac{\dot{U}_C - \dot{U}_{O'O}}{R_C} = \frac{220\angle120° - 44\angle180°}{1\,936/2}\ \text{A} = \frac{198.58\angle106.38°}{1\,936/2}\ \text{A} = 208.3\angle106.38°\ \text{mA} \tag{2.62}$$

B 相和 C 相的电压小于灯泡的额定电压,有效值均为 198.58 V。如果 A 相灯泡能工作,则 A 相灯泡将变得更亮,B 相和 C 相的灯泡则会变暗。如果 A 相灯泡因过载烧坏而断路,则 B 相和 C 相的灯泡相当于串联接入线电压,灯泡两端的电压有效值为 190 V,灯泡也会变暗。

### 3. 负载三角形连接电路

负载三角形连接电路原理图如图 2.38 所示。各相负载直接接在电源的线电压($U_L$)上,负载的相电压与电源的线电压相等,即

$$U_L = U_P \tag{2.63}$$

设 $\dot{U}_A = U_P\angle0°$,则 $\dot{U}_{AB} = U_L\angle30°$,$\dot{U}_{BC} = U_L\angle-90°$,$\dot{U}_{CA} = U_L\angle+150°$。各相负载的相电流为

$$\dot{I}_{AB} = \frac{\dot{U}_{AB}}{Z_{AB}} \tag{2.64}$$

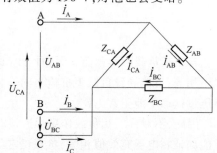

图 2.38 负载三角形连接电路原理图

$$\dot{I}_{BC} = \frac{\dot{U}_{BC}}{Z_{BC}} \qquad (2.65)$$

$$\dot{I}_{CA} = \frac{\dot{U}_{CA}}{Z_{CA}} \qquad (2.66)$$

各相电源的线电流为

$$\dot{I}_A = \dot{I}_{AB} - \dot{I}_{CA} \qquad (2.67)$$

$$\dot{I}_B = \dot{I}_{BC} - \dot{I}_{AB} \qquad (2.68)$$

$$\dot{I}_C = \dot{I}_{CA} - \dot{I}_{BC} \qquad (2.69)$$

（1）三相负载对称。三相负载对称（即 $Z_A = Z_B = Z_C = Z$），则负载的相电流有效值相等，电源的线电流有效值也相等，且相电流与线电流之间的关系为

$$I_L = \sqrt{3}\,I_P \qquad (2.70)$$

（2）三相负载不对称。三相负载不对称时，相电流与线电流之间不再是 $\sqrt{3}$ 的关系，即

$$I_L \neq \sqrt{3}\,I_P \qquad (2.71)$$

当三相负载作三角形连接时，无论负载是否对称，只要电源的线电压 $U_L$ 对称，加在三相负载上的电压 $U_P$ 仍是对称的，对各相负载工作没有影响。

（3）实例分析。选取 6 个 220 V，25 W 的白炽灯，以三角形的连接方式接到三相交流电源上，为保证灯泡工作在额定状态，在实验之前必须调整可调三相交流电源，使电压 $U_L = 220$ V，相应的相电压 $U_P = 127$ V。实验电路如图 2.39 所示。

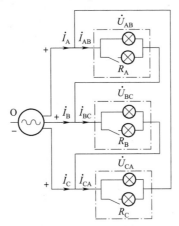

图 2.39 负载三角形连接实验电路图

①三相负载对称。图 2.39 中如果将 3 个开关闭合，即每相均接入 2 个并联的白炽灯，则三相负载的相电流为

$$I_{AB} = I_{BC} = I_{CA} = I_P = \frac{220}{1\,936/2}\,A = 227.3 \text{ mA} \qquad (2.72)$$

三相电源的线电流为相电流的 $\sqrt{3}$ 倍，即

$$I_A = I_B = I_C = I_L = \sqrt{3}\,I_P = 393.6 \text{ mA} \qquad (2.73)$$

②三相负载不对称。选择图 2.39 电路中 A 相只亮一个灯，设 $\dot{U}_{AB} = 220\angle 0°$ V，则 $\dot{U}_{BC} = 220$

$\angle -120°$ V, $\dot{U}_{CA} = 220\angle 120°$ V。根据式(2.64)~式(2.66)计算三相负载的相电流分别为

$$\dot{I}_{AB} = \frac{\dot{U}_{AB}}{R_{AB}} = \frac{220\angle 0°}{1\ 936} \text{ A} = 113.6\angle 0° \text{ mA} \tag{2.74}$$

$$\dot{I}_{BC} = \frac{\dot{U}_{BC}}{R_{BC}} = \frac{220\angle -120°}{1\ 936/2} \text{ A} = 227.3\angle -120° \text{ mA} \tag{2.75}$$

$$\dot{I}_{CA} = \frac{\dot{U}_{CA}}{R_{CA}} = \frac{220\angle 120°}{1\ 936/2} \text{ A} = 227.3\angle 120° \text{ mA} \tag{2.76}$$

根据式(2.67)~式(2.69)计算三相电源的线电流分别为

$$\dot{I}_A = \dot{I}_{AB} - \dot{I}_{CA} = (113.6\angle 0° - 227.3\angle 120°) \text{ mA} = 300.6\angle -41° \text{ mA} \tag{2.77}$$

$$\dot{I}_B = \dot{I}_{BC} - \dot{I}_{AB} = (227.3\angle -120° - 113.6\angle 0°) \text{ mA} = 300.6\angle -139° \text{ mA} \tag{2.78}$$

$$\dot{I}_C = \dot{I}_{CA} - \dot{I}_{BC} = (227.3\angle 120° - 227.3\angle -120°) \text{ mA} = 393.7\angle 90° \text{ mA} \tag{2.79}$$

### 2.5.4 实验注意事项

(1)本实验使用的可调交流电源最大输出电压可达380 V,连接电路前一定要准确调节和测量交流电压输出。

(2)所有改接线操作必须先关闭实验箱电源。

(3)实验用的电压表和电流表一定要准确接入电路。

(4)实验过程中要注意观察电路工作情况,一旦出现过热或冒烟现象,立刻关闭电源并报告指导教师。

### 2.5.5 实验内容及操作步骤

#### 1. 实验所需仪器及元器件

(1)白炽灯(220 V,25 W),6个。

(2)三相可调交流电源,1台。

(3)交流电流表,1块。

(4)多功能功率表,1块。

(5)交流电压表,1块。

(6)万用表,1块。

#### 2. 三相负载星形连接有中性线(三相四线制)电路实验

1)三相负载对称

(1)调节三相交流电源:

①选择万用表交流电压挡,然后将两根表笔分别插入任意一根相线和中性线的插孔中,注意调整表笔以保证表笔与电源输出孔接触良好。打开三相交流电源箱开关,缓慢旋转调节旋钮,使相电压等于220 V。

②分别测量另两相输出的相电压,接中性线的表笔保持不动,接相线的表笔分别插入另两个相线的输出插孔中测量,保证三相电源的每相相电压有效值均≤220 V。

③分别测量三相电源的线电压,将万用表的两根表笔分别插入任意两根相线的输出插孔

中,分别测量 3 个线电压,保证三相电源的 3 个线电压有效值均不大于 380 V。

(2)关闭电源,将调好的三相交流电接到实验箱的电源输入端,打开电源,分别测量实验箱接入点的相电压和线电压,测量无误后关闭电源。

①参照图 2.35 连接电路,并将并联开关全部闭合,保证 6 个灯泡全部接入。检查无误后接通电源,再微调三相交流电源箱的旋钮,使电源的输出相电压为 220 V,然后分别测量 3 个线电压,将测量结果填入表 2.20 中。

②用交流电流表和万用表交流电压挡分别测量每相负载的相电流和负载两端的电压,将测量结果填入表 2.20 中,然后再分别测量三相电源的线电流,将测量结果填入表 2.20 中。

(3)测量中性线上流过的电流,将测量结果填入表 2.20 中。测量完成关闭电源。

2)三相负载不对称

(1)将任意一相或两相负载的并联开关断开,构成负载不对称电路。接通电源,再微调三相交流电源箱的旋钮,使电源的输入相电压为 220 V,然后分别测量 3 个线电压,将测量结果填入表 2.21 中。

(2)用交流电流表和万用表交流电压挡分别测量每相负载的相电流和负载两端的电压,将测量结果填入表 2.21 中,然后再分别测量三相电源的线电流,将测量结果填入表 2.21 中。

(3)测量中性线上流过的电流,将测量结果填入表 2.21 中。测量完成关闭电源。

**表 2.20　对称负载星形连接有中性线实验数据记录表**

| 线电压/V | | | 相电压/V | | | $U_L$ 与 $U_P$ 有无 $\sqrt{3}$ 关系 | 相量图 |
|---|---|---|---|---|---|---|---|
| $U_{AB}$ | $U_{BC}$ | $U_{CA}$ | $U_{AO'}$ | $U_{BO'}$ | $U_{CO'}$ | | |
| | | | | | | | |
| 线电流/mA | | | 相电流/mA | | | 中性线电流/mA | |
| $I_A$ | $I_B$ | $I_C$ | $I_{AO'}$ | $I_{BO'}$ | $I_{CO'}$ | $I_{O'O}$ | |
| | | | | | | | |

**表 2.21　不对称负载星形连接有中性线实验数据记录表**

| 线电压/V | | | 相电压/V | | | $U_L$ 与 $U_P$ 有无 $\sqrt{3}$ 关系 | 相量图 |
|---|---|---|---|---|---|---|---|
| $U_{AB}$ | $U_{BC}$ | $U_{CA}$ | $U_{AO'}$ | $U_{BO'}$ | $U_{CO'}$ | | |
| | | | | | | | |
| 线电流/mA | | | 相电流/mA | | | 中性线电流/mA | |
| $I_A$ | $I_B$ | $I_C$ | $I_{AO'}$ | $I_{BO'}$ | $I_{CO'}$ | $I_{O'O}$ | |
| | | | | | | | |

**3. 三相负载星形连接无中性线(三相三线制)电路实验**

1)三相负载对称

(1)实验电路如图 2.37 所示,也就是将图 2.35 中的中性线去除,其他接线不变。然后将三相负载的并联开关全部闭合,将 6 个灯泡全部接入电路,检查无误后接通电源。

(2)用万用表交流电压挡测量电源的相电压,为安全起见,建议调整交流电源旋钮使相电压小于 127 V。测量三相电源的线电压,并将测量结果填入表 2.22 中。

（3）用万用表交流电压挡测量三相负载两端的电压,将测量结果填入表2.22中;用交流电流表分别测量三相负载的相电流和三相电源的线电流,将测量结果填入表2.22中。

（4）测量电源中性点和三相负载连接点之间的电压,将测量结果填入表2.22中。测量完成关闭电源。

表2.22　对称负载星形连接无中性线实验数据记录表

| 线电压/V | | | 相电压/V | | | 中性点电压/V | 相量图 |
|---|---|---|---|---|---|---|---|
| $U_{AB}$ | $U_{BC}$ | $U_{CA}$ | $U_{AO'}$ | $U_{BO'}$ | $U_{CO'}$ | $U_{O'O}$ | |
| | | | | | | | |
| 线电流/mA | | | 相电流/mA | | | $I_L$ 与 $I_P$ 有无 $\sqrt{3}$ 关系 | |
| $I_A$ | $I_B$ | $I_C$ | $I_{AO'}$ | $I_{BO'}$ | $I_{CO'}$ | | |

2）三相负载不对称

由前面的分析可知,三相三线制电路中,负载不对称时,如果电源相电压有效值仍为220 V,就会造成某相负载的相电压超过220 V,白炽灯将工作在超载的状态下,绝不能长时间通电。为安全起见,此实验也可以采用降压方式,降压的多少可自行选择,只需保证三相负载中最大的相电压不超过220 V。

还需说明的是,白炽灯为非线性元件,如果不能工作在额定状态,无论是电压升高还是降低,白炽灯的电阻都不会成比例变化,不能采用欧姆定律计算相关参数。因此本实验的测量结果和计算值之间的误差会很大。

（1）打开三相交流电源开关,旋转调压旋钮,调整相电压到实验值,然后关闭电源。

（2）任意断开一相或者两相负载的并联开关,分别测量电源的线电压、负载两端的电压、线电流和相电流,将测量结果填入表2.23中。

（3）测量电源中性点和三相负载中性点之间的电压,将测量结果填入表2.23中。测量完成关闭电源。

表2.23　不对称负载星形连接无中性线实验数据记录表

| 线电压/V | | | 相电压/V | | | 中性点电压/V | 相量图 |
|---|---|---|---|---|---|---|---|
| $U_{AB}$ | $U_{BC}$ | $U_{CA}$ | $U_{AO'}$ | $U_{BO'}$ | $U_{CO'}$ | $U_{O'O}$ | |
| | | | | | | | |
| 线电流/mA | | | 相电流/mA | | | $I_L$ 与 $I_P$ 有无 $\sqrt{3}$ 关系 | |
| $I_A$ | $I_B$ | $I_C$ | $I_{AO'}$ | $I_{BO'}$ | $I_{CO'}$ | | |

#### 4. 负载三角形连接实验

1）三相负载对称

（1）调节三相交流电源旋钮,使相电压有效值为127 V,分别测量3个线电压,保证3个线电压都不超过220 V。

（2）参照图2.39连接电路,三角形连接方式与星形不同,注意不要将电源短路。将3个并联开关均闭合,将 6 个灯泡全部接入电路。检查无误后接通电源。

（3）测量三相负载两端的电压,并将测量结果填入表 2.24 中。

（4）分别测量三相负载的相电流和电源的线电流,将测量结果填入表 2.24 中,测量完成关闭电源。

表 2.24　对称负载三角形连接实验数据记录表

| 负载端电压/V | | 线电流/mA | | 相电流/mA | | $I_L$ 与 $I_P$ 有无 $\sqrt{3}$ 关系 | 相量图 |
|---|---|---|---|---|---|---|---|
| $U_{AB}$ | | $I_A$ | | $I_{AB}$ | | | |
| $U_{BC}$ | | $I_B$ | | $I_{BC}$ | | | |
| $U_{CA}$ | | $I_C$ | | $I_{CA}$ | | | |

2）三相负载不对称

（1）任意断开一相或者两相负载的并联开关,检查无误后接通电源,分别测量三相负载两端的电压,将测量结果填入表 2.25 中。

（2）分别测量三相负载的相电流和电源的线电流,将测量结果填入表 2.25 中,测量完成关闭电源。

表 2.25　不对称负载三角形连接实验数据记录表

| 负载端电压/V | | 线电流/mA | | 相电流/mA | | $I_L$ 与 $I_P$ 有无 $\sqrt{3}$ 关系 | 相量图 |
|---|---|---|---|---|---|---|---|
| $U_{AB}$ | | $I_A$ | | $I_{AB}$ | | | |
| $U_{BC}$ | | $I_B$ | | $I_{BC}$ | | | |
| $U_{CA}$ | | $I_C$ | | $I_{CA}$ | | | |

### 2.5.6　数据处理及误差分析要求

#### 1. 负载星形连接有中性线实验

根据表 2.20 和表 2.21 中相电流或线电流的测量值,计算理论值和测量值之间的相对误差,找出最大误差点,画出两种情况的相量图,分析误差原因。

#### 2. 负载星形连接无中性线实验

（1）三相负载对称时,根据表 2.22 中相电流或线电流的测量值,计算理论值和测量值之间的相对误差,找出最大误差点,画出相量图,分析误差原因。

（2）三相负载不对称时,由于白炽灯没有工作在额定状态下,其电阻的阻值不可预知,所以本实验只需根据测量结果画出相量图,无须计算误差。

#### 3. 负载三角形连接实验

根据表 2.24 和表 2.25 中相电流和线电流的测量值,分别计算理论值和测量值之间的相对误差,找出相电流和线电流的最大误差点,画出两种情况的相量图,分析误差原因。

#### 思考题

（1）三相电路中,三相负载分别为 $R,L$ 和 $C$。如果负载 $R = X_L = X_C$,三相负载是否对称？如果负载星形连接有中性线,中性线电流是否为零？根据实验台提供的元器件自行设计实验,完成理论计算和实验验证。

（2）三相电路中,三相负载分别为 $R,L$ 和 $C$。如果负载 $R=X_L=X_C$,三相负载是否对称？如果负载三角形连接,线电流是否相等？根据实验台提供的元器件自行设计实验,完成理论计算和实验验证。

（3）设计一个测量三相电源相序的实验电路,完成理论计算和实验验证。

# 2.6  三相异步电动机的控制实验

## 2.6.1  实验目的

（1）掌握三相异步电动机直接起动和正反转的控制原理和工作过程,并理解自锁和互锁的作用。

（2）掌握两台异步电动机的顺序控制方法并理解其工作原理。

（3）掌握时间继电器和行程开关等控制电器的应用,掌握时间控制电路和行程控制电路的工作原理。

## 2.6.2  实验预习要求

（1）复习三相异步电动机的工作原理并理解短路保护、过载保护和零电压保护的概念。

（2）复习组合开关、熔断器、复合按钮、交流接触器、热继电器、时间继电器和行程开关等几种常用控制电器的工作原理及其使用方法。

（3）设计三相异步电动机直接起动、点动和正反转的控制线路。

*（4）设计三相异步电动机顺序控制、时间控制和行程控制的线路草图,熟悉实际电路连接过程。

（5）熟悉电路连接过程,列写实验步骤。

（6）分析实验过程中可能出现的各种问题。

## 2.6.3  实验原理

### 1. 三相异步电动机直接起动控制

1）电路组成

图 2.40 所示为三相异步电动机直接起动的电路图。电路由组合开关 Q、熔断器 $FU_1$ 和 $FU_2$、交流接触器 KM、热继电器 FR、起动按钮 $SB_2$、停车按钮 $SB_1$ 和交流电动机 M 组成。该控制电路不仅可以对电动机进行起和停的控制,同时还具有短路保护、过载保护和零电压保护的功能。直接起动的控制线路是设计电动机控制电路的基础,其他各种复杂的控制电路都可由它演变而来。如果将交流接触器 KM 常开辅助触点去除,则可实现对电动机的点动控制。

2）工作过程

（1）合上组合开关 Q,接通电源。

（2）按下起动按钮 $SB_2$,交流接触器 KM 线圈通电,主触点闭合,常开辅助触点闭合,电动机 M 起动。

（3）按下停车按钮 $SB_1$,电动机 M 停止转动。

（4）如果将交流接触器 KM 常开辅助触点去除，则可实现对电动机的点动控制。

**2. 三相异步电动机点动与连续转动的控制**

1）电路组成

三相异步电动机点动与连续转动的电路图如图 2.41 所示。其中电路由组合开关 Q、熔断器 FU、交流接触器 KM、热继电器 FR、停车按钮 $SB_1$、起动按钮 $SB_2$、复合按钮 $SB_3$ 和交流电动机 M 组成。

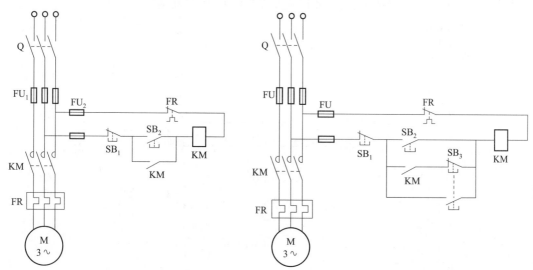

图 2.40　三相异步电动机直接起动电路图　　图 2.41　三相异步电动机点动与连续转动电路图

2）工作过程

（1）连续转动。电动机连续转动的工作原理与电动机直接起动的原理相同，此处不再赘述。

（2）点动：

①合上组合开关 Q，接通电源。

②按下复合按钮 $SB_3$，由于复合按钮的常闭按钮先断开，后使交流接触器 KM 线圈断电，交流接触器 KM 主触点断开，电动机停车。接着复合按钮的常开按钮闭合，使交流接触器 KM 线圈通电，交流接触器 KM 主触点闭合，电动机起动。

③松开复合按钮 $SB_3$，复合按钮的常开按钮先断开，使交流接触器 KM 线圈断电，交流接触器 KM 主触点断开，电动机停止转动。接着复合按钮的常闭按钮闭合，由于交流接触器 KM 常开辅助触点已经断开，因此电动机仍处于停止状态。只有再次按下 $SB_3$ 时电动机才能转动，松开按钮 $SB_3$，电动机即停止转动。

**3. 三相异步电动机的正反转控制**

1）电路组成

三相异步电动机的正反转控制的电路图如图 2.42 所示。其中包含两个交流接触器，即正转交流接触器 $KM_F$ 和反转交流接触器 $KM_R$，且两个交流接触器主触点的电源进线的相序不同，因此可实现对电动机的正反转控制。另外，该电路图还包括组合开关 Q、熔断器 FU、热继电器 FR、停车按钮 $SB_1$、正转起动按钮 $SB_F$、反转起动按钮 $SB_R$ 和交流电动机 M。

2）工作原理

（1）电气互锁。在图 2.42 所示的电路图中，将正转交流接触器 $KM_F$ 的一个常闭辅助触点串联在反转交流接触器 $KM_R$ 的线圈电路中，而把反转交流接触器 $KM_R$ 的一个常闭辅助触点串联在正转交流接触器 $KM_F$ 的线圈电路中。这两个常闭触点称为联锁触点，其作用是：当按下正转起动按钮 $SB_F$ 时，交流接触器 $KM_F$ 的主触点闭合，电动机正转。与此同时，联锁触点断开了反转交流接触器 $KM_R$ 的线圈通路，此时即使按下反转起动按钮 $SB_R$，反转交流接触器 $KM_R$ 也不动作，从而防止了电源短路事故的发生，此连接方式实现了"电气互锁"。

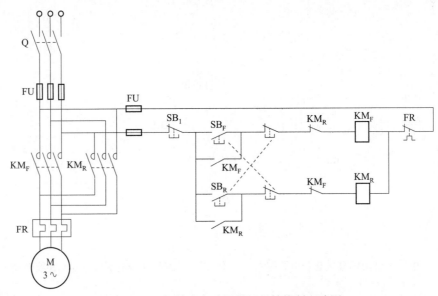

图 2.42　三相异步电动机的正反转控制电路图

（2）机械互锁。在图 2.42 所示的电路图中将正转起动按钮 $SB_F$ 的常闭触点串联在反转交流接触器 $KM_R$ 的线圈电路中，将反转起动按钮 $SB_R$ 的常闭触点串联在正转交流接触器 $KM_F$ 的线圈电路中，此连接方式实现了"机械互锁"。这种双互锁方式即避免了必须按下停车按钮 $SB_1$ 才能切换电动机的正反转控制的操作，又保证了电路不会因为误按按钮造成电源短路的情况发生。

（3）工作过程：

①按下正转起动按钮 $SB_F$，$SB_F$ 的常闭触点先断开，$SB_F$ 的常开触点后闭合，正转交流接触器 $KM_F$ 线圈通电，正转交流接触器 $KM_F$ 主触点闭合，电动机正转。而正转交流接触器 $KM_F$ 的常闭辅助触点断开，实现电气互锁；正转交流接触器 $KM_F$ 的常开辅助触点闭合，实现正转自锁。若此时松开 $SB_F$，$SB_F$ 的常闭触点先闭合，$SB_F$ 的常开触点后断开，电动机仍然正转。

②按下反转起动按钮 $SB_R$，$SB_R$ 的常闭触点先断开，正转交流接触器 $KM_F$ 线圈断电，$KM_F$ 主触点断开，电动机停止正转。而 $KM_F$ 的常闭辅助触点闭合，取消电气互锁；$KM_F$ 的常开辅助触点断开，取消正转自锁。接着 $SB_R$ 的常闭触点闭合，$KM_R$ 线圈通电，$KM_R$ 主触点闭合，电动机反转。而 $KM_R$ 的常闭辅助触点断开，实现电气互锁；$KM_R$ 的常开辅助触点闭合，实现反转自锁。

③按钮 $SB_1$ 可实现电动机的停车。

#### 4. 顺序控制

在实际生产中,经常会遇到几台电动机按顺序动作的情况。下面选取两个实例介绍顺序控制的原理及电路连接方法。

1) 实例一

起动时,电动机 $M_1$ 起动后电动机 $M_2$ 才能起动;停车时,电动机 $M_2$ 停车后电动机 $M_1$ 才能停车。

(1) 电路组成。实例一的三相异步电动机的顺序控制电路图如图 2.43 所示。其中包含交流接触器 $KM_1$ 和 $KM_2$、交流电动机 $M_1$ 和 $M_2$、组合开关 Q、熔断器 FU、热继电器 $FR_1$ 和 $FR_2$、交流电动机 $M_1$ 起动按钮 $SB_1$、交流电动机 $M_2$ 起动按钮 $SB_2$、交流电动机 $M_1$ 停车按钮 $SB_0$ 和交流电动机 $M_2$ 停车按钮 $SB_3$。

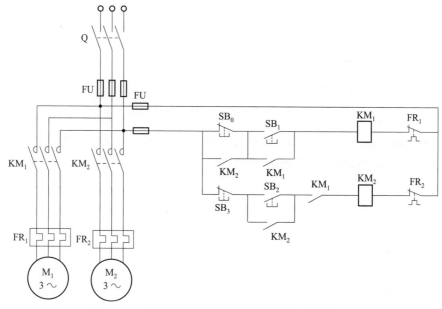

图 2.43　三相异步电动机顺序控制电路图(实例一)

(2) 工作过程:

①按下起动按钮 $SB_1$,交流接触器 $KM_1$ 线圈通电,交流接触器 $KM_1$ 主触点闭合,电动机 M1 起动。同时交流接触器 $KM_1$ 的常开辅助触点闭合。

②按下起动按钮 $SB_2$,交流接触器 $KM_2$ 线圈通电,交流接触器 $KM_2$ 主触点闭合,电动机 $M_2$ 起动。

③停车时必须先按下 $SB_3$,使交流接触器 $KM_2$ 线圈断电,交流接触器 $KM_2$ 主触点断开,电动机 $M_2$ 停车。同时交流接触器 $KM_2$ 的常开辅助触点断开。

④再按下停车按钮 $SB_0$,交流接触器 $KM_1$ 线圈才能断电,交流接触器 $KM_1$ 主触点才能断开,电动机 $M_1$ 才能停车。

2) 实例二

电动机 $M_1$ 先起动后,电动机 $M_2$ 才能起动,电动机 $M_1$ 和 $M_2$ 可以单独停车。

(1) 电路组成。实例二的三相异步电动机的顺序控制电路图如图 2.44 所示。其中包含交

流电动机 $M_1$、停车按钮 $SB_3$、交流电动机 $M_2$、停车按钮 $SB_4$ 和两个电动机同时停车按钮 $SB_0$,其他器件与实例一中相同。

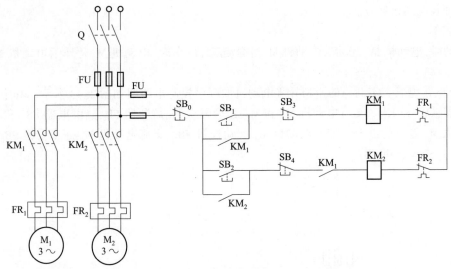

图 2.44　三相异步电动机顺序控制电路图(实例二)

(2)工作过程。起动方法与实例一中的方法相同。停车时,电动机 $M_1$ 和电动机 $M_2$ 可以分别停车,按钮 $SB_3$ 控制电动机 $M_1$ 的停车,按钮 $SB_4$ 控制电动机 $M_2$ 的停车。按钮 $SB_0$ 控制 $M_1$ 和 $M_2$ 同时停车。

### 5. 时间控制与行程控制

1)时间控制

控制要求是电动机 $M_1$ 先起动,经过一定延时后电动机 $M_2$ 能自行起动。电路图如图 2.45 所示。当按下起动按钮 $SB_1$ 时,交流接触器 $KM_1$ 线圈通电,电动机 $M_1$ 起动。同时时间继电器 KT 的线圈通电,其延时闭合的常开触点不会立即闭合,而是经过一定延时时间才能闭合,使交流接触器 $KM_2$ 线圈通电,电动机 $M_2$ 起动。按钮 $SB_0$ 控制两台电动机同时停止。

2)行程控制

行程控制采用行程开关控制电动机实现往复运动。行程开关控制工作台前进与后退的示意图如图 2.46 所示。两个行程开关 $SQ_a$ 和 $SQ_b$ 分别安装在控制工作台的起始位置和终点,且由装在工作台上的挡块 A 和 B 来撞动。工作台由电动机 M 带动。

行程控制电路图如图 2.47 所示。当按下正转起动按钮 $SB_F$ 时,$KM_F$ 线圈通电,其主触点闭合使得电动机正转,带动工作台前进,常开辅助触点闭合实现自锁。当工作台运行到终点时,挡块 B 压合终点行程开关 $SQ_b$,$SQ_b$ 的常闭触点断开,使 $KM_F$ 线圈断电,电动机停止正转,进而工作台停止前进。同时,$SQ_b$ 的常开触点闭合,使 $KM_R$ 线圈通电,其主触点闭合使得电动机反转,带动工作台后退,常开辅助触点闭合实现自锁。当工作台运行到原始位置时,挡块 A 压合终点行程开关 $SQ_a$,$SQ_a$ 的常闭触点断开,使 $KM_R$ 线圈断电,电动机停止反转,进而工作台停止后退。同时,$SQ_a$ 的常开触点闭合,使 $KM_F$ 线圈通电,其主触点闭合,电动机正转,带动工作台前进,常开辅助触点闭合实现自锁。这样可一直循环下去,$SB_1$ 为停车按钮,$SB_R$ 为反转起动按钮。

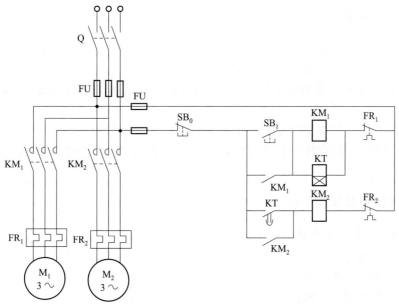

图 2.45　三相异步电动机时间控制电路图

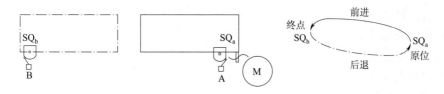

图 2.46　行程开关控制工作台前进与后退示意图

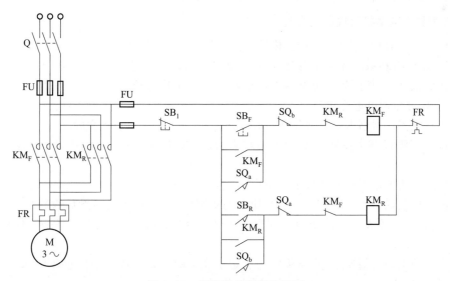

图 2.47　行程开关控制电路图

### 2.6.4　实验注意事项

（1）本实验使用的可调交流电源最大输出电压可达 380 V，一定要注意用电安全。

（2）所有改接线操作必须先关闭实验箱电源。

（3）接通电路如果电动机没有转动，要关闭电源检查电路，不要在电动机停转时长时间通电。

（4）电动机工作过程中要保持安全距离，不要触碰电动机转动轴。

（5）实验过程中要注意观察电路工作情况，一旦出现过热或冒烟现象，立刻关闭电源并报告指导教师。

### 2.6.5　实验内容及操作步骤

#### 1. 实验所需仪器及元器件

（1）三相交流电源，1 台。

（2）三相异步电动机实验箱，1 台。

（3）笼型三相异步电动机，2 台。

（4）交流接触器，2 个。

（5）热继电器，2 个。

（6）复式按钮，5 个。

（7）行程开关，2 个。

（8）时间继电器，1 个。

（9）组合开关，1 个。

（10）万用表，1 块。

（11）专用导线，若干。

#### 2. 三相异步电动机直接起动实验

（1）使用万用表检查交流接触器、热继电器和复式按钮的触点通断状况是否良好。

（2）按图 2.40 接线。先接主电路，后接控制电路（按照"先串后并"方式进行接线）。

（3）线路接好后，按照先主电路后控制电路的顺序依次进行检查。检查完毕后，经指导教师确认无误后方可通电进行实验。

（4）不接交流接触器 KM 的常开辅助触点，按下按钮 $SB_2$ 进行点动实验。

（5）接上交流接触器 KM 的常开辅助触点，按下按钮 $SB_2$ 起动电动机，观察电动机转动情况。

（6）按下按钮 $SB_1$ 观察电动机是否停止。

（7）电动机起动后，拉开组合开关 Q，使电动机因脱离电源而停转，然后重新接通电源（将组合开关 Q 推合），不按起动按钮 $SB_2$，观察电动机是否会自行起动，检查线路是否具有失电压保护作用。

（8）在切断电源的情况下，将连接电动机定子绕组的三根电源线中任意两根的一头对调，再闭合组合开关 Q，重新起动电动机，观察电动机的转向。

#### 3. 三相异步电动机点动与连续转动的控制实验

（1）使用万用表检查交流接触器、热继电器和复式按钮的触点通断状况是否良好。

(2)按图2.41接线。先接主电路,后接控制电路(按照"先串后并"方式进行接线)。

(3)线路接好后,按照先主电路后控制电路的顺序依次进行检查。检查完毕后,经指导教师确认无误后方可通电进行实验。

(4)按下按钮 $SB_2$ 进行直接起动实验,按下按钮 $SB_1$ 进行停车实验。

(5)按下按钮 $SB_3$ 观察电动机是否起动,抬起按钮 $SB_3$ 观察电动机是否停车。验证点动控制电路的正确性。

**4. 三相异步电动机正反转的控制实验**

(1)使用万用表检查交流接触器、热继电器和复式按钮的触点通断状况是否良好。

(2)按图2.42接线。先接主电路,后接控制电路(按照"先串后并"方式进行接线)。

(3)线路接好后,按照先主电路后控制电路的顺序依次进行检查。检查完毕后,经指导教师确认无误后方可通电进行实验。

(4)合上组合开关Q,按下正转起动按钮 $SB_F$ ,观察电动机转向并设此方向为正转;再按下反转起动按钮 $SB_R$ ,观察电动机能否反转。

(5)按下停车按钮 $SB_1$ ,观察电动机能否停车。

**5. 三相异步电动机顺序控制实验**

(1)起动时,电动机 $M_1$ 起动后电动机 $M_2$ 才能起动;停车时,电动机 $M_2$ 停车后电动机 $M_1$ 才能停车。

①使用万用表检查交流接触器、热继电器和复式按钮的触点通断状况是否良好。

②按图2.43接线。先接主电路,后接控制电路(按照"先串后并"方式进行接线)。

③线路接好后,按照先主电路后控制电路的顺序依次进行检查。检查完毕后,经指导教师确认无误后方可通电进行实验。

④合上组合开关Q通电。按下起动按钮 $SB_2$ ,观察电动机 $M_2$ 是否先起动。

⑤若 $M_2$ 未起动,按下起动按钮 $SB_1$ ,观察电动机 $M_1$ 是否先起动。若 $M_1$ 先起动,则按下起动按钮 $SB_2$ ,观察电动机 $M_2$ 起动情况。

⑥按下停车按钮 $SB_0$ ,观察 $M_1$ 是否先停车。

⑦若 $M_1$ 未先停车,则按下起动按钮 $SB_3$ ,观察电动机 $M_2$ 是否先停车。若 $M_2$ 先停车,则按下起动按钮 $SB_0$ ,观察电动机 $M_1$ 停车情况。

(2)电动机 $M_1$ 先起动后,电动机 $M_2$ 才能起动,电动机 $M_1$ 和 $M_2$ 可以单独停车。

①使用万用表检查交流接触器、热继电器和复式按钮的触点通断状况是否良好。

②按图2.44接线。先接主电路,后接控制电路(按照"先串后并"方式进行接线)。

③线路接好后,按照先主电路后控制电路的顺序依次进行检查。检查完毕后,经指导教师确认无误后方可通电进行实验。

④合上组合开关Q通电。按下起动按钮 $SB_2$ ,观察电动机 $M_2$ 是否先起动。

⑤若 $M_2$ 未起动,按下起动按钮 $SB_1$ ,观察电动机 $M_1$ 是否先起动。若 $M_1$ 先起动,则按下起动按钮 $SB_2$ ,观察电动机 $M_2$ 起动情况。

⑥按下停车按钮 $SB_3$ ,观察 $M_1$ 是否停车;再按下停车按钮 $SB_4$ ,观察 $M_2$ 是否停车。

⑦再次起动电动机 $M_1$ 和 $M_2$ ,按下停车按钮 $SB_4$ ,观察 $M_2$ 是否停车;再按下停车按钮 $SB_3$ ,观察 $M_1$ 是否停车。

### 6. 三相异步电动机的时间控制与行程控制实验

（1）时间控制：

①使用万用表检查交流接触器、热继电器和复式按钮的触点通断状况是否良好。观察时间继电器的外形，用手按下衔铁，观察触点实现延时动作的过程。

②按图 2.45 接线。先接主电路，后接控制电路（按照"先串后并"方式进行接线）。

③线路接好后，按照先主电路后控制电路的顺序依次进行检查。检查完毕后，经指导教师确认无误后方可通电进行实验。

④合上组合开关 Q。首先设置通电延迟时间，其次按下起动按钮 $SB_1$，观察电动机 $M_1$ 是否先起动，经过一定时间后 $M_2$ 是否自行起动。按下停车按钮 $SB_0$，观察 $M_1$、$M_2$ 是否同时停车。

⑤调节时间继电器 KT 的延时时间，观察两台电动机先后起动的时间间隔变化情况。

（2）行程控制。按图 2.46 连线，经检查无误后，合上组合开关 Q。按下正转起动按钮 $SB_F$，观察行程控制电路运行情况是否符合电路的设计要求。

### 思考题

（1）有两台电动机 $M_1$ 和 $M_2$，要求电动机 $M_1$ 先起动后，$M_2$ 才能起动，$M_2$ 并能单独停车。设计顺序控制电路并完成实验验证。

（2）有两台电动机 $M_1$ 和 $M_2$，要求电动机 $M_1$ 先起动后，$M_2$ 才能起动，$M_2$ 并能点动。设计顺序控制电路并完成实验验证。

（3）有两台电动机 $M_1$ 和 $M_2$，要求 $M_1$ 先起动，经过一定延时后 $M_2$ 能自行起动。设计顺序控制电路并完成实验验证。

（4）有两台电动机 $M_1$ 和 $M_2$，要求 $M_1$ 先起动，经过一定延时后 $M_2$ 能自行起动，$M_2$ 起动后，$M_1$ 立即停车。设计顺序控制电路并完成实验验证。

（5）有两台电动机 $M_1$ 和 $M_2$，要求起动时，$M_1$ 起动后 $M_2$ 才能起动；停止时，$M_2$ 停止后 $M_1$ 才能停止。设计顺序控制电路并完成实验验证。

（6）设计电动机的 丫－△ 换接起动电路，以丫连接方式起动，经过一定时间后换成△连接方式运行。设计顺序控制电路并完成实验验证。

# 第 3 章　模拟电子技术实验

## 3.1　单晶体管共射放大电路实验

### 3.1.1　实验目的

(1)掌握单晶体管共射放大电路的工作原理。

(2)掌握静态工作点的测试及调整方法。

(3)掌握放大电路电压放大倍数 $A_u$、输入电阻 $r_i$ 和输出电阻 $r_o$ 的测量方法。

(4)理解负载 $R_L$ 的变化对放大倍数 $A_u$ 的影响。

(5)理解晶体管放大电路静态工作点变化对电路性能的影响。

(6)进一步熟悉数字示波器、数字函数信号发生器和交流毫伏表的使用方法。

### 3.1.2　实验预习要求

(1)复习单晶体管共射放大电路的组成及工作原理。

(2)掌握根据电路参数计算静态工作点的方法。

(3)分析静态工作点变化对电路性能的影响。

(4)分析负载 $R_L$ 变化对放大倍数 $A_u$ 的影响。

(5)熟悉电路连接过程和参数测试要求,列写实验步骤。

(6)根据实验中要测试的实验数据画出数据记录表格。

*(7)完成实验电路的仿真分析,并为实际操作实验提供参考。

### 3.1.3　实验原理

#### 1. 电路组成

单晶体管共射放大电路图如图 3.1 所示。该电路是由 1 个 NPN 型晶体管、1 个滑动变阻器 $R_P$、若干个固定电阻(负载电阻 $R_L$ 需要 3～4 个不同阻值电阻)、3 个电解电容器和 1 个 $U_{CC} = +12\ V$ 电源组成,元器件具体参数如图 3.1 所示。

#### 2. 工作原理

电路正常工作在放大状态时要求发射结正偏,集电结反偏。对于 NPN 型晶体管, $U_{BE} > 0$, $U_{BC} < 0$,且 $U_{CB} > U_{BE}$。此时,硅管发射结电压 $U_{BE}$ 为 0.6～0.7 V、锗管发射结电压 $U_{BE}$ 为 0.1～0.3 V。

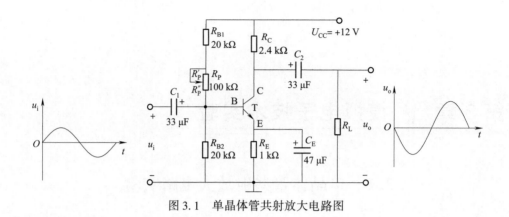

图 3.1　单晶体管共射放大电路图

1）静态工作点的计算和调整

画出电路的直流通路如图 3.2 所示。图 3.2 中以（$R_P + R_{B1}$）和 $R_{B2}$ 组成分压偏置电路，调整 $R_P$，可以改变基极电位 $V_B$ 和基极电流 $I_B$，从而改变集电极电流 $I_C$ 和管压降 $U_{CE}$，得到合适的静态工作点 Q。

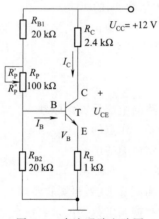

图 3.2　直流通路电路图

静态工作点 Q 的理论估算公式为

$$
\begin{cases}
V_B = \dfrac{R_{B2}}{(R_{B1} + R_P'') + R_{B2}} U_{CC} \\[2mm]
I_C \approx I_E = \dfrac{V_B - U_{BE}}{R_E} \\[2mm]
I_B = \dfrac{I_C}{\beta} \\[2mm]
U_{CE} = U_{CC} - I_C(R_C + R_E)
\end{cases}
\tag{3.1}
$$

2）静态工作点的位置对输出波形的影响

（1）如果 Q 点过高（$I_B$ 和 $I_C$ 大，$U_{CE}$ 小），晶体管将工作在饱和区，会产生饱和失真，出现输出电压波形下削波现象，可通过增加 $R_P''$ 的大小，使静态工作点下移消除失真。

（2）如果 Q 点过低（$I_B$ 小，$I_C$ 小，$U_{CE}$ 大），晶体管将工作在截止区，会产生截止失真，出现输出电压波形上削波现象,可通过减少 $R_P''$ 的大小,使静态工作点上移消除失真。

　　静态工作点的位置对输出波形的影响示意图如图 3.3 所示。

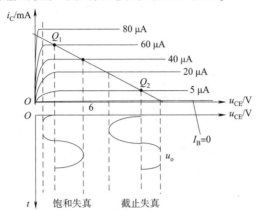

图 3.3　静态工作点的位置对输出波形的影响示意图

　　(3)即使 $Q$ 点合适,如果输入信号过大,也会因为晶体管动态范围不够而出现输出波形双削波现象,此时可通过减少输入信号的大小消除失真。

　　3)动态参数的理论估算

　　(1)交流电压放大倍数。交流电压放大倍数是输出电压 $u_o$ 与输入电压 $u_i$ 的比值。其大小取决于 $\beta$、$R_C$、$R_L$ 和晶体管输入电阻 $r_{be}$ 的数值,如果忽略偏置电阻的分流影响,在中频段,电路输出电压 $u_o$ 对信号源电压 $u_s$ 的电压放大倍数可以表示为

$$A_{us} = \frac{u_o}{u_s} = -\beta \frac{R_C /\!/ R_L}{R_S + r_{be}} \qquad (3.2)$$

式中,$R_S$ 为输入信号源内阻。如果忽略信号源内阻,或者考虑信号源的输出电压,则在中频段,电路输出电压 $u_o$ 对输入电压 $u_i$ 的电压放大倍数为

$$A_u = \frac{u_o}{u_i} = -\beta \frac{R_C /\!/ R_L}{r_{be}} \qquad (3.3)$$

其中,晶体管输入电阻为

$$r_{be} \approx (100 \sim 300) + (1+\beta)\frac{26(\text{mV})}{I_E(\text{mA})} \qquad (3.4)$$

　　(2)输入电阻和输出电阻。放大电路的输入电阻 $r_i$ 是指从输入端看进去,将放大电路等效成一个电阻的参数值。输入电阻是动态电阻,其参数与电路的工作状态有关。输入电阻的估算公式为

$$r_i = R_{B1} /\!/ R_{B2} /\!/ r_{be} \qquad (3.5)$$

　　放大电路的输出电阻 $r_o$ 是指输入信号为 0 时,从输出端向放大器看进去的交流等效电阻。它与输入电阻 $r_i$ 一样都是动态电阻。其估算公式为

$$r_o \approx R_C \qquad (3.6)$$

**3. 实验获得静态工作点和动态参数的原理和方法**

　　1)静态工作点参数的获得

　　在图 3.1 中,如果 $U_{CC} = +12 \text{ V}$,通过调节可变电阻 $R_P$ 使 $U_{CE} = +6 \text{ V}$,然后测量 $U_{BE}$、$V_B$ 和 $V_C$ 的值。通过下面的一组公式计算电流值和 $\beta$ 值。

$$\begin{cases} I_{E} = \dfrac{V_{B} - U_{BE}}{R_{E}} \\[2mm] I_{C} = \dfrac{U_{CC} - V_{C}}{R_{C}} \\[2mm] \beta = \dfrac{I_{C}}{I_{E} - I_{C}} \\[2mm] I_{B} = \dfrac{I_{C}}{\beta} \end{cases} \tag{3.7}$$

2）交流电压放大倍数的获得

实验一般采用直接测量输入电压和输出电压的有效值,然后计算放大倍数的方法。中频段电压放大倍数的绝对值为

$$|A_{u}| = \frac{U_{o}}{U_{i}} \tag{3.8}$$

3）输入电阻和输出电阻参数的获得

①输入电阻参数的获得。为了避免实验过程中电阻 $R_E$ 对输入电阻测量的影响,连接测量输入电阻电路之前先将图 3.1 所示电路中的电阻 $R_E$ 短路。然后再参照图 3.4（a）所示电路连接输入电阻测量实验电路。输入电阻采用换算法测量,等效电路如图 3.4（b）所示。将放大电路等效成一个电阻,外加一个固定电阻 $R_D$,将信号源电压加到两个串联电阻电路中。分别测量两个电阻两端的电压 $U_i$ 和 $U_{R_D}$,根据串联电路电流相等可推得如下公式:

$$r_{i} = \left(\frac{U_{i}}{U_{R_D}}\right) R_{D} \tag{3.9}$$

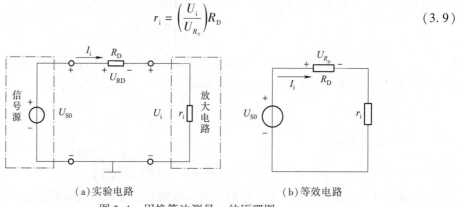

（a）实验电路　　　　　　　　　　　　　　（b）等效电路

图 3.4　用换算法测量 $r_i$ 的原理图

②输出电阻参数的获得。同样采用换算法测量,实验电路如图 3.5（a）所示。当 $R_L = \infty$ 时,从 $U_o$ 看过去测量的电压相当于等效电路的开路电压,定义为 $U_{R_L \infty}$。

此时,可以将放大电路视为以 $r_o$ 为内阻,以 $U_{R_L \infty}$ 为电源的戴维宁等效电路,等效电路如图 3.5（b）所示。接入 $R_L$ 后再次测量负载 $R_L$ 两端的电压 $U_{R_L}$,根据串联电路电流相等可求得电路的电流为

$$\frac{U_{R_L \infty} - U_{R_L}}{r_{o}} = \frac{U_{R_L}}{R_{L}} \tag{3.10}$$

整理后可得

$$r_{o} = \left( \frac{U_{R_{L}\infty}}{U_{R_{L}}} - 1 \right) R_{L} \qquad (3.11)$$

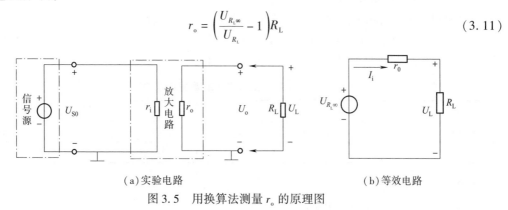

（a）实验电路　　　　　　　　　　　（b）等效电路

图 3.5　用换算法测量 $r_{o}$ 的原理图

## 3.1.4　实验注意事项

（1）实验前要正确识别晶体管的 3 个电极,不要接错。

（2）连接电路时,注意电解电容器的正负极。

（3）本实验所用仪器设备较多,使用前务必认真阅读本书 1.6 节相关内容,保证设备使用安全。

（4）实验过程中如发现器件过热或冒烟现象,应立刻关闭电源,并报告指导教师。

## 3.1.5　实验内容及操作步骤

### 1.实验所需仪器及元器件

（1）稳压电源,1 台。

（2）万用表,1 块。

（3）示波器,1 台。

（4）数字信号发生器,1 台。

（5）交流毫伏表,1 台。

（6）NPN 型晶体管,1 个。

（7）电阻器:

①20 kΩ,2 个。

②10 kΩ,1 个。

③5 kΩ,1 个。

④2.4 kΩ,1 个。

⑤1 kΩ,2 个。

（8）电解电容器:

①47 μF,1 个。

②33 μF,2 个。

（9）可变电阻器（100 kΩ）,1 个。

**2. 静态工作点调整与测试**

（1）参照图 3.2 所示电路连接直流通路，检查无误后，接通电源。

（2）缓慢调节 $R_P$，使 $U_{CEQ} \approx 6\ \text{V}$，用万用表直流电压挡分别测量 $U_{BEQ}$、$V_B$ 及 $V_C$ 的值，然后计算 $I_{BQ}$、$I_{CQ}$、$\beta$ 的值，将测量数据和计算结果填入表 3.1 中。

表 3.1    静态工作点实验数据记录表

| 测量值 | | | | 计算值 | | |
|---|---|---|---|---|---|---|
| $U_{BEQ}/\text{V}$ | $U_{CEQ}/\text{V}$ | $V_B/\text{V}$ | $V_C/\text{V}$ | $I_{BQ}/\text{mA}$ | $I_{CQ}/\text{mA}$ | $\beta$ |
| | 6 | | | | | |

**3. 动态参数测试实验**

1）交流电压放大倍数 $A_u$ 的测量

（1）在图 3.2 所示的直流通路基础上，按照图 3.1 所示的放大电路，将 2 个 33 μF 和 1 个 47 μF 电容器接入电路中，注意电解电容器的正负极不要接错。

（2）调整信号源产生峰–峰值 $U_{PP} = 28\ \text{mV}$（$U_i = 10\ \text{mV}$）、频率 $f = 1\ \text{kHz}$ 的正弦波信号。信号的有效值用交流毫伏表测量，信号频率用示波器观察。

（3）将信号源连接到放大电路的输入端，将交流毫伏表和示波器两个通道分别接到放大电路的输入端和输出端，构成如图 3.6 所示的测试电路，检查无误后接通放大电路电源。

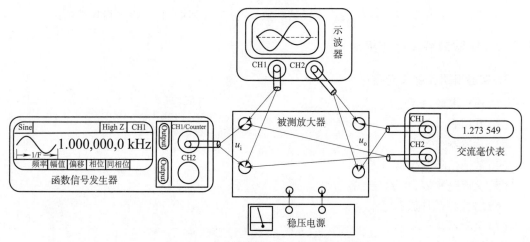

图 3.6    动态参数测试电路连接示意图

（4）不接入负载（即 $R_L = \infty$），用交流毫伏表分别测量输入电压和输出电压有效值，并计算中频段电压放大倍数，将测量数据及计算结果填入表 3.2 中。

表 3.2    动态参数实验数据记录表

| 条　件 | 测量值 | | 计算值 |
|---|---|---|---|
| | $U_i/\text{mV}$ | $U_o/\text{V}$ | $\lvert A_u \rvert$ |
| $R_L = \infty$ | | | |
| $R_L = 1\ \text{k}\Omega$ | | | |
| $R_L = 5\ \text{k}\Omega$ | | | |

续表

| 条　　件 | 测量值 | | 计算值 |
|---|---|---|---|
| | $U_i$/mV | $U_o$/V | $\lvert A_u \rvert$ |
| $R_L = 10$ kΩ | | | |
| $R_L = 50$ kΩ | | | |

（5）保持电路元器件参数和输入电压不变,分别取 $R_L = 1$ kΩ, $R_L = 5$ kΩ, $R_L = 10$ kΩ, $R_L = 50$ kΩ 接入电路,测量输出电压有效值,计算电压放大倍数,将测量数据及计算结果填入表3.2中。

2）放大电路输出波形失真实验

（1）图3.1所示放大电路中接入 $R_L = 10$ kΩ,其他参数和电路连接不变;接通电源,保证此时的 $U_{CEQ} = 6$ V,测量 $U_{BE}$ 的值,读取输入电压值,观察示波器的波形,将测量结果和示波器观察到的输出电压波形示意图填入表3.3中。

（2）逐渐减小 $R_P$ 阻值,观察输出电压波形的变化,直到出现波形失真,记录此时的 $U_i$ 数值,测量此时的 $U_{BE}$ 和 $U_{CE}$ 的数值,将测量结果和示波器观察到的输出波形示意图填入表3.3中。

（3）逐渐增大 $R_P$ 阻值,观察输出电压波形的变化,直到出现波形失真,(如果 $R_P$ 增至最大,波形失真仍不明显时,可适当增大输入信号 $u_i$),记录此时的 $U_i$ 数值,测量此时的 $U_{BE}$ 和 $U_{CE}$ 的数值,将测量结果和示波器观察到的输出波形示意图填入表3.3中。

表3.3　静态工作点的位置对输出波形的影响实验数据记录表

| 项目 | | $R_P$ 合适 | $R_P$ 减小 | $R_P$ 增加 |
|---|---|---|---|---|
| 电压测量 | $U_i$/mV | | | |
| | $U_{BE}$/V | | | |
| | $U_{CE}$/V | 6 V | | |
| 输出波形示意图 | | | | |
| 失真判断<br>(或动态范围) | | | | |

*3）电路动态范围的测量

（1）调整电路的静态工作点符合 $U_{CEQ} \approx 6$ V 的要求。

（2）保持输入信号的频率为 1 kHz 不变,缓慢增大输入信号 $U_i$ 幅值的大小,观测输出波形,直至输出波形出现双削波失真。记录此时的 $U_i$ 值,将测量结果填入表3.4中。

*4）测量放大电路输入电阻 $r_i$

（1）将图3.1中的电阻 $R_E$ 短路,电路其他连线保持不变。

（2）参照图3.4连接电路,在信号源与放大电路之间串入一个电阻 $R_D$（4.7 kΩ）,输入端仍然加入电压有效值为 10 mV,频率为 1 kHz 的正弦交流信号。

（3）检查无误后接通电源,分别测量图3.4所示电路中的 $U_{R_D}$ 和 $U_i$,将测量结果填入表3.4中,并计算 $r_i$ 的数值。

5)（选作）测量放大电路输出电阻 $r_o$。

（1）参照图 3.5 连接电路，不接入负载电阻 $R_L$。

（2）在输入端加入有效值为 10 mV，频率为 1 kHz 的正弦电压信号，测量当负载 $R_L = \infty$ 时的输出电压 $U_{R_L\infty}$，将测量结果填入表 3.4 中，关闭电源。

（3）将 $R_L = 5$ kΩ 接入电路，接通电源，测量此时的输出电压 $U_{R_L}$ 的值，将测量结果填入表 3.4 中，并计算 $r_o$ 的数值。

表 3.4　动态范围、输入电阻和输出电阻实验数据记录表

| 动态范围 | 测量值 | | 计算值 |
|---|---|---|---|
| | $U_{imax} =$ | | |
| 输入电阻 $r_i$ | $U_i =$ | $U_{R_b} =$ | $r_i =$ |
| 输出电阻 $r_o$ | $U_{R_L\infty} =$ | $U_{R_L} =$ | $r_o =$ |

### 3.1.6　数据处理及误差分析要求

**1. 静态工作点调整与测试的数据处理**

根据表 3.1 的测量数据完成相关量的计算，并与仿真结果相比较，分析误差原因。

**2. 放大倍数测量的数据处理**

根据表 3.2 的测量数据计算负载变化时的放大倍数，并与仿真结果相比较，分析误差原因。

（1）如果未进行 Proteus 仿真预习，只需分析负载变化对放大倍数的影响。

（2）如果进行了 Proteus 仿真预习，需分析负载变化对放大倍数的影响，同时将计算结果与仿真结果相比较，分析误差原因。

**3. 动态范围、输入电阻和输出电阻的数据处理**

（1）根据表 3.4 的测量数据计算输入电阻和输出电阻，并将计算值和理论估算值相比较，分析误差原因。

（2）比较实测的动态范围与仿真结果的差异，分析原因。

**思考题**

（1）在图 3.1 所示的放大电路中，为什么观察截止失真需要增大输入信号，而饱和失真不需要？

（2）输入信号不允许改变时，放大电路出现双削波有什么解决方案？

# 3.2　负反馈放大电路实验

## 3.2.1　实验目的

（1）掌握放大电路中引入负反馈的方法。

（2）加深理解负反馈对放大电路性能的影响。

（3）学习负反馈放大电路性能指标的测量方法。

### 3.2.2 实验预习要求

（1）复习电路引入负反馈的方法，查找电路中引入不同组态负反馈的参考资料。

（2）复习负反馈的引入对放大电路性能的影响。

（3）熟悉电路连接过程和参数测试要求，列写实验步骤。

（4）根据实验中要测试的实验数据画出数据记录表格。

*（5）通过仿真分析加深对反馈的理解，并为实际操作实验做好准备。

### 3.2.3 实验原理

负反馈放大电路有 4 种组态形式，即电压串联负反馈、电压并联负反馈、电流串联负反馈和电流并联负反馈。此外，根据放大电路通过交直流信号的特点还可分为交流反馈、直流反馈和交直流反馈。下面以交流电压串联负反馈为例，分析负反馈对放大器性能指标的影响。

#### 1. 电路组成

交流电压串联负反馈电路如图 3.7 所示。电路中通过 $R_f$ 和 $C_f$ 把输出电压 $u_o$ 引回到输入端，加在晶体管 $T_1$ 的发射极上，在发射极电阻 $R_{E1}$ 上形成交流反馈电压 $u_f$。根据反馈的判断方法可知，它属于电压串联负反馈。由于反馈回路中串联了电容器，所以引入的是交流反馈。

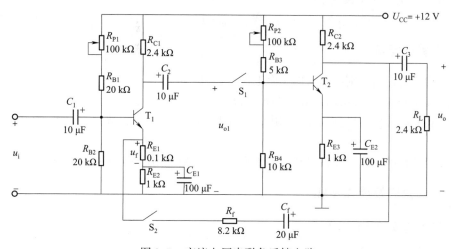

图 3.7 交流电压串联负反馈电路

#### 2. 性能指标

负反馈电路主要性能指标如下：

（1）闭环电压放大倍数：

$$A_{uf} = \frac{A_u}{1 + A_u F_u} \tag{3.12}$$

式中 $A_u = u_o / u_i$ ——基本放大器（无反馈）的中频段电压放大倍数，即中频段开环电压放大倍数；

$1 + A_u F_u$ ——反馈深度，它的大小决定了负反馈对放大器性能影响的程度。

（2）反馈系数：

$$F_u = \frac{R_{E1}}{R_f + R_{E1}} \tag{3.13}$$

（3）输入电阻：

$$R_{if} = (1 + A_u F_u) r_i \tag{3.14}$$

式中　$r_i$——基本放大器的输入电阻。

（4）输出电阻：

$$R_{of} = \frac{r_o}{1 + A_u F_u} \tag{3.15}$$

式中　$r_o$——基本放大器的输出电阻。

（5）频带宽度 BW。设 $f_H$、$f_L$ 为不加反馈时的上限频率和下限频率，则未加反馈时的频带宽度为

$$BW = f_H - f_L \tag{3.16}$$

加入反馈后，上限频率和下限频率分别为

$$\begin{cases} f_{Hf} = (1 + A_u F_u) f_H \\ f_{Lf} = \dfrac{f_L}{1 + A_u F_u} \end{cases} \tag{3.17}$$

加入反馈后的频带宽度为

$$BW_f = f_{Hf} - f_{Lf} \tag{3.18}$$

### 3.2.4　实验注意事项

（1）实验前要正确识别晶体管的 3 个电极，不要接错。

（2）连接电路时，注意电解电容器的正负极。

（3）本实验所用仪器设备较多，使用前务必认真阅读本书 1.6 节相关内容，保证设备使用安全。

（4）实验过程中如发现器件过热或冒烟现象，应立刻关闭电源，并报告指导教师。

### 3.2.5　实验内容及操作步骤

#### 1. 实验所需仪器及元器件

（1）直流稳压电源，1 台。

（2）万用表，1 块。

（3）示波器，1 台。

（4）数字信号发生器，1 台。

（5）交流毫伏表，1 台。

（6）NPN 型晶体管，2 个。

（7）电阻器：

①20 kΩ，2 个。

②10 kΩ，1 个。

③8.2 kΩ，1 个。

④5 kΩ,1 个。

⑤2.4 kΩ,3 个。

⑥1 kΩ,2 个。

⑦0.1 kΩ,1 个。

(8)电解电容器:

①100 μF,2 个。

②20 μF,1 个。

③10 μF,3 个。

(9)可变电阻器(100 kΩ),2 个。

**2. 调整并测量放大电路的静态工作点**

(1)调节直流电源使 $U_{CC} = +12$ V,按图 3.7 连接实验电路($S_1$ 和 $S_2$ 均断开),即电路为两个单晶体管分压偏置共射放大电路。

(2)先不接入输入信号,即 $u_i = 0$,检出无误后接通电源。

(3)调整第一级电路中的电位器 $R_{P1}$(100 kΩ),使 $U_{CE1} \approx 6$ V;调整第二级电路中的电位器 $R_{P2}$(100 kΩ),使 $U_{CE2} \approx 7$ V。用万用表直流电压挡或直流电压表分别测量第一级和第二级静态工作时相应的电位值,并将测量结果填入表 3.5 中。

表 3.5　两个晶体管的静态工作点实验数据记录表

| 各点电位 | $V_{B1}/V$ | $V_{E1}/V$ | $V_{C1}/V$ | $V_{B2}/V$ | $V_{E2}/V$ | $V_{C2}/V$ |
|---|---|---|---|---|---|---|
| 测量值 | | | | | | |

**3. 负反馈对基本放大电路输出电压波形的影响**

(1)调节函数信号发生器,使之产生频率 $f = 1$ kHz,峰-峰值 $U_{PP} \approx 8.5$ mV($U_i = 3$ mV)的正弦信号。

(2)关闭电源,将输入信号加到放大电路的输入端,不接入反馈(开关 $S_1$ 闭合,$S_2$ 断开),在电容器 $C_3$ 和地之间接入负载电阻 $R_L = 2.4$ kΩ。用示波器监视两级放大电路的输出波形,如果输出波形有失真,减小输入信号幅值,在输出波形不失真的情况下,用交流毫伏表测量两级放大电路的输出电压,将测量结果填入表 3.6 中。函数信号发生器、示波器和交流毫伏表的使用方法参见第 1 章相关内容,电路连接方法参见图 3.6。计算两级放大倍数,将计算结果填入表 3.6 中。

(3)保持输入信号的幅值不变,接入反馈(开关 $S_2$ 闭合),用示波器监视两级放大电路的输出波形,用交流毫伏表测量两级放大电路的输出电压,将测量结果填入表 3.6 中。计算两级放大倍数,将计算结果填入表 3.6 中。

表 3.6　负反馈对放大倍数的影响实验数据记录表

| 未加反馈时 | $U_i/mV$ | $U_{o1}/V$ | $U_o/V$ | $|A_{u1}|$ | $|A_{u2}|$ |
|---|---|---|---|---|---|
| | | | | | |
| 加入反馈后 | $U_i/mV$ | $U_{of1}/V$ | $U_{of}/V$ | $|A_{uf1}|$ | $|A_{uf2}|$ |
| | | | | | |

### 4. 负反馈对通频带的影响

(1)调节函数信号发生器,使之产生频率 $f=1$ kHz,有效值 $U_i=3$ mV($U_{PP}\approx8.5$ mV)的正弦信号。不接入反馈(开关 $S_1$ 闭合,$S_2$ 断开),分别增加和减小输入信号的频率,用示波器和交流毫伏表监测两个晶体管的输出变化,找出上限频率和下限频率 $f_H$ 和 $f_L$($U_o$ 下降为原来的 0.707 倍时的频率),计算频带宽度 BW,将测量结果和计算结果填入表 3.7 中。

(2)保持输入信号的幅值不变,接入反馈($S_2$ 闭合),增加和减小输入信号的频率,用示波器和交流毫伏表监测两级放大电路输出电压的变化,找出上、下限频率 $f_{Hf}$ 和 $f_{Lf}$($U_o$ 下降为原来的 0.707 倍时的频率),计算频带宽度 $BW_f$,将测量结果和计算结果填入表 3.7 中。

表 3.7 负反馈对通频带的影响实验数据记录表

| 项　目 | 测量值 | | 计算值 |
|---|---|---|---|
| 未加反馈时 | $f_L$/kHz | $f_H$/kHz | BW/kHz |
| | | | |
| 加入反馈后 | $f_{Lf}$/kHz | $f_{Hf}$/kHz | $BW_f$/kHz |
| | | | |

### 3.2.6 数据处理及误差分析要求

根据测量数据完成相关量的计算,并与仿真结果相比较,分析误差原因。并分析负反馈对放大电路放大倍数和通频带的影响。

**思考题**

(1)在图 3.7 中,如果将反馈回路中开关 $S_2$ 的左端接到 $T_1$ 的基极 B 上,引入为何种类型的反馈?对电路性能有何影响?

(2)如果将图 3.7 中的电容 $C_2$ 去除,电路会发生什么变化?

(3)如果将图 3.7 中的电容 $C_F$ 去除,电路会发生什么变化?

# 3.3 集成运算放大器运算功能实验

## 3.3.1 实验目的

(1)掌握集成运算放大器组成的比例、加法、减法和积分等运算电路的电路结构和工作原理。

(2)掌握集成运算放大器运算电路的调试方法。

## 3.3.2 实验预习要求

(1)复习集成运算放大器的工作原理,理解"虚断"和"虚短"的概念。

(2)复习集成运算放大器组成的比例、加法、减法和积分等运算电路的电路结构和工作原理。

(3)熟悉电路连接过程和参数测试要求,列写实验步骤。

（4）根据实验中要测试的实验数据画出数据记录表格。

*（5）完成实验电路的 Proteus 仿真。

### 3.3.3　实验原理

#### 1．集成运算放大器调零

1）μA741 结构简介

集成运算放大器有许多型号种类，本实验选用 μA741 芯片。μA741 引脚图如图 3.8 所示，其图形符号标于芯片内部。μA741 有 8 个引脚。其中 2 引脚为反相输入端，3 引脚为同相输入端，6 引脚为输出端，7 引脚接正电源，4 引脚接负电源，1、5 引脚外接调零电路，8 引脚为空引脚。

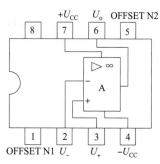

图 3.8　μA741 引脚图

2）电路调零

在无输入信号时（$u_+ = u_- = 0$），输出信号应小于 ±10 mV。如果输出信号超出 ±10 mV，则需要对电路调零，调零电路如图 3.9 所示，可变电阻器的固定端分别连接集成运算放大器的 1 引脚和 5 引脚。可变电阻器的调节端接负电源。调节可变电阻器 $R_W$，使输出 $|U_o| \leqslant 10$ mV。调零满足要求后，在后面的实验中不要再调节可变电阻器，如果可变电阻器的滑动端被调整，则电路需要重新调零。

#### 2．构成反相比例运算电路

反相比例运算电路如图 3.10 所示。图中未接入调零电路，如果需要调零，需先连接调零电路，调零后再连接其他电路。

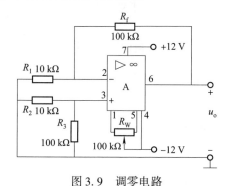

图 3.9　调零电路

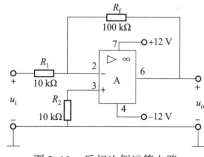

图 3.10　反相比例运算电路

反相比例运算电路的运算关系为

$$u_o = -\frac{R_f}{R_1} u_i \qquad (3.19)$$

如果选取元器件参数 $R_1 = 10$ kΩ，$R_f = 100$ kΩ，则电路运算关系为

$$u_o = -10 u_i \qquad (3.20)$$

#### 3．构成反相加法运算电路

反相加法运算电路如图 3.11 所示。反相加法运算电路的运算关系为

$$u_o = -\frac{R_f}{R_1}u_{i1} - \frac{R_f}{R_2}u_{i2} \qquad (3.21)$$

反相加法运算电路在调节某一路信号的输入电阻时,不会影响其他支路输入电压与输出电压的比例关系,因而调节方便。

如果选取元器件参数 $R_1 = R_2 = R = 10 \text{ k}\Omega, R_f = 100 \text{ k}\Omega$,则该电路运算关系为

$$u_o = -\frac{R_f}{R}(u_{i1} + u_{i2}) = -10(u_{i1} + u_{i2}) \qquad (3.22)$$

### 4. 构成同相比例运算电路

(1)同相比例运算参考实例一电路如图3.12所示。

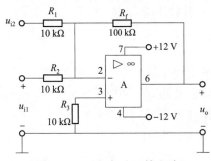 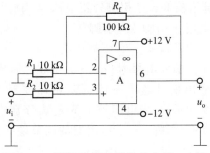

图 3.11　反相加法运算电路　　　　图 3.12　同相比例运算参考实例一电路

图 3.12 中 $u_+ = u_i$,则此同相比例运算电路的运算关系为

$$u_o = \left(1 + \frac{R_f}{R_1}\right)u_+ = \left(1 + \frac{R_f}{R_1}\right)u_i \qquad (3.23)$$

如果选取元器件参数 $R_1 = R_2 = 10 \text{ k}\Omega, R_f = 100 \text{ k}\Omega$,则该电路运算关系为

$$u_o = 11u_i \qquad (3.24)$$

(2)同相比例运算参考实例二电路如图3.13所示。图3.13和图3.12相比增加了电阻 $R_3$。在图 3.13 中 $u_+ = \frac{R_3}{R_2 + R_3}u_i$,则同相比例运算电路的运算关系为

$$u_o = \left(1 + \frac{R_f}{R_1}\right)u_+ = \left(1 + \frac{R_f}{R_1}\right)\frac{R_3}{R_2 + R_3}u_i \qquad (3.25)$$

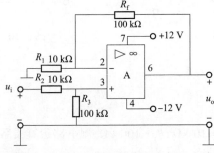

图 3.13　同相比例运算参考实例二电路

如果选取元器件参数 $R_1 = R_2 = 10 \text{ k}\Omega, R_3 = R_f = 100 \text{ k}\Omega$,则该电路运算关系为

$$u_o = 10u_i \tag{3.26}$$

**5. 构成减法运算电路**

减法运算电路如图 3.14 所示。该电路运算关系为

$$u_o = \left(1 + \frac{R_f}{R_1}\right)\frac{R_2}{R_2 + R_3}u_{i2} - \frac{R_f}{R_1}u_{i1} \tag{3.27}$$

实际应用中,取 $R_1 = R_2 = R, R_3 = R_f$,且严格匹配,这样有利于提高放大器的共模抑制比及减小失调。则式(3.27)变为

$$u_o = -\frac{R_f}{R}(u_{i1} - u_{i2}) \tag{3.28}$$

如果选取元器件参数 $R_1 = R_2 = R = 10\ \text{k}\Omega, R_3 = R_f = 100\ \text{k}\Omega$,则该电路运算关系为

$$u_o = 10(u_{i2} - u_{i1}) \tag{3.29}$$

**6. 构成积分运算电路**

积分运算电路如图 3.15 所示。设 $u_C(0) = 0$,则积分运算电路的运算关系为

$$u_o = -\frac{1}{R_1 C}\int_0^t u_i \mathrm{d}t \tag{3.30}$$

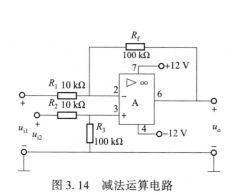

图 3.14　减法运算电路　　　　图 3.15　积分运算电路

如果选取元器件参数 $R_1 = 10\ \text{k}\Omega, C = 100\ \mu\text{F}$,则该电路运算关系为

$$u_o = -1\int_0^t u_i \mathrm{d}t \tag{3.31}$$

## 3.3.4　实验注意事项

(1)μA741 集成运算放大器的各个引脚不要接错,尤其是正、负电源不能接反,否则极易损坏集成运放芯片。

(2)运算放大器输出端不能接地。

(3)$u_i = 0$ 是将运算电路的输入端接地,注意断开信号源,不能将信号源的输出端接地。

(4)测量任何电压时,数字电压表的黑表笔应始终与实验电路的公共接地端相连。

### 3.3.5 实验内容及操作步骤

#### 1. 实验所需仪器及元器件

(1)数字万用表,1块。

(2)直流电源(±12 V),1台。

(3)信号发生器,1台。

(4)示波器,1台。

(5)集成运算放大器芯片(μA741),1个。

(6)固定电阻器:

①10 kΩ,3个。

②100 kΩ,2个。

(7)电解电容器:

①100 μF,1个。

②10 μF,1个。

③1 μF,1个。

④0.1 μF,1个。

#### 2. 放大器调零

(1)先参照图3.10的反相比例运算电路接线,不连接调零电路,将输入信号接地后,用万用表直流电压挡测量输出,如果输出 $U_o$ 小于 ±10 mV,则无须连接调零电路。

(2)如果输出信号过大($U_o$ 大于 ±10 mV),则需要调零,调零电路参见图3.9,接通电源后,缓慢调节调零电位器 $R_w$,使输出 $U_o$ 小于 ±10 mV,电路调零后,在后面的实验中保持调零电路不变。

#### 3. 反相比例运算电路实验

(1)选择2个标称阻值10 kΩ,1个标称阻值100 kΩ 的电阻,用万用表电阻挡测量作为 $R_1$ 和 $R_f$ 电阻的阻值,计算比例系数,将测量结果和计算结果填入表3.8中。

(2)按照图3.10所示连接电路。检查无误后,接通电源。

(3)用数字万用表直流电压挡测量输入信号(为保证精度,要求输入信号均使用数字万用表直流2 V挡测量,保留小数点后2位),第一次加入的输入信号不要过大。

**注意**:实验过程中必须使 $|u_i| < 1$ V,否则电路输出将出现饱和现象,得不到正确的比例运算结果。

(4)选择输入电压有效值 $0.1$ V$\leqslant U_i \leqslant 0.8$ V 之间的8个测量点,用万用表直流电压挡分别测量输入电压值和输出电压值,将测量数据填入表3.8中。利用式(3.17),代入计算的比例系数和测量的输入电压值,计算输出电压值,将计算结果填入表3.8中。

**表3.8 反相比例运算电路实验数据记录表**

| 电阻测量及比例系数计算 | $R_1=$ | | $R_f=$ | | 比例系数 $\dfrac{R_f}{R_1}=$ | | |
|---|---|---|---|---|---|---|---|
| $U_i$ 测量值/V | | | | | | | |
| $U_o$ 测量值/V | | | | | | | |
| $U_o$ 计算值/V | | | | | | | |

### 3. 反相加法运算电路实验

（1）选择 3 个标称阻值 10 kΩ，1 个标称阻值 100 kΩ 的电阻，用万用表电阻挡测量作为 $R_1$、$R_2$ 和 $R_f$ 电阻的阻值，计算比例系数，将测量结果和计算结果填入表 3.9 中。

（2）按照图 3.11 所示连接电路。检查无误后，接通电源。

（3）用万用表直流电压挡测量输入信号（为保证精度，要求输入信号均使用万用表直流 2 V 挡测量，保留小数点后 2 位），第一次加入的输入信号不要过大。

**注意**：实验中必须保证 $|u_{i1} + u_{i2}| < 1$ V，否则电路输出将出现饱和现象，得不到正确的比例运算结果。

（4）输入电压 $u_{i1}$ 选择为固定值 0.1 V，输入电压有效值 $U_{i2}$ 选择 0.1 V ≤ $U_{i2}$ ≤ 0.8 V 之间的 8 个测量点，用万用表直流电压挡分别测量输入电压值和输出电压值，将测量数据填入表 3.9 中；利用式（3.20），代入计算的比例系数和测量的输入电压值，计算输出电压值，将计算结果填入表 3.9 中。

表 3.9　反相加法运算电路实验数据记录表

| 电阻测量及比例系数计算 | $R_1 =$ | $R_2 =$ | $R_f =$ | 比例系数 $\dfrac{R_f}{R_1} =$ | $\dfrac{R_f}{R_2} =$ |
|---|---|---|---|---|---|
| $U_{i1}$ 测量值/V | | | | | |
| $U_{i2}$ 测量值/V | | | | | |
| $U_o$ 测量值/V | | | | | |
| $U_o$ 计算值/V | | | | | |

### 4. 同相比例运算电路实验

（1）选择 2 个标称阻值 10 kΩ，2 个标称阻值 100 kΩ 的电阻，用万用表电阻挡测量所有电阻的阻值，计算比例系数，将测量结果和计算结果填入表 3.10 中。

（2）按照图 3.13 所示连接电路。检查无误后，接通电源。

（3）用万用表直流电压挡测量输入信号（为保证精度，要求输入信号均使用万用表直流 2 V 挡测量，保留小数点后 2 位），第一次加入的输入信号不要过大。

**注意**：实验过程中必须使 $|u_i| < 1$ V，否则电路输出将出现饱和现象，得不到正确的比例运算结果。

（4）选择输入电压有效值 0.1 V ≤ $U_i$ ≤ 0.8 V 之间的 8 个测量点，用万用表直流电压挡分别测量输入电压值和输出电压值，将测量数据填入表 3.10 中。利用式（3.25），代入计算的比例系数和测量的输入电压值，计算输出电压值，将计算结果填入表 3.10 中。

表 3.10　同相比例运算电路实验数据记录表

| 电阻测量及比例系数计算 | $R_1 =$ 比例系数 $\left(1 + \dfrac{R_f}{R_1}\right)\dfrac{R_3}{R_2 + R_3} =$ | $R_2 =$ | $R_3 =$ | $R_f =$ |
|---|---|---|---|---|
| $U_i$ 测量值/V | | | | |
| $U_o$ 测量值/V | | | | |
| $U_o$ 计算值/V | | | | |

也可以采用图 3.12 进行同相比例运算电路实验,请读者自行设计实验步骤和实验表格。

### 5. 减法运算电路实验

(1)选择 2 个标称阻值 10 kΩ,2 个标称阻值 100 kΩ 的电阻,尽量选取 $R_1 = R_2$,$R_3 = R_f$。用万用表电阻挡测量作为 $R_1$、$R_2$、$R_3$ 和 $R_f$ 的电阻的阻值,计算比例系数,将测量结果和计算结果填入表 3.11 中。

(2)按照图 3.14 所示连接电路。检查无误后,接通电源。

(3)用万用表直流电压挡测量输入信号(为保证精度,要求输入信号均使用万用表直流 2 V 挡测量,保留小数点后 2 位),第一次加入的输入信号不要过大。

(4)输入电压 $U_{i1}$ 选择为固定值 1 V,输入电压有效值 $U_{i2}$ 选择 0.1 V ≤ $U_{i2}$ ≤ 0.8 V 之间的 8 个测量点,用万用表直流电压挡分别测量输入电压和输出电压值,将测量数据填入表 3.11 中;利用式(3.27),代入计算的比例系数和测量的输入电压值,计算输出电压值,将计算结果填入表 3.11 中。

**注意:**实验中必须使 $|U_{i1} - U_{i2}| < 1$ V,否则电路输出将出现饱和现象,得不到正确的比例运算结果。$U_{i1}$、$U_{i2}$ 可为不同的数值,不同的极性。

**表 3.11　减法运算电路实验数据记录表**

| 电阻测量<br>及比例系数计算 | $R_1 =$<br>比例系数: | $R_2 =$ | $R_3 =$ | $R_f =$ | | | |
|---|---|---|---|---|---|---|---|
| $U_{i1}$ 测量值/V | | | | | | | |
| $U_{i2}$ 测量值/V | | | | | | | |
| $U_o$ 测量值/V | | | | | | | |
| $U_o$ 计算值/V | | | | | | | |

### 6. 积分运算电路实验

(1)选择 2 个标称阻值 10 kΩ 的电阻,1 个标称容值 100 μF 的电容,用万用表电阻挡测量电阻 R 的阻值,计算时间常数,将测量结果和计算结果填入表 3.12 中。

(2)调节信号源输出幅值为 5 V,频率为 1 Hz 的方波信号作为积分电路的输入信号 $u_i$。

(3)按照图 3.15 所示连接电路。开关 S 可以不接,需要放电时用短路线替代。检查无误后,接通电源。

(4)将示波器的两组测量通道分别连接到积分电路的输入端和输出端,示波器的连接方法参阅实验 3.1。观察示波器的波形,将观察结果填入表 3.12 中。

(5)关闭电源,将图 3.15 中积分电容改为 10 μF、1 μF、0.1 μF,将观察到的波形记录在表 3.12 中。

**注意:**$u_i$ 和 $u_o$ 的大小及相位关系。

**表 3.12　积分运算电路实验数据和波形记录表**

| | | | | | |
|---|---|---|---|---|---|
| RC 值 | $R/\text{k}\Omega$ | | | | |
| | $C/\mu\text{F}$ | | | | |
| 示波器波形 | | | | | |

### 3.3.6　数据处理及误差分析要求

（1）计算表 3.8～表 3.12 中所有测量结果与计算结果之间的相对误差，找到最大误差点，分析误差原因。

（2）分析由集成运放构成的积分电路相比无集成运放积分电路有什么特点？分析改变电容值对输出波形的影响。

#### 思考题

（1）运算放大器在实际使用中，为保证安全，需加保护，常见的保护方法有哪些？

（2）如果要求实现 $u_o = -4u_{i1} + 2u_{i2} - 5u_{i3}$，分别用一级集成运放和两级集成运放实现运算关系，画出电路图，并选择合适的元器件设计实验。

# 3.4　波形发生器设计与调试实验

## 3.4.1　实验目的

（1）加深理解集成运放作为电压比较器的工作特性。

（2）掌握由集成运放组成各种波形发生器的工作原理。

（3）根据各种波形发生器的构成及特点，掌握波形发生电路设计和调试的方法。

## 3.4.2　实验预习要求

（1）复习集成运放的工作特性及电压比较器的工作原理。

（2）复习二极管和稳压管的工作特性及使用方法。

（3）完成正弦波、方波和三角波发生电路的原理图设计、参数配置、元器件选择及参数计算。

（4）熟悉电路连接过程和参数测试要求。

*（5）通过仿真实验验证各种波形发生器的幅值和频率，并为实际操作实验提供参考。

## 3.4.3　实验原理

#### 1. RC 正弦波振荡器

RC 正弦波振荡器电路如图 3.16 所示。电路组成及各部分的作用：

（1）负反馈放大部分：图中电阻 $R_f$ 和 $R_1$ 构成负反馈支路，其组态为电压串联负反馈。

电路的放大倍数为

$$\left| A_{uf} \right| = \left| \frac{u_{o1}}{u_+} \right| = \left( 1 + \frac{R_f}{R_1} \right) \qquad (3.32)$$

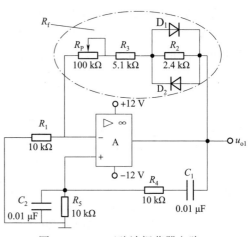

图 3.16　RC 正弦波振荡器电路

电路起振的放大倍数要求是

$$|A_{uf}| \geqslant 3 \qquad (3.33)$$

即起振的幅值条件为

$$\frac{R_{f}}{R_{1}} \geqslant 2 \qquad (3.34)$$

式中,$R_{f} = R_{P} + R_{3} + (R_{2}//r_{D})$,$r_{D}$ 为二极管正向导通电阻。

电压串联负反馈的作用是稳定电路的电压放大倍数、减轻振荡幅度;减小输出电阻,提高电路的带负载能力;增大输入电阻;减小放大电路对串并联网络性能的影响,减小输出波形失真等。

$R_{f}$ 由 1 个可变电阻 $R_{P}$、2 个二极管 $D_{1}$ 和 $D_{2}$ 和 2 个固定电阻组成。调节滑动变阻器 $R_{P}$,可以改变负反馈深度,以满足振荡的振幅条件和改善波形。

$D_{1}$、$D_{2}$ 反向并联,利用其正向电阻的非线性特性来实现稳幅。$R_{2}$ 的接入是为了削弱二极管非线性的影响,以改善波形失真。

当 $u_{o}$ 幅值很小时,二极管 $D_{1}$ 和 $D_{2}$ 开路,$R_{2}$ 全部接入反馈回路,等效电阻 $R_{f}$ 较大,有利于起振;当 $u_{o}$ 幅值较大时,二极管 $D_{1}$ 和 $D_{2}$ 分别导通,导通电阻很小,$R_{f}$ 减小,$|A_{uf}|$ 随之下降,$u_{o}$ 幅值趋于稳定。因此,在一般的 $RC$ 文氏电桥振荡电路基础上,加上如图 3.16 所示的 $D_{1}$ 和 $D_{2}$,有利于起振和稳幅。

(2)$RC$ 选频网络。$RC$ 选频网络引入正反馈,电路的振荡频率为

$$f_{o} = \frac{1}{2\pi\sqrt{R_{4}R_{5}C_{1}C_{2}}} \qquad (3.35)$$

如果按照图 3.16 取 $R_{4} = R_{5} = R = 10\ \text{k}\Omega$,$C_{1} = C_{2} = C = 0.01\ \mu\text{F}$,则振荡电路频率为

$$f_{o} = \frac{1}{2\pi RC} = \frac{1}{2 \times 3.14 \times 10 \times 10^{3} \times 0.01 \times 10^{-6}}\ \text{Hz} \approx 1\ 592.36\ \text{Hz} \qquad (3.36)$$

改变选频网络的参数 $C$ 或 $R$,即可调节振荡频率,一般采用改变电容 $C$ 作频率量程切换,而电阻 $R$ 作量程内的频率细调。

**2. 方波发生电路**

方波发生电路实质上是电压比较器电路,如图 3.17 所示。

这是一个具有迟滞回环传输特性的比较器。由于正反馈作用,这种比较器的门限电压是随输出电压 $u_{o}$ 的变化而变化的。其电压传输特性如图 3.18 所示。

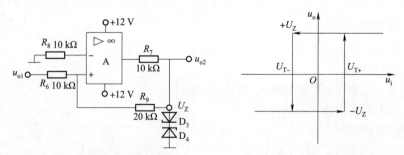

图 3.17　方波发生器电路　　　　图 3.18　比较器电压传输特性

其门限电压为

$$U_{\mathrm{T}} = \pm \frac{R_6}{R_6 + R_9} U_{\mathrm{Z}} \tag{3.37}$$

如果取 $R_6 = 10\ \mathrm{k\Omega}$, $R_9 = 20\ \mathrm{k\Omega}$, 稳压管的耐压值为 5.3 V, 则 $U_{\mathrm{Z}} = 6\ \mathrm{V}$, 则根据式 (3.37) 可以算得

$$\begin{cases} U_{\mathrm{T+}} = 2\ \mathrm{V} \\ U_{\mathrm{T-}} = -2\ \mathrm{V} \end{cases} \tag{3.38}$$

输出幅值为

$$u_{\mathrm{o2}} = \pm U_{\mathrm{Z}} = \pm 6\ \mathrm{V} \tag{3.39}$$

### 3. 三角波发生电路

三角波发生电路如图 3.19 所示。三角波发生电路实质是有集成运放的积分电路, 其工作原理参见实验 3.3 相关内容。

### 4. 方波-三角波发生电路

图 3.20 所示为方波-三角波发生电路, 把电压比较器和三角波发生电路首尾相连形成正反馈闭环系统, 则构成方波-三角波发生电路。由于采用集成运放组成积分电路, 因此可实现恒流充电, 使三角波线性性能大大改善。

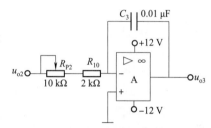

图 3.19  三角波发生电路

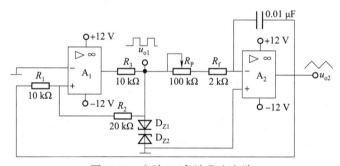

图 3.20  方波-三角波发生电路

电路的工作原理请读者自行分析。

## 3.4.4  实验注意事项

(1) 二极管 $D_1$ 和 $D_2$ 应选用特性一致的硅管。

(2) μA741 集成运放的各个引脚不要接错, 尤其是正负电源不能接反, 否则极易损坏芯片。

(3) 本实验所用仪器设备较多, 使用前务必认真阅读 1.6 节相关内容, 保证设备使用安全。

(4) 实验过程中如发现器件过热或冒烟现象, 立刻关闭电源, 并报告指导教师。

## 3.4.5  实验内容及操作步骤

### 1. 实验所需仪器及元器件

(1) 万用表, 1 块。

（2）直流电源（±12 V），1 台。

（3）信号源，1 台。

（4）数字示波器，1 台。

（5）数字频率计，1 台。

（6）交流毫伏表，1 台。

（7）集成运算放大器芯片（μA741），3 个。

（8）固定电阻器：

①10 kΩ，6 个。

②5.1 kΩ，1 个。

③2.4 kΩ，1 个。

④20 kΩ，1 个。

⑤2 kΩ，1 个。

（9）电容器：

①0.01 μF，3 个。

②0.1 μF，3 个。

（10）二极管（IN4148），2 个。

（11）稳压管（稳压值为 3～6 V），2 个。

（12）滑动变阻器：

①100 kΩ，2 个。

②10 kΩ，1 个。

### 2. 实验步骤

1）RC 正弦波振荡电路实验

（1）参照图 3.16 连接电路。

（2）将示波器、频率计和交流毫伏表连接到电路的输出端，检查无误后，接通电源。

（3）然后缓慢调节 $R_p$，使电路产生振荡波形。

（4）在 $u_o$ 波形基本不失真时，用频率计测量正弦波的频率，将测量结果填入表 3.13 中。

（5）缓慢增大和减小 $R_p$，观察示波器波形变化，在波形不失真的情况下，用交流毫伏表或万用表交流电压挡测量输出电压 $U_{o1}$ 的最大值和最小值，将测量结果填入表 3.13 中。

表 3.13　波形发生器实验数据和波形记录表

| 项　目 | | 正弦波 | 方波 | 三角波 |
|---|---|---|---|---|
| 频率 $f$/Hz | | | | |
| 幅值 $U_o$/V | $U_{o1max}$ | | | |
| | $U_{o1min}$ | | | |
| 输出波形示意图 | | | | |

2）方波发生电路实验

（1）保持正弦波电路输出不失真,参照图 3.17 连接方波发生电路,将正弦波振荡电路的输出信号接到方波发生电路的输入端,用示波器的其他通道观测 $u_{o2}$ 的波形。

（2）检查无误后接通电源。观察正弦波和方波波形变化,在波形不失真的条件下,测量方波的幅值和频率,将测量结果填入表 3.13 中。

3）三角波发生电路实验

（1）保持正弦波和方波电路不变,参照图 3.19 接入三角波发生电路,用示波器观测输出信号 $u_{o3}$。

（2）检查无误后接通电源,调节电阻 $R_{P2}$ 使三角波波形不失真,测量三角波的幅值和频率,将测量结果填入表 3.13 中。

**思考题**

（1）哪些因素会影响波形发生器的幅度和频率?

（2）哪些因素会导致三角波发生器波形失真严重?

（3）设计频率可调的正弦波发生电路,画出电路图,分析频率可调范围。

（4）设计锯齿波发生电路,画出电路图,写出设计过程。

（5）翻阅资料查找可以实现波形发生器的其他方法和芯片。

# 3.5　直流稳压电源实验

## 3.5.1　实验目的

（1）掌握直流稳压电源的特点和电路组成原理。

（2）了解集成稳压芯片 W7812、W317 的主要性能和技术参数。

（3）掌握直流稳压电源电路的主要性能指标及其测试方法。

## 3.5.2　实验预习要求

（1）复习直流稳压电源的组成和各部分的工作原理。

（2）复习直流稳压电源的性能指标和参数。

（3）完成基于 W7812 为稳压芯片的直流稳压电源的各组成部分参数测试实验数据表格的绘制和理论值的计算。

\*（4）完成基于 W317 为稳压芯片的可调直流稳压电源的各组成部分参数测试实验数据表格的绘制和理论值的计算。

（5）熟悉电路连接过程和参数测量要求。

\*（6）完成实验电路的仿真分析,并为实际操作实验提供参考。

## 3.5.3　实验原理

### 1. 基于 W7812 的直流稳压电源的组成及电路参数

1）稳压芯片 W7812

三端固定正稳压器 W78××系列的外形图及图形符号如图 3.21 所示。

W7812 主要性能指标：

（1）输出直流电压：$U_o = +12$ V。

（2）输出电流范围：$0.1 \sim 0.5$ A。

（3）电压调整率：10 mV/V。

（4）输出电阻：$R_o = 0.15\ \Omega$。

（5）输入电压范围：$15 \sim 17$ V（一般 $U_i$ 要比 $U_o$ 大 $3 \sim 5$ V），以保证集成稳压器工作在线性区。

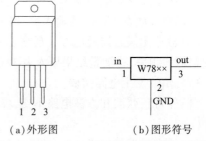

（a）外形图　（b）图形符号

图 3.21　W78××系列的外形图和图形符号

2）基于 W7812 的固定输出直流稳压电源

基于 W7812 的固定输出直流稳压电源电路，可以将输入的 220 V，50 Hz 交流电压变换为 12 V 直流电压输出。电路组成如图 3.22 所示。

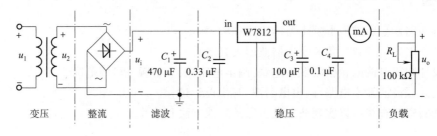

图 3.22　W7812 构成的固定输出直流稳压电源电路图

当稳压器距离整流电路比较远时，在输入端必须接入电容器 $C_2(0.33\ \mu\text{F})$，以抵消电路的电感效应防止自激振荡。输出端接电容器 $C_4(0.1\ \mu\text{F})$，用以滤除输出端的高频信号，改善电路的暂态响应。

（1）稳压电源主要性能指标：

①稳压系数 $S_u$。当输出电流不变（负载为确切值）时，输出电压相对变化量与输入电压之比定义为稳压系数，用 $S_u$ 表示。

$$S_u = \left.\frac{(\Delta U_o)/U_o}{U_i}\right|_{I_o = 常数} \tag{3.40}$$

测量当输入电压 $U_i$ 增大和减少 10% 时，其相应的输出电压为稳压源 $U_{o1}$ 和 $U_{o2}$，求出 $\Delta U_{o1}$（$\Delta U_{o1} = U_{o1} - U_o$）和 $\Delta U_{o2}$（$\Delta U_{o2} = U_{o2} - U_o$），并将其中数值较大的作为 $\Delta U_o$ 代入 $S_u$ 表达式中。显然，$S_u$ 越小，稳压效果越好。

②输出电阻 $R_o$。输入电压不变，输出电压变化量与输出电流变化量之比定义为稳压电源的输出电阻，用 $R_o$ 表示。

$$R_o = \left.\left|\frac{\Delta U_o}{\Delta I_L}\right|\right|_{U_i = 常数} \tag{3.41}$$

式中，$\Delta I_L = I_{Lmax} - I_{Lmin}$（$I_{Lmax}$ 为稳压器额定输出电流，$I_{Lmin} = 0$）。

测量时，令 $U_i$ 保持不变，分别测量 $I_{Lmax}$ 时的 $U_{o1}$ 和负载开路（$I_{Lmin} = 0$）时的 $U_{o2}$，计算 $\Delta U_o = U_{o1} - U_{o2}$，即可算出 $R_o$。

③纹波电压。纹波电压是指输出电压中交流分量的有效值，一般为毫伏量级。测量时，保持输出电压 $U_o$ 和输出电流 $I_L$ 为额定值，用交流毫伏表直接测量负载两端的电压即可。

（2）稳压电源各部分的电压输出理论值。如图 3.22 所示，将稳压电源电路分成 4 个部分，各部分电压输出理论值为：

①变压输出：变压器二次侧输出，标记为 $U_2$。

②整流输出：整流桥的输出，标记为 $U_i$，理论上 $U_i \approx 0.9 U_2$。

③滤波输出：整流滤波后的输出，标记为 $U_C$，理论上负载开路时 $U_C \approx 1.4 U_2$；带负载时，$U_C \approx 1.2 U_2$。

④稳压输出：完成全部稳压电源的元器件连接，不接入负载，理论上 $U_o$ 应为 W7812 的标称值，即 $U_o = 12$ V。

（3）电压稳定性：

①接入负载，保持输入电压 $U_i$ 不变，调节负载的大小，输出电压值理论上应该保持不变，即 $U_o = 12$ V。

②保持负载不变，调节 $U_i$ 的大小，输出电压值理论上应该保持不变，即 $U_o = 12$ V。

**3. 基于可调式三端集成稳压器 W317 的输出可调直流稳压电源**

图 3.22 所示直流稳压电源电路的输出电压是固定不变的，如果需要调节或者扩大输出电压的范围，可采用可调式三端集成稳压器。可调式三端集成稳压器分为输出正电压的 CW317 系列（LM317）和输出负电压的 CW337 系列（LM337）三端集成稳压器。集成稳压器的输出电压可调范围为 1.2 ~ 37 V，最大输出电流为 1.5 A。图 3.23 为可调式三端集成稳压器 W317 的外形图及图形符号。

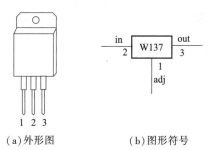

（a）外形图　　　　（b）图形符号

图 3.23　可调式三端集成稳压器 W317 的外形图和图形符号

（1）W317 的主要性能指标：

①可调输出电压最低值为 1.2 V。

②保证 1.5 A 输出电流。

③典型线性调整率为 0.01%。

④典型负载调整率为 0.1%。

⑤80 dB 纹波抑制比。

⑥电压输出范围：1.25 ~ 37 V 连续可调。

（2）基于 W317 的可调直流稳压电源，电路图如图 3.24 所示。

图 3.24 与图 3.22 相比调压部分不仅稳压器件不同，还增加了固定电阻器 $R_1$（参考取值 200 Ω ~ 1 kΩ）和可变电阻器 $R_2$（参考取值 10 ~ 20 kΩ）。基于 W317 的可调输出电压范围为

$$U_o \approx \left(1 + \frac{R_2}{R_1}\right) \times 1.25 \tag{3.42}$$

由式（3.42）可知，输出电压的最小值为 $U_{omin} = 1.25$ V，最大值取决于电阻 $R_1$ 和 $R_2$ 的取值，

针对图 3.24,最大输出电压 $U_{omax} = 26.25$ V。

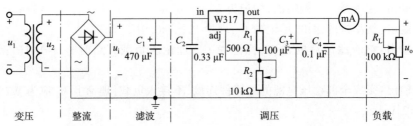

图 3.24　基于 W317 的可调输出直流稳压电源电路图

### 3.5.4　实验注意事项

(1)变压器二次电压 $U_2$ 为交流电压有效值,用万用表交流电压挡测量;而整流、滤波和稳压输出电压 $U$ 为平均值,用万用表直流电压挡测量。

(2)注意电解电容器的极性,切勿接反。

(3)每次改接电路前,必须切断电源开关。

(4)实验过程中注意观察变压器工作情况,一旦出现过热或者冒烟的情况,立刻关闭电源,并报告指导教师。

### 3.5.5　实验内容及操作步骤

**1. 实验所需仪器及元器件**

(1)万用表,1 块。

(2)交流毫伏表,1 台。

(3)交流毫安表,1 台。

(4)可调输出变压器,1 台。

(5)二极管整流桥,1 个。

(6)固定电阻器(200 Ω ~ 1 kΩ),1 个。

(7)可变电阻器(10 ~ 20 kΩ,100 kΩ),各 1 个。

(8)电解电容器(470 μF,100 μF),各 1 个。

(9)陶瓷电容器(0.33 μF,0.1 μF),各 1 个。

(10)集成稳压芯片(W7812、W317),各 1 片。

**2. 基于 W7812 的直流稳压电源的组成及性能测试**

实验电路如图 3.22 所示。

1)构成直流稳压电源

(1)变压输出测量:将变压器一次侧接到 220 V 交流电源上,接通电源,选择合适的挡位作为变压器的二次侧输出,如果是旋钮调节,则将变压器的二次侧输出电压调到 15 ~ 22 V 之间,用万用表交流挡测量变压器二次侧输出电压,将测量结果填入表 3.14 中。

(2)整流输出测量:关闭电源,将整流桥正确连接到电路中,然后接通电源,用万用表直流挡测量桥式整流电路的输出,将测量结果填入表 3.14 中。

（3）滤波电路测试：关闭电源，将 470 μF 滤波电容器连接到电路中，注意电容的极性不要接错。然后接通电源，在开路的状态下用万用表直流挡测量输出电压，将测量结果填入表 3.14 中。

（4）关闭电源，将 10 kΩ 负载电阻与电容器并联，然后接通电源，用万用表直流电压挡测量负载电阻两端的电压，将测量结果填入表 3.14 中。

（5）稳压电路测试：关闭电源，断开连接的电阻，参照图 3.22 将集成稳压芯片 W7812 及输入/输出端电容器 $C_2$、$C_3$ 和 $C_4$ 连接到电路中，然后接通电源，用万用表直流电压挡测量稳压器输出，并将测量结果填入表 3.14 中。

（6）关闭电源，将交流毫安表和负载电阻 $R_L$ 接入电路，负载电阻调到最大 100 kΩ，接通电源，然后接通电源测量负载电阻两端的电压，将测量结果填入表 3.14 中。

电路经初测满足正常工作状态后，才能进行各项指标的测试。

表 3.14　稳压电源构成测试实验数据记录表

| 测试项目 | 变压器二次侧输出 $U_2$/V | 整流输出 $U_i$/V | 滤波输出 $U_C$/V | | 稳压输出 $U_o$/V | |
|---|---|---|---|---|---|---|
| | | | 空载 | 带载 | 空载 | 带载 |
| 测量值 | | | | | | |

2）稳压电源各项性能指标测试

（1）负载变化对稳压性能的影响实验。根据交流毫安表量程，选择负载电阻的阻值。对于满量程为 1 mA 交流毫安表，选择 100 kΩ 的可变电阻。对于指针式交流毫安表，采取对刻度测电阻的方法测试负载变化对输出电压的影响。

改变负载电阻 $R_L$ 取值，使交流毫安表的指针分别对准 0.2 mA、0.4 mA、0.6 mA 和 0.8 mA 的刻度，每次调整好电流表指针后，测量负载电阻两端电压，将测量结果填入表 3.15 中；然后关闭电源，将连接负载电阻的导线去除，用万用表的电阻挡测量此时的电阻值，将测量结果填入表 3.15 中。计算输出电压和输出电流的比值 $R_L = \dfrac{U_o}{I_L}$，将计算结果与测量的负载电阻值相比较。

表 3.15　负载变化对稳压性能影响测试实验数据记录表

| | 测量值 | | 计算值 |
|---|---|---|---|
| 输出电流 $I_L$/mA | 输出电压 $U_o$/V | 负载电阻 $R_L$/kΩ | 负载电阻 $R_L$/kΩ |
| 0.2 | | | |
| 0.4 | | | |
| 0.6 | | | |
| 0.8 | | | |

（2）输入电压变化对稳压性能影响实验。负载电阻 $R_L = 40$ kΩ 不变，改变输入电压，对于连续可调的变压器，调节变压器输出变化±10%。对于二次侧输出为多个固定值的变压器，选择和实验 1）中不同的变压器二次侧输出电压值。然后测量变压器二次侧的实际输出电压 $U_2$、整流输出 $U_i$ 和负载两端的电压 $U_o$；表 3.16 给出变压器二次侧输出部分参考值，实验时以实际测量为准，将测量结果填入表 3.16 中。

表 3.16  输入电压变化对稳压性能影响实验数据记录表

| 变压器二次侧输出电压 $U_2$/V | | 整流输出电压 $U_i$/V | 稳压输出电压 $U_o$/V | 输出电流 $I_L$/mA |
|---|---|---|---|---|
| 标称值 | 测量值 | | | |
| 17 V | | | | |
| 14 V | | | | |
| 10 V | | | | |
| 6 V | | | | |

（3）测量输出纹波电压。在电路正常工作的情况下，将交流毫伏表接到负载电阻两端，直接测量并记录纹波电压，记录测量结果。

（4）计算稳压系数 $S_u$。根据表 3.16 测量结果，找到输出电压的最大差值，利用式（3.40）计算稳压系数。

（5）计算输出电阻 $R_o$。根据表 3.16 测量结果，利用式（3.41）计算输出电阻。

**3. 基于可调式三端集成稳压器 W317 的输出可调直流稳压电源**

（1）参照图 3.24 连接电路，先不接入负载，接通电源调节可变电阻器 $R_2$，测量输出电压的最大值和最小值，将测量结果填入表 3.17 中，并和计算结果进行比较。

（2）关闭电源，接入负载电阻 $R_L = 40$ kΩ，然后接通电源，调节可变电阻器 $R_2$，测量输出电压的最大值和最小值及对应的电流值，将测量结果填入表 3.17 中。

表 3.17  空载和带载时输出电压范围实验数据记录表

| 电路状态 | 测量值 | |
|---|---|---|
| 空载时 | 最大输出电压 $U_{omax}$/V | 最小输出电压 $U_{omin}$/V |
| 带载时 | 最大输出电压 $U_{omax}$/V | 最小输出电压 $U_{omin}$/V |
| | 最大输出电流 $I_{omax}$/mA | 最小输出电流 $I_{omin}$/mA |

（3）保持输出电压在某一数值，改变负载电阻的大小，测量负载变化对电路稳压性能的影响。将测量结果填入表 3.18 中。

表 3.18  负载变化对稳压性能影响实验数据记录表

| 输出电流 $I_L$/mA | 输出电压 $U_o$/V |
|---|---|
| 0.2 | |
| 0.4 | |
| 0.6 | |
| 0.8 | |

（4）负载电阻 $R_L = 40$ kΩ 保持不变，改变输入电压值，调节可变电阻器 $R_2$，测量输出电压的最大值和最小值，将测量结果填入表 3.19 中。

表 3.19  输入电压变化对稳压性能影响实验数据记录表

| 变压器二次侧输出电压 $U_2$/V | | 最大输出电压 $U_{omax}$/V | 最大输出电流 $I_{omax}$/mA | 最小输出电压 $U_{omin}$/V | 最小输出电流 $I_{omin}$/mA |
|---|---|---|---|---|---|
| 挡位值 | 测量值 | | | | |
| 17 V | | | | | |

续表

| 变压器二次侧输出电压 $U_2$/V | | 最大输出电压 $U_{omax}$/V | 最大输出电流 $I_{omax}$/mA | 最小输出电压 $U_{omin}$/V | 最小输出电流 $I_{omin}$/mA |
|---|---|---|---|---|---|
| 挡位值 | 测量值 | | | | |
| 14 V | | | | | |
| 10 V | | | | | |
| 6 V | | | | | |

### 3.5.6　数据处理及误差分析要求

**1. 基于 W7812 的直流稳压电源的组成及性能测试**

（1）根据表 3.15 计算负载变化时实测负载电阻和根据测量的输出电压和负载电流计算的负载电阻之间的相对误差，找到最大误差点，分析误差原因。

（2）根据表 3.16，分析输入电压变化对稳压电路稳压性能的影响。

（3）如果纹波电压过大，分析原因。

（4）计算稳压系数 $S_u$ 和输出电阻 $R_o$，并对计算值进行分析。

**2. 基于可调式三端集成稳压器 W317 的输出可调直流稳压电源**

（1）根据表 3.17 分析可调输出稳压电源空载和带载对输出电压的影响。

（2）根据表 3.18 分析负载变化对可调输出稳压电源稳压性能的影响。

（3）根据表 3.19 分析输入电压变化对输出电压范围的影响。

**思考题**

（1）参照图 3.22，设计能产生 −12 V 的集成稳压电源。

（2）查阅资料，设计输出 +12 V 和 −12 V 的正负集成稳压电源。

# 第4章 | 数字逻辑电路分析与设计实验

## 4.1 小规模组合逻辑电路分析与设计实验

### 4.1.1 实验目的

(1)掌握与门、或门、与非门、异或门和非门等基本逻辑门芯片的功能及使用方法。

(2)掌握小规模组合逻辑电路分析方法及测试方法。

(3)掌握小规模组合逻辑电路设计方法及验证方法。

### 4.1.2 实验预习要求

(1)复习与门、与非门、或门、异或门和非门的基本逻辑关系和真值表。

(2)复习半加器和全加器的工作原理。

(3)按照要求完成实验题目的分析与设计。

(4)熟悉电路连接过程,列写实验步骤。

*(5)完成实验题目的 Proteus 仿真验证。

### 4.1.3 实验原理

#### 1. 芯片功能

1)芯片引脚图

本实验需要使用 5 种芯片,分别为与非门芯片 7400、与门芯片 7408、或门芯片 7432、异或门芯片 7486 和非门芯片 7404。5 种芯片的外形相同,均为 14 引脚。内部结构如图 4.1 所示,5 种逻辑门的图形符号均画于芯片内部。

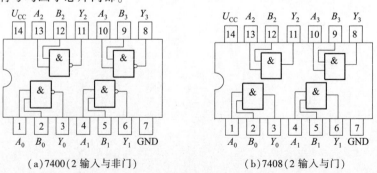

(a)7400(2 输入与非门)　　　　(b)7408(2 输入与门)

图 4.1　五种芯片的引脚图

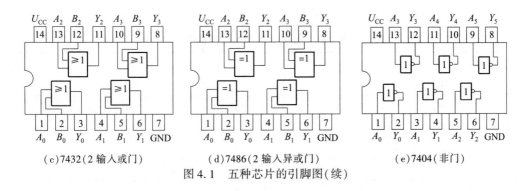

(c)7432(2 输入或门)　　　　(d)7486(2 输入异或门)　　　　(e)7404(非门)

图 4.1　五种芯片的引脚图(续)

2)芯片真值表

5 种芯片的真值表见表 4.1(a)、(b)。

表 4.1　5 种芯片的真值表

(a)与非门、与门、或门和异或门真值表

| 输入 | | 输出 Y<br>(7400) | 输出 Y<br>(7408) | 输出 Y<br>(7432) | 输出 Y<br>(7486) |
| --- | --- | --- | --- | --- | --- |
| A | B | | | | |
| 0 | 0 | 1 | 0 | 0 | 0 |
| 0 | 1 | 1 | 0 | 1 | 1 |
| 1 | 0 | 1 | 0 | 1 | 1 |
| 1 | 1 | 0 | 1 | 1 | 0 |

(b)非门真值表

| 输入 A | 输出 Y |
| --- | --- |
| 1 | 0 |
| 0 | 1 |

### 2. 小规模组合逻辑电路分析实例

1)小规模组合逻辑电路分析步骤

(1)根据给定的逻辑电路图写出逻辑函数表达式。

(2)对逻辑函数表达式进行化简和变换,得到最小项表达式。

(3)根据最小项表达式列出真值表。

(4)根据真值表判断电路的逻辑功能。

2)分析实例一

分析图 4.2 所示电路的逻辑功能。

(1)根据图 4.2 所示电路,写出 $S$、$C$ 的逻辑函数表达式。由于电路比较简单,直接进行化简和变换,得

$$\begin{cases} S = \overline{\overline{\overline{AB} \cdot A} \cdot \overline{\overline{AB} \cdot B}} = A\overline{B} + \overline{A}B \\ C = AB \end{cases}$$

(4.1)

（2）根据逻辑函数表达式,列出真值表,见表4.2。

表4.2　图4.2所示电路真值表

| 输 入 | | 输 出 | |
|---|---|---|---|
| $A$ | $B$ | $S$ | $C$ |
| 0 | 0 | 0 | 0 |
| 0 | 1 | 1 | 0 |
| 1 | 0 | 1 | 0 |
| 1 | 1 | 0 | 1 |

（3）判断逻辑功能。根据真值表可以判断,图4.2所示的电路为半加器逻辑电路。输入$A$,$B$为两个1位二进制数加数,输出$S$为半加器运算的和,输出$C$为两个数相加之后产生的进位。

3）分析实例二

分析图4.3所示电路的逻辑功能。

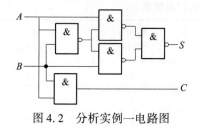

图4.2　分析实例一电路图

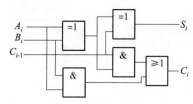

图4.3　分析实例二电路图

（1）根据图4.3所示电路,写出$S_i$、$C_i$的逻辑函数表达式,并进行化简和变换。得

$$\begin{cases} S_i = A_i \oplus B_i \oplus C_{i-1} = \overline{A_i}\,\overline{B_i}C_{i-1} + A_i\,\overline{B_i}\,\overline{C_{i-1}} + \overline{A_i}B_i\,\overline{C_{i-1}} + A_iB_iC_{i-1} \\ C_i = A_iB_i + A_i \oplus B_i \cdot C_{i-1} = A_iB_i + B_iC_{i-1} + A_iC_{i-1} \end{cases} \tag{4.2}$$

（2）根据逻辑函数表达式,列出真值表,见表4.3。

表4.3　图4.3所示电路真值表

| 输 入 | | | 输 出 | |
|---|---|---|---|---|
| $A_i$ | $B_i$ | $C_{i-1}$ | $S_i$ | $C_i$ |
| 0 | 0 | 0 | 0 | 0 |
| 0 | 0 | 1 | 1 | 0 |
| 0 | 1 | 0 | 1 | 0 |
| 0 | 1 | 1 | 0 | 1 |
| 1 | 0 | 0 | 1 | 0 |
| 1 | 0 | 1 | 0 | 1 |
| 1 | 1 | 0 | 0 | 1 |
| 1 | 1 | 1 | 1 | 1 |

（3）判断逻辑功能。根据真值表可以判断,图4.3所示的电路为全加器逻辑电路。其中,$A_i$、$B_i$分别为1位二进制加数,$C_{i-1}$为低位进位,$S_i$表示全加器运算的和,$C_i$表示全加器运算后产生的新进位。

### 3. 小规模组合逻辑电路的设计实例

1）小规模组合逻辑电路设计步骤

（1）根据逻辑要求列出真值表。

（2）根据真值表列写逻辑函数表达式。

（3）对逻辑函数表达式进行化简和变换。

（4）根据使用的芯片画出实验逻辑电路图。

2）设计实例一

设计一个判断 3 个变量是否一致的组合逻辑电路，要求当输入量 $A$、$B$、$C$ 不同时，输出 $Y$ 为 1；当输入量 $A$、$B$、$C$ 相同时，输出 $Y$ 为 0。

（1）根据逻辑要求列出真值表，见表 4.4。

表 4.4　设计实例一真值表

| 输　　入 | | | 输　　出 |
| --- | --- | --- | --- |
| $A$ | $B$ | $C$ | $Y$ |
| 0 | 0 | 0 | 0 |
| 0 | 0 | 1 | 1 |
| 0 | 1 | 0 | 1 |
| 0 | 1 | 1 | 1 |
| 1 | 0 | 0 | 1 |
| 1 | 0 | 1 | 1 |
| 1 | 1 | 0 | 1 |
| 1 | 1 | 1 | 0 |

（2）根据真值表写出逻辑函数表达式：

$$Y = \sum m(1,2,3,4,5,6) = \overline{A}\,\overline{B}C + \overline{A}B\overline{C} + \overline{A}BC + A\overline{B}\,\overline{C} + A\overline{B}C + AB\overline{C} \tag{4.3}$$

（3）化简和变换。可以采用代数式化简，也可以采用卡诺图化简。卡诺图如图 4.4 所示。化简后的结果为

$$Y = A\overline{B} + B\overline{C} + \overline{A}C \tag{4.4}$$

（4）根据逻辑函数表达式画出电路图，如图 4.5 所示。

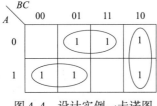

图 4.4　设计实例一卡诺图

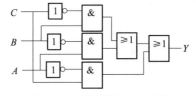

图 4.5　设计实例一电路图

3）设计实例二

设 $A = A_1A_0$，$B = B_1B_0$ 均为 2 位二进制数，设计一个判别 $A > B$ 的比较器。输出用 $Y$ 表示，当 $A > B$ 时，$Y = 1$；当 $A \leqslant B$ 时，$Y = 0$。

（1）根据逻辑要求列出真值表,见表4.5。

表4.5　设计实例二真值表

| 输　　入 | | | | 输　　出 |
|---|---|---|---|---|
| $A$ | | $B$ | | $Y$ |
| $A_1$ | $A_0$ | $B_1$ | $B_0$ | |
| 0 | 0 | 0 | 0 | 0 |
| 0 | 0 | 0 | 1 | 0 |
| 0 | 0 | 1 | 0 | 0 |
| 0 | 0 | 1 | 1 | 0 |
| 0 | 1 | 0 | 0 | 1 |
| 0 | 1 | 0 | 1 | 0 |
| 0 | 1 | 1 | 0 | 0 |
| 0 | 1 | 1 | 1 | 0 |
| 1 | 0 | 0 | 0 | 1 |
| 1 | 0 | 0 | 1 | 1 |
| 1 | 0 | 1 | 0 | 0 |
| 1 | 0 | 1 | 1 | 0 |
| 1 | 1 | 0 | 0 | 1 |
| 1 | 1 | 0 | 1 | 1 |
| 1 | 1 | 1 | 0 | 1 |
| 1 | 1 | 1 | 1 | 0 |

（2）根据真值表写出逻辑函数表达式:

$$Y = \sum m(4,8,9,12,13,14) \tag{4.5}$$

（3）采用卡诺图结合代数式化简,卡诺图如图4.6所示。
化简后的结果为

$$Y = A_0(\overline{B_1}\overline{B_0}) + A_1\overline{B_1} + (A_1 A_0)\overline{B_0}$$
$$= A_0\overline{B_0}(\overline{B_1} + A_1) + A_1\overline{B_1} \tag{4.6}$$

（4）根据逻辑函数表达式画出电路图,如图4.7所示。

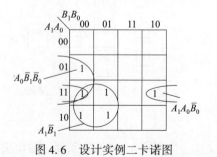

图4.6　设计实例二卡诺图

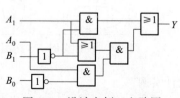

图4.7　设计实例二电路图

由图 4.7 可见,电路由 3 个 2 输入与门、2 个非门和 2 个 2 输入或门组成,连接电路需要 1 片 7408、1 片 7404 和 1 片 7432。如果不对式(4.6)进行代数变换,直接用卡诺图化简的结果构成电路,则需要 5 个 2 输入与门,2 个非门和 2 个 2 输入或门,需要 2 片 7408、1 片 7404 和 1 片 7432,可见图 4.7 所示电路更优化。

## 4.1.4 实验注意事项

(1)实验中要求使用 +5 V 电源给芯片供电,电源极性不要接错。

(2)插入集成芯片时,要认清定位标记,不得插反。

(3)连线之前,先用万用表测量导线是否导通。

(4)接通电源前,需用万用表检测电源和地是否正确接入电路。

(5)实验过程中注意观察实验现象,如发生芯片过热等情况应立即关闭电源,并报告指导教师。

## 4.1.5 实验内容及操作步骤

### 1. 实验所需仪器及元器件

(1)示波器,1 台。

(2)数字电路实验箱,1 台。

(3)数字万用表,1 块。

(4)与非门芯片 7400,1 片。

(5)异或门芯片 7486,1 片。

(6)与门芯片 7408,1 片。

(7)或门芯片 7432,1 片。

(8)非门芯片 7404,1 片。

### 2. 芯片功能测试

1)7400 芯片功能测试

(1)将 7400 芯片插于实验台的 DIP14 管座上,注意芯片的方向。

(2)将芯片的 14 引脚 $U_{CC}$ 接 +5 V 电源,7 引脚 GND 接地。

(3)将芯片的 1、2 引脚接电平开关,3 引脚接指示灯,参照表 4.1(a)检查第一个与非门功能是否正常。

(4)以同样的方法分别将 4、5 引脚接电平开关,6 引脚接指示灯;将 13、12 引脚接电平开关,11 引脚接指示灯;将 10、9 引脚接电平开关,8 引脚接指示灯。分别检查其他 3 个与非门的功能是否正常。

2)7408 芯片功能测试

测试步骤参考 7400 芯片的测试过程。

3)7432 芯片功能测试

测试步骤参考 7400 芯片的测试过程。

4)7486 芯片功能测试

测试步骤参考 7400 芯片的测试过程。

5)7404 芯片功能测试

(1)将 7404 芯片插于实验台的 DIP14 管座上,注意芯片的方向。

(2)将芯片的 14 引脚 $U_{\text{CC}}$ 接 +5 V 电源,7 引脚 GND 接地。

(3)将芯片的 1 引脚接电平开关,2 引脚接指示灯,参照表 4.1(b)检查第一个非门功能是否正常。

(4)以同样的方法分别将 3 引脚接电平开关,4 引脚接指示灯;将 5 引脚接电平开关,6 引脚接指示灯;将 13 引脚接电平开关,12 引脚接指示灯;将 11 引脚接电平开关,10 引脚接指示灯;将 9 引脚接电平开关,8 引脚接指示灯。分别检查其他 5 个非门的功能是否正常。

### 3. 小规模组合逻辑电路分析实验

1)分析实例一

(1)根据图 4.2 统计芯片的数量和种类,选择合适的芯片。本实验需要用到 4 个与非门和 1 个与门,需要 1 片 7400 与非门芯片和 1 片 7408 与门芯片。

(2)在数字逻辑实验台上连接电路进行验证:

①先将 1 片 7400 和 1 片 7408 插于实验台 14 引脚底座上。

②将 2 个芯片的 14 引脚 $U_{\text{CC}}$ 接 +5 V 电源,7 引脚 GND 接地。

③任选 2 个电平开关分别作为输入信号 $A$ 和 $B$;然后按照图 4.2 连接电路;输出 $S$ 和 $C$ 接到指示灯上。

④检查无误后接通电源。对照表 4.2 检查电路的逻辑功能。

2)分析实例二

(1)根据图 4.3 统计芯片的数量和种类,选择合适的芯片。本实验需要用到 2 个异或门、2 个与门和 1 个或门,需要 1 片 7486 异或门芯片、1 片 7408 与门芯片和 1 片 7432 或门芯片。

(2)在数字逻辑实验台上连接电路进行验证:

①先将 1 片 7486、7408 和 1 片 7432 插于实验台 14 引脚底座上。

②将 3 个芯片的 14 引脚 $U_{\text{CC}}$ 接 +5 V 电源,7 引脚 GND 接地。

③任选 3 个电平开关分别作为输入信号 $A_i$、$B_i$、$C_{i-1}$;然后按照图 4.3 连接电路;输出 $S_i$ 和 $C_i$ 接到指示灯上。

④检查无误后接通电源。对照表 4.3 检查电路的逻辑功能。

### 4. 小规模组合逻辑电路设计实验

1)设计实例一

(1)根据图 4.5 中逻辑门的数量和种类,选择芯片。由图 4.5 可知,电路需要 2 个或门、3 个非门和 3 个与门。因此需要 1 片 7432,1 片 7404 和 1 片 7408。

(2)在数字逻辑实验台上连接电路进行验证:

①先将 1 片 7432、1 片 7404 和 1 片 7408 插于实验台 14 引脚底座上。

②将 3 个芯片的 14 引脚接 +5 V 电源,7 引脚接地。

③任选 3 个电平开关分别作为输入信号 $A$、$B$ 和 $C$;然后按照图 4.5 连接电路;输出 $Y$ 接到指示灯上。

④检查无误后接通电源。对照表 4.4 检查电路的逻辑功能。

2)设计实例二

(1)根据图 4.7 中逻辑门的数量和种类,选择芯片。由图 4.7 可见,电路需要 2 个非门、2 个或门和 3 个与门,因此需要 1 片 7404、1 片 7432 和 1 片 7408。

(2)在数字逻辑实验台上连接电路进行验证。

①先将 1 片 7404、1 片 7408 和 1 片 7432 插于实验台 14 引脚底座上。

②将 3 个芯片的 14 引脚接 +5 V 电源,7 引脚接地。

③任选 4 个电平开关分别作为输入信号 $A_1$、$A_0$、$B_1$ 和 $B_0$;然后按照图 4.7 连接电路;输出 $Y$ 接到指示灯上。

④检查无误后接通电源。对照表 4.5 检查电路的逻辑功能。

**思考题**

(1)在一旅游胜地,有两辆缆车可供游客上下山,请设计一个控制缆车正常运行的逻辑电路。要求:缆车 $A$ 和 $B$ 在同一时刻只能允许一上一下的行驶,并且必须同时把缆车的门关好后才能行驶。设输入为 $A$、$B$、$C$,输出为 $F$。(设缆车上行为"1",门关上为"1",允许行驶为"1"。)

(2)设计一个入场控制电路。学校礼堂举办新年晚会,规定男生持红票可以入场,女生持绿票可以入场,持黄票的不论男女都可以入场。如果一个人同时持有几种票,只要有票符合入场条件就可以入场。(设输入为 $A$、$B$、$C$,$A$ 表示性别,男生为"1",女生为"0";$B$ 表示红票;$C$ 表示黄票,输出为 $F$。)

(3)设计一个 1 位二进制全减器。

(4)设有 $A$、$B$、$C$ 三个输入信号通过排队逻辑电路分别从三路输出,在同一时间输出端只能选择其中一个信号通过。如果同时有两个或两个以上信号输入时,选取的优先顺序为 $A$、$B$、$C$。试设计该排队电路。

(5)设计一个奇偶校验电路。当 $A$、$B$、$C$ 三个输入信号中有奇数个 1 时输出为 1,否则输出为 0。

(6)设计一个水位检测电路。水位最高为 14 m,当水位高于 12 m 或低于 3 m 时红灯亮;水位在 3 ~ 5 m(含)之间时黄灯和绿灯一起亮,水位在 10 ~ 12 m(含)之间时红灯和绿灯亮,水位在 6 ~ 9 m(含)之间时只有绿灯亮。

(7)设计四人表决电路,其中 $A$ 同意得 2 分,其余三人 $B$、$C$、$D$ 同意各得 1 分。总分大于或等于 3 分时通过,即 $F = 1$。

(8)设计一个信号灯的控制电路。有红、黄、绿三个信号灯,用来指示三台设备的工作情况。当三台设备都正常工作时,绿灯亮;当有一台设备发生故障时,黄灯亮;当有两台设备发生故障时,红灯亮;当三台设备同时发生故障时,红灯和黄灯都亮。

(9)设计一个通话控制电路。设 $A$、$B$、$C$、$D$ 分别代表四路通话线路,正常工作时最多只允许两对同时通话,且 $A$ 路和 $B$ 路、$C$ 路和 $D$ 路不允许同时通话,试设计一个逻辑电路,用以指示不能正常工作情况。

(10)设计一个监视交通灯工作状态的逻辑电路。在正常情况下任何时刻一组交通灯中只能有一盏灯亮,当出现两盏灯或三盏灯亮,或三盏灯都不亮的情况时,发出故障报警信号。

(11)设计一个加减器。$X$ 为控制端,当 $X = 0$ 时,电路实现全加器的功能;当 $X = 1$ 时,电路实现全减器的功能,用小规模组合逻辑芯片实现。

(12)医院某科室有四间病房,各个房间按患者病情程度分类。1 号病房患者病情最重,4

号病房患者病情最轻。试用组合逻辑电路设计呼叫装置,要求按患者病情严重程度呼叫医生,若两个或两个以上患者同时呼叫时,只显示病情最重的患者的呼叫。

(13)设计一个码制转换电路,将 5421BCD 码转换为余三码。

(14)设计一个实现下列逻辑功能的电路。该电路有三个输入变量 $A$、$B$、$C$ 和一个状态控制变量 $M$。当 $M=0$ 时,电路实现"判一致"功能(即 $A$、$B$、$C$ 相同时输出为"1",否则输出为"0");当 $M=1$ 时,电路实现"奇偶校验"功能($A$、$B$、$C$ 中双数"1"时输出为"1",否则输出为"0")。

# 4.2    中规模组合逻辑电路设计实验

## 4.2.1    实验目的

(1)熟悉加法器的逻辑功能,掌握基于加法器 74283 实现码制转换电路的设计方法。

(2)熟悉变量译码器的逻辑功能,掌握基于变量译码器 74138 实现逻辑功能的电路设计方法。

(3)熟悉数据选择器的逻辑功能,掌握基于四选一数据选择器 74153 和八选一数据选择器 74151 实现逻辑功能的电路设计方法。

## 4.2.2    实验预习要求

(1)复习 74283、7485、74138、74151 和 74153 的逻辑功能及使用方法。

(2)完成实验内容的预习与电路设计。

(3)按照要求完成实验报告相关部分的撰写。

*(4)完成实验题目的 Proteus 仿真验证。

## 4.2.3    实验原理

### 1. 基于 74283 的码制转换电路设计

1)74283 和 7485 芯片引脚图及逻辑功能

(1)74283 采用 DIP16 封装,其引脚图及图形符号如图 4.8 所示。其中,$A_3A_2A_1A_0$ 和 $B_3B_2B_1B_0$ 分别为两个四位加数输入端,$S_3S_2S_1S_0$ 为和值输出端,$C_0$ 为来自低位的进位输入端,$C_4$ 为运算进位输出端。

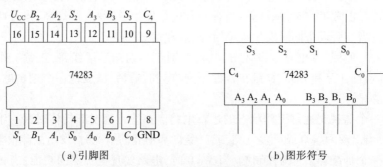

(a)引脚图                                    (b)图形符号

图 4.8    74283 引脚图及图形符号

（2）7485 采用 DIP16 封装。其引脚图及图形符号如图 4.9 所示。其中 $A_3A_2A_1A_0$ 和 $B_3B_2B_1B_0$ 分别为四位二进制数 $A$ 和 $B$ 的输入端；$A>B$、$A=B$ 和 $A<B$ 为比较结果输出端。$a>b$、$a=b$ 和 $a<b$ 为级联输入端，是为了实现四位以上数值比较时，输入低位比较结果而设置的，当仅用一片 7485 进行数值比较时，级联输入端 $a>b$、$a=b$ 和 $a<b$ 必须接 010；当用多片 7485 级联进行数值比较时，最低片 7485 的级联输入端 $a>b$、$a=b$ 和 $a<b$ 必须接 010，其他片的级联输入端 $a>b$、$a=b$ 和 $a<b$ 接相邻低片的对应输出端。

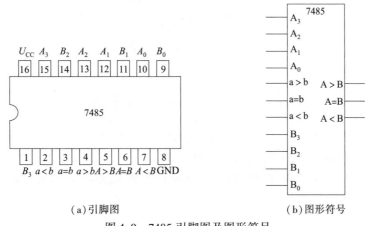

（a）引脚图　　　　　（b）图形符号

图 4.9　7485 引脚图及图形符号

2）码制转换电路设计实例

（1）设计要求：将余三码转换为 5421BCD 码，只允许添加逻辑门。

输入余三码为 $D_3D_2D_1D_0$，输出 5421BCD 码为 $Y_3Y_2Y_1Y_0$。逻辑状态表见表 4.6，前五个数码二者的差值为 $-0011$，转换成补码为 1101，后五个数码的差值为 0000，差值计算结果见表 4.6 最后一列。待转换的数字加到 74283 的 $A_3A_2A_1A_0$，差值加到 74283 的 $B_3B_2B_1B_0$。

表 4.6　码制转换逻辑状态表

| $N_{10}$ | 余三码 | | | | 5421BCD 码 | | | | 差　值 | | | |
|---|---|---|---|---|---|---|---|---|---|---|---|---|
| | $D_3$ | $D_2$ | $D_1$ | $D_0$ | $Y_3$ | $Y_2$ | $Y_1$ | $Y_0$ | $B_3$ | $B_2$ | $B_1$ | $B_0$ |
| 0 | 0 | 0 | 1 | 1 | 0 | 0 | 0 | 0 | 1 | 1 | 0 | 1 |
| 1 | 0 | 1 | 0 | 0 | 0 | 0 | 0 | 1 | 1 | 1 | 0 | 1 |
| 2 | 0 | 1 | 0 | 1 | 0 | 0 | 1 | 0 | 1 | 1 | 0 | 1 |
| 3 | 0 | 1 | 1 | 0 | 0 | 0 | 1 | 1 | 1 | 1 | 0 | 1 |
| 4 | 0 | 1 | 1 | 1 | 0 | 1 | 0 | 0 | 1 | 1 | 0 | 1 |
| 5 | 1 | 0 | 0 | 0 | 1 | 0 | 0 | 0 | 0 | 0 | 0 | 0 |
| 6 | 1 | 0 | 0 | 1 | 1 | 0 | 0 | 1 | 0 | 0 | 0 | 0 |
| 7 | 1 | 0 | 1 | 0 | 1 | 0 | 1 | 0 | 0 | 0 | 0 | 0 |
| 8 | 1 | 0 | 1 | 1 | 1 | 0 | 1 | 1 | 0 | 0 | 0 | 0 |
| 9 | 1 | 1 | 0 | 0 | 1 | 1 | 0 | 0 | 0 | 0 | 0 | 0 |

即当 $N_{10} \leq 4$ 时，$Y_3Y_2Y_1Y_0 = D_3D_2D_1D_0 - 0011 = D_3D_2D_1D_0 + 1101$；当 $N_{10} \geq 5$ 时，$Y_3Y_2Y_1Y_0 =$

$D_3 D_2 D_1 D_0 + 0000$。

$$Y_3 Y_2 Y_1 Y_0 = \begin{cases} D_3 D_2 D_1 D_0 + 1101, & \text{当 } D_3 = 0 \\ D_3 D_2 D_1 D_0 + 0000, & \text{当 } D_3 = 1 \end{cases} = D_3 D_2 D_1 D_0 + \overline{D_3}\ \overline{D_3} 0\ \overline{D_3} \qquad (4.6)$$

实现电路如图 4.10 所示。

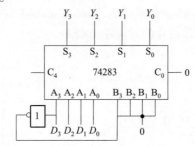

图 4.10　余三码转换为 5421BCD 码电路图

（2）设计要求：2421BCD 码转换为余三码，用 74283 和 7485 实现。

输入 2421BCD 码为 $D_3 D_2 D_1 D_0$，输出余三码为 $Y_3 Y_2 Y_1 Y_0$。逻辑状态表见表 4.7，前五个数码二者的差值为 0011，后五个数码的差值为 – 0011，转换成补码为 1101。差值计算结果见表 4.7 最后一列。

表 4.7　码制转换逻辑状态表

| $N_{10}$ | 2421 码 | | | | 余三码 | | | | 差　值 | | | |
|---|---|---|---|---|---|---|---|---|---|---|---|---|
| | $D_3$ | $D_2$ | $D_1$ | $D_0$ | $Y_3$ | $Y_2$ | $Y_1$ | $Y_0$ | $B_3$ | $B_2$ | $B_1$ | $B_0$ |
| 0 | 0 | 0 | 0 | 0 | 0 | 0 | 1 | 1 | 0 | 0 | 1 | 1 |
| 1 | 0 | 0 | 0 | 1 | 0 | 1 | 0 | 0 | 0 | 0 | 1 | 1 |
| 2 | 0 | 0 | 1 | 0 | 0 | 1 | 0 | 1 | 0 | 0 | 1 | 1 |
| 3 | 0 | 0 | 1 | 1 | 0 | 1 | 1 | 0 | 0 | 0 | 1 | 1 |
| 4 | 0 | 1 | 0 | 0 | 0 | 1 | 1 | 1 | 0 | 0 | 1 | 1 |
| 5 | 1 | 0 | 1 | 1 | 1 | 0 | 0 | 0 | 1 | 1 | 0 | 1 |
| 6 | 1 | 1 | 0 | 0 | 1 | 0 | 0 | 1 | 1 | 1 | 0 | 1 |
| 7 | 1 | 1 | 0 | 1 | 1 | 0 | 1 | 0 | 1 | 1 | 0 | 1 |
| 8 | 1 | 1 | 1 | 0 | 1 | 0 | 1 | 1 | 1 | 1 | 0 | 1 |
| 9 | 1 | 1 | 1 | 1 | 1 | 1 | 0 | 0 | 1 | 1 | 0 | 1 |

即当 $N_{10} \leqslant 4$ 时，$Y_3 Y_2 Y_1 Y_0 = D_3 D_2 D_1 D_0 + 0011$。

当 $N_{10} \geqslant 5$ 时，$Y_3 Y_2 Y_1 Y_0 = D_3 D_2 D_1 D_0 - 0011 = D_3 D_2 D_1 D_0 + 1101$

$$Y_3 Y_2 Y_1 Y_0 = \begin{cases} D_3 D_2 D_1 D_0 + 0011, & \text{当 } D_3 = 0 \\ D_3 D_2 D_1 D_0 + 1101, & \text{当 } D_3 = 1 \end{cases} = D_3 D_2 D_1 D_0 + D_3 D_3\ \overline{D_3} 1 \qquad (4.7)$$

用 74283 和 7485 实现，7485 的 $A_3 A_2 A_1 A_0 = D_3 D_2 D_1 D_0$，$B_3 B_2 B_1 B_0 = 0100$，当 $A > B$ 时，$Q_{A>B} = 1$；当 $A \leqslant B$ 时，$Q_{A>B} = 0$，74283 的 $B_3 B_2 B_1 B_0 = Q_{A>B} \cdot Q_{A>B} \cdot \overline{Q_{A>B}} \cdot 1$，电路图如图 4.11 所示。

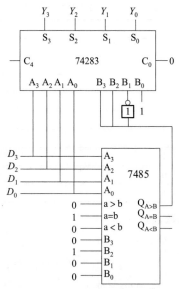

图 4.11　2421BCD 码转换为余三码电路图

## 2. 用 74138 实现逻辑功能的电路设计

### 1）74138 芯片引脚图及逻辑功能

74138 为 3 线 – 8 线译码器，采用 DIP16 封装。74138 引脚图及图形符号如图 4.12 所示。其中 $A_2$、$A_1$、$A_0$ 为变量输入端，$\overline{Y}_7 \sim \overline{Y}_0$ 为译码输出端，低电平有效。例如，当输入 $A_2 A_1 A_0 = 100$ 时，输出 $\overline{Y}_7 \sim \overline{Y}_0 = 11101111$。$S_1$、$\overline{S}_2$、$\overline{S}_3$ 为使能输入端，正常译码时 $S_1 \overline{S}_2 \overline{S}_3 = 100$。

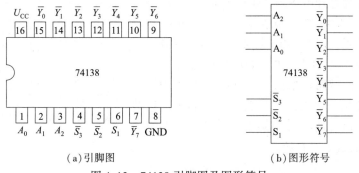

（a）引脚图　　　　　　　　　（b）图形符号

图 4.12　74138 引脚图及图形符号

### 2）设计实例

设计要求：试用 74138 设计一个水坝水位报警显示电路。水位高度用 3 位二进制数表示。当水位低于 2 m 时黄灯亮，水位在 2 ~ 5 m 之间时绿灯亮，水位上升到 6 m 时绿灯和红灯一起亮，水位上升到 7 m 时红灯单独亮。

（1）用二进制数 $A$、$B$ 和 $C$ 表示水位高度，$Y_{黄}$、$Y_{绿}$ 和 $Y_{红}$ 表示 3 个指示灯。根据逻辑要求列出真值表，见表 4.8。

表 4.8 水位监测电路真值表

| 输 入 | | | 输 出 | | |
|---|---|---|---|---|---|
| $A$ | $B$ | $C$ | $Y_黄$ | $Y_绿$ | $Y_红$ |
| 0 | 0 | 0 | 1 | 0 | 0 |
| 0 | 0 | 1 | 1 | 0 | 0 |
| 0 | 1 | 0 | 0 | 1 | 0 |
| 0 | 1 | 1 | 0 | 1 | 0 |
| 1 | 0 | 0 | 0 | 1 | 0 |
| 1 | 0 | 1 | 0 | 1 | 0 |
| 1 | 1 | 0 | 0 | 1 | 1 |
| 1 | 1 | 1 | 0 | 0 | 1 |

(2)根据真值表写出逻辑函数表达式：

$$\begin{cases} Y_黄 = m_0 + m_1 \\ Y_绿 = m_2 + m_3 + m_4 + m_5 + m_6 \\ Y_红 = m_6 + m_7 \end{cases} \qquad (4.8)$$

(3)逻辑式变换。根据 74138 的芯片特点并考虑电路简化的原则,对式(4.8)进行变换,得

$$\begin{cases} Y_黄 = m_0 + m_1 = \overline{\overline{m_0 + m_1}} = \overline{\overline{m_0} \cdot \overline{m_1}} \\ Y_绿 = m_2 + m_3 + m_4 + m_5 + m_6 = \overline{M_0 M_1 M_7} \\ Y_红 = m_6 + m_7 = \overline{\overline{m_6 + m_7}} = \overline{\overline{m_6} \cdot \overline{m_7}} \end{cases} \qquad (4.9)$$

(4)根据式(4.9)并考虑只采用二输入小规模组合逻辑芯片,画出电路图如图 4.13 所示。

### 3. 用数据选择器实现逻辑功能的电路设计

1)数据选择器芯片引脚图及逻辑功能

(1)双四选一数据选择器芯片 74153。74153 是双四选一数据选择器,采用 DIP16 封装。其引脚图及图形符号如图 4.14 所示。其中,$1D_3 \sim 1D_0$、$2D_3 \sim 2D_0$ 分别为第一组和第二组的四路数据输入端;$1Y$、$2Y$ 分别为第一组和第二组的数据输出端;$A_1$、$A_0$ 为第一组和第二组共用选择控制信号输入端;$1\overline{ST}$、$2\overline{ST}$ 分别为第一组和第二组的使能输入端,低电平有效。

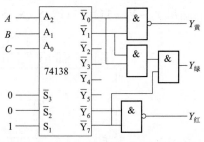

图 4.13 74138 实现水位监测电路图

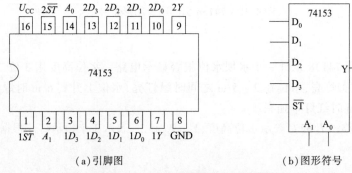

(a)引脚图 (b)图形符号

图 4.14 74153 引脚图及图形符号

（2）八选一数据选择器芯片 74151。74151 是八选一数据选择器，采用 DIP16 封装。其引脚图及图形符号如图 4.15 所示。其中，$D_7 \sim D_0$ 为八路数据输入端；$A_2 A_1 A_0$ 为选择控制信号输入端；$\overline{ST}$ 为使能输入端，低电平有效；$Y$ 和 $\overline{Y}$ 为互补输出端。

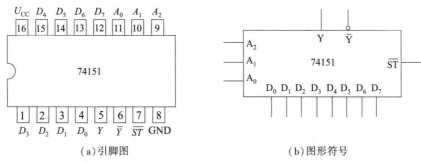

（a）引脚图　　　　　　　　　　　　（b）图形符号

图 4.15　74151 引脚图及图形符号

2）设计实例

设计实现下列要求的电路。该电路有三个输入变量 $A$、$B$、$C$ 和一个工作状态控制变量 $M$。当 $M = 0$ 时，电路实现"判一致"功能（$A$、$B$、$C$ 相同时输出为"1"，否则输出为"0"）；当 $M = 1$ 时电路实现"表决器"功能（$A$、$B$、$C$ 中多数为"1"时，输出为"1"）。

（1）根据逻辑要求列出真值表，见表 4.9。

表 4.9　设计实例真值表

| 输 入 | | | | 输 出 |
|---|---|---|---|---|
| $M$ | $A$ | $B$ | $C$ | $Y$ |
| 0 | 0 | 0 | 0 | 1 |
| 0 | 0 | 0 | 1 | 0 |
| 0 | 0 | 1 | 0 | 0 |
| 0 | 0 | 1 | 1 | 0 |
| 0 | 1 | 0 | 0 | 0 |
| 0 | 1 | 0 | 1 | 0 |
| 0 | 1 | 1 | 0 | 0 |
| 0 | 1 | 1 | 1 | 1 |
| 1 | 0 | 0 | 0 | 0 |
| 1 | 0 | 0 | 1 | 0 |
| 1 | 0 | 1 | 0 | 0 |
| 1 | 0 | 1 | 1 | 1 |
| 1 | 1 | 0 | 0 | 0 |
| 1 | 1 | 0 | 1 | 1 |
| 1 | 1 | 1 | 0 | 1 |
| 1 | 1 | 1 | 1 | 1 |

（2）根据真值表写出逻辑函数表达式：

$$Y = \sum m(0,7,11,13,14,15) \tag{4.10}$$

（3）化简和变换。采用卡诺图法化简。四选一和八选一的卡诺图分别如图4.16（a）、（b）所示。

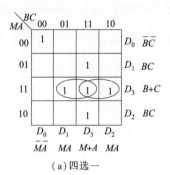 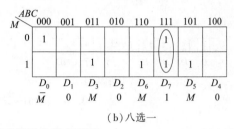

(a)四选一     (b)八选一

图4.16　数据选择器化简卡诺图

（4）画出电路图。由图4.16（a）可见，四选一数据选择器可以选择 $MA$ 为地址，也可以选择 $BC$ 为地址。

以 $MA$ 为地址时，数据输入端的值分别为 $D_0 = \overline{B}\,\overline{C}, D_1 = BC, D_2 = BC, D_3 = B+C$。

以 $BC$ 为地址时，数据输入端的值分别为 $D_0 = \overline{M}\overline{A}, D_1 = \overline{M}A, D_2 = \overline{M}A, D_3 = M+A$。

电路图如图4.17所示。

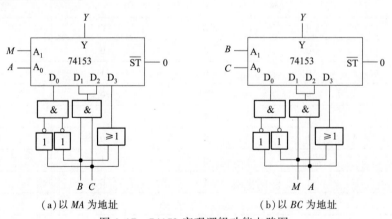

(a)以 $MA$ 为地址     (b)以 $BC$ 为地址

图4.17　74153实现逻辑功能电路图

八选一数据选择器选择 $ABC$ 为地址，得到数据输入端的值分别为 $D_0 = \overline{M}, D_1 = D_2 = D_4 = 0, D_3 = D_5 = D_6 = M, D_7 = 1$。电路图如图4.18所示，也可以以 $MAB$ 为地址，请读者自行设计。

### 4.2.4　实验注意事项

（1）实验中要求使用 +5 V 电源给芯片供电，电源极性不要接错。

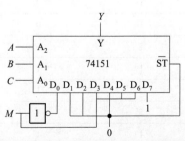

图4.18　74151实现逻辑功能电路图

（2）插入集成芯片时，要认清定位标记，不得插反。

（3）连线之前，先用万用表测量导线是否导通。

（4）接通电源前，需用万用表检测电源和地是否正确接入电路。

（5）所有使用的芯片均要进行逻辑功能测试。

（6）实验过程中注意观察实验现象，如发生芯片过热等情况应立即关闭电源，并报告实验指导教师。

## 4.2.5　实验内容及操作步骤

### 1. 实验所需仪器及元器件

（1）数字电路实验箱，1 台。

（2）数字万用表，1 块。

（3）加法器芯片 74283，1 片。

（4）数据比较器芯片 7485，1 片。

（5）译码器芯片 74138，1 片。

（6）八选一数据选择器芯片 74151，1 片。

（7）四选一数据选择器芯片 74153，1 片。

（8）逻辑门芯片 7404、7408、7400、7432，各 1 片。

### 2. 基于 74283 的码制转换电路设计实验

1）74283 芯片逻辑功能测试

（1）将 74283 插于实验箱 DIP16 管座上，注意芯片方向。

（2）将 74283 的 16 引脚（$U_{CC}$）接到实验箱的 +5 V，8 引脚（GND）接到实验箱的地。

（3）将 74283 的 $A_3 A_2 A_1 A_0$、$B_3 B_2 B_1 B_0$、$C_0$ 分别与电平开关相连。

（4）将 74283 的 $C_4$ 和 $S_3 S_2 S_1 S_0$ 按从左到右的顺序分别与指示灯相连。

（5）检查电路，确认接线无误后，接通实验箱电源，对 74283 的加法功能进行测试。

2）7485 芯片逻辑功能测试

（1）将 7485 插于实验箱 DIP16 管座上，注意芯片方向。

（2）将 7485 的 16 引脚（$U_{CC}$）接到实验箱的 +5 V，8 引脚（GND）接到实验箱的地。

（3）将 7485 的 $A_3 A_2 A_1 A_0$、$B_3 B_2 B_1 B_0$、$a > b$，$a = b$，$a < b$ 分别与电平开关相连。

（4）将 7485 的 $A > B$，$A = B$，$A < B$ 分别与指示灯相连。

（5）检查电路，确认接线无误后，接通实验箱电源，对 7485 的比较功能进行测试。

3）7404 芯片逻辑功能测试

测试步骤参阅 4.1 节相关内容。

4）余三码转换为 5421BCD 码的设计实验

参照图 4.10 连接电路，对照表 4.6 验证电路逻辑功能。

5）2421BCD 码转换为余三码的设计实验

参照图 4.11 连接电路，对照表 4.7 验证电路逻辑功能。

### 3. 用 74138 实现逻辑功能的电路设计实验

1）74138 芯片逻辑功能测试

（1）将74138插于实验箱DIP16管座上，注意芯片方向。

（2）将74138的16引脚（$U_{CC}$）接到实验箱的 + 5 V,8引脚（GND）接到实验箱的地。

（3）将74138的$S_1$、$\overline{S_2}$、$\overline{S_3}$、$A_2$、$A_1$、$A_0$分别与拨动开关相连。

（4）将74138的$\overline{Y_7} \sim \overline{Y_0}$分别与指示灯相连。

（5）检查电路,确认接线无误后,接通电源,对74138的译码逻辑功能进行测试。

2）7400芯片和7408芯片逻辑功能测试

测试步骤参阅4.1节相关内容。

3）用74138实现逻辑功能的设计实验

参照图4.13连接电路,对照表4.8验证电路逻辑功能。

**4. 用数据选择器实现逻辑功能的电路设计实验**

1）74153芯片功能测试

（1）将74153插于实验箱DIP16管座上,注意芯片方向。

（2）将74153的16引脚（$U_{CC}$）接到实验箱的 + 5 V,8引脚（GND）接到实验箱的地。

（3）将74153的$A_1$、$A_0$分别与拨动开关相连。

（4）将第一组74153的$1D_3$、$1D_2$、$1D_1$、$1D_0$、$1\overline{ST}$分别与电平开关相连。

（5）将第一组74153的$1Y$与指示灯相连。

（6）检查电路,确认接线无误后,接通电源,对第一组74153的数据选择功能进行测试。

（7）重复步骤（4）～（6）,对第二组74153的数据选择功能进行测试。

2）74151芯片功能测试

（1）将74151插于实验箱DIP16管座上,注意芯片方向。

（2）将74151的16引脚（$U_{CC}$）接到实验箱的 + 5 V,8引脚（GND）接到实验箱的地。

（3）将74151的$D_0 \sim D_7$、$\overline{ST}$、$A_2$、$A_1$、$A_0$分别与拨动开关相连。

（4）将74151的$Y$和$\overline{Y}$与发光二极管相连。

（5）检查电路,确认接线无误后,接通电源,对74151的数据选择功能进行测试。

3）7432芯片、7404芯片和7408芯片逻辑功能测试

测试步骤参阅4.1节相关内容。

4）用74153实现逻辑功能的设计实验

任选一组74153,参照图4.17（a）或图4.17（b）连接电路,对照表4.9验证电路逻辑功能。

5）用74151实现逻辑功能的设计实验

参照图4.18连接电路,对照表4.9验证电路逻辑功能。

**思考题**

（1）用74283和逻辑门设计电路实现8421BCD码转换为余三循环码的电路。

（2）用74138设计全减器。

（3）设计实现下列要求的电路。该电路有三个输入变量$A$、$B$、$C$和一个状态控制变量$M$。当$M = 0$时,电路实现"判一致"功能（即$A$、$B$、$C$不相同时输出为"1",相同时输出为"0"）;当$M = 1$时电路实现"奇偶检验器"功能（$A$、$B$、$C$中偶数个"1"输出为"1",奇数个1输出为"0"）。

# 4.3　触发器时序逻辑电路分析实验

## 4.3.1　实验目的

(1)掌握 D 触发器和 JK 触发器的工作原理。

(2)学会正确使用 D 触发器和 JK 触发器芯片连接电路。

(3)熟悉触发器功能相互转换的方法。

(4)掌握触发器时序逻辑电路的分析和设计方法。

## 4.3.2　实验预习要求

(1)复习 D 触发器和 JK 触发器的逻辑功能和使用方法。

(2)熟悉本实验所用门电路及触发器的型号及引脚排列。

(3)完成实验中触发器时序逻辑电路的分析。

*(4)完成分析和设计案例的 Proteus 仿真验证。

## 4.3.3　实验原理

### 1. 集成触发器的基本类型及逻辑功能

1)集成 JK 触发器 74112

74112 是典型的下降沿触发双 JK 触发器芯片。其引脚图及图形符号分别如图 4.19(a)、(b)所示,第 16 引脚为电源,第 8 引脚为地。引脚名称前面的数字代表组号,相同号码代表同一组 JK 触发器的引脚。其中,第 4 和 10 引脚分别为两个触发器的异步置位端 $\overline{S}_D$,第 14 和 15 引脚分别为两个触发器的异步复位端 $\overline{R}_D$,它们不受时钟的控制,且都是低电平有效。触发器正常工作时, $\overline{S}_D$ 和 $\overline{R}_D$ 引脚应接高电平。其功能表见表 4.10。

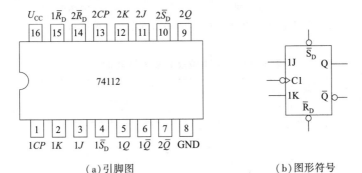

(a)引脚图　　　　　　(b)图形符号

图 4.19　74112 的引脚图及图形符号

**表 4.10　74112 型双 JK 触发器功能表**

| 输　　入 | | | | | 输　　出 | |
|---|---|---|---|---|---|---|
| $\overline{S}_D$ | $\overline{R}_D$ | $CP$ | $J$ | $K$ | $Q^{n+1}$ | $\overline{Q}^{n+1}$ |
| 0 | 1 | × | × | × | 1 | 0 |

续表

| 输　　入 | | | | | 输　　出 | |
|---|---|---|---|---|---|---|
| $\overline{S}_D$ | $\overline{R}_D$ | $CP$ | $J$ | $K$ | $Q^{n+1}$ | $\overline{Q}^{n+1}$ |
| 1 | 0 | × | × | × | 0 | 1 |
| 0 | 0 | × | × | × | 不定态 | 不定态 |
| 1 | 1 | ↓ | 0 | 0 | $Q^n$ | $\overline{Q}^n$ |
| 1 | 1 | ↓ | 0 | 1 | 0 | 1 |
| 1 | 1 | ↓ | 1 | 0 | 1 | 0 |
| 1 | 1 | ↓ | 1 | 1 | $\overline{Q}^n$ | $Q^n$ |
| 1 | 1 | ↓ | × | × | $Q^n$ | $\overline{Q}^n$ |

2）集成 D 触发器 7474

7474 是上升沿触发的双 D 触发器芯片。其引脚图如图 4.20 所示,第 14 引脚为电源,第 7 引脚为地。引脚名称前面的数字代表组号,相同号码代表同一组 D 触发器的引脚。其中,第 4 和 10 引脚分别是两个触发器的异步置位端 $\overline{S}_D$,第 1 和 13 引脚分别是两个触发器的异步复位端 $\overline{R}_D$。它们不受时钟的控制,且都是低电平有效。触发器正常工作时,$\overline{S}_D$ 和 $\overline{R}_D$ 引脚应接高电平。其功能表见表 4.11。

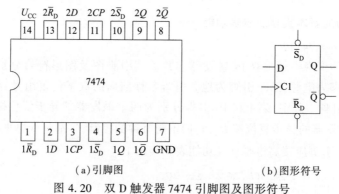

(a)引脚图　　　　　　　　　　　(b)图形符号

图 4.20　双 D 触发器 7474 引脚图及图形符号

表 4.11　7474 型双 D 触发器功能表

| 输　　入 | | | | 输　　出 | |
|---|---|---|---|---|---|
| $\overline{S}_D$ | $\overline{R}_D$ | $CP$ | $D$ | $Q^{n+1}$ | $\overline{Q}^{n+1}$ |
| 0 | 1 | × | × | 1 | 0 |
| 1 | 0 | × | × | 0 | 1 |
| 0 | 0 | × | × | 不定态 | 不定态 |
| 1 | 1 | ↑ | 1 | 1 | 0 |
| 1 | 1 | ↑ | 0 | 0 | 1 |
| 1 | 1 | ↓ | 1 | 1 | 0 |
| 1 | 1 | ↓ | × | $Q^n$ | $\overline{Q}^n$ |

**2. 触发器级同步时序逻辑电路分析**

1）同步时序逻辑电路的分析步骤

（1）根据给定的电路,列出驱动方程组。

（2）将得到的驱动方程代入相应触发器的状态方程,得出触发器的状态方程组。

（3）如果电路有输出端,列出输出方程组。

（4）由状态方程组和输出方程组列出状态表、画出工作波形或者状态转换图。

（5）判断电路的逻辑功能。

2）分析实例一

分析图 4.21 所示电路的逻辑功能。

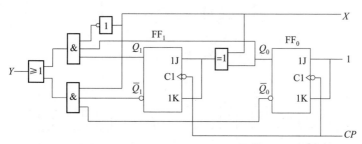

图 4.21　分析实例一电路图

（1）列出驱动方程组:

$$\begin{cases} J_0 = K_0 = 1 \\ J_1 = K_1 = X \oplus Q_0 \end{cases} \tag{4.11}$$

（2）列出状态方程组。将驱动方程组代入 JK 触发器的特征方程 $Q^{n+1} = \overline{J}Q^n + \overline{K}Q^n$ 中,可得状态方程:

$$\begin{cases} Q_0^{n+1} = \overline{Q}_0^n \\ Q_1^{n+1} = (X \oplus Q_0^n)\overline{Q}_1^n + \overline{X \oplus Q_0^n}Q_1^n = X \oplus Q_0^n \oplus Q_1^n \end{cases} \tag{4.12}$$

（3）列出输出方程:

$$Y = \overline{X}Q_1^nQ_0^n + \overline{X}Q_1^n\overline{Q}_0^n \tag{4.13}$$

（4）列出状态转换表、画出波形图和状态转换图。将初态 $Q_2Q_1Q_0 = 000$ 代入状态方程,依次迭代可得状态转换表,见表 4.12。

表 4.12　分析实例一状态转换表

| 现态（$Q_1^nQ_0^n$） | 次态/输出（$Q_1^{n+1}Q_0^{n+1}/Y$） | |
|---|---|---|
| | $X=0$ | $X=1$ |
| 00 | 01/0 | 11/1 |
| 01 | 10/0 | 00/0 |
| 10 | 11/0 | 01/0 |
| 11 | 00/1 | 10/0 |

进而得到状态转换图和时序波形图,分别如图 4.22 和图 4.23 所示。

（5）判断逻辑功能。从步骤（4）中可知,当 $X=0$ 时电路共有 4 种状态循环,并且按 00～11 递增顺序变化,故 $X=0$ 时,电路是同步四进制加法计数器。其中,$Y$ 是进位输出端,且当计数到 11 时,$Y=1$。当 $X=1$ 时,电路也有 4 种状态循环,按 11～00 递减顺序变化,故 $X=1$ 时,电路是同步四进制减法计数器。其中,$Y$ 是借位输出端,且当计数到 00 时 $Y = 1$。综上,此电路为四进制加减计数器。

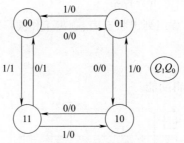

图 4.22　分析实例一状态转换图

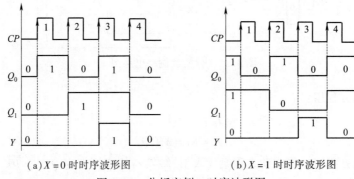

(a)$X = 0$ 时时序波形图　　　　　　　(b)$X = 1$ 时时序波形图

图 4.23　分析实例一时序波形图

3)分析实例二

分析图 4.24 所示电路的逻辑功能。

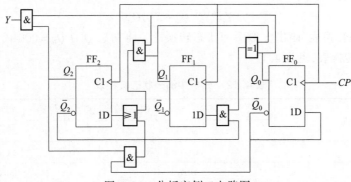

图 4.24　分析实例二电路图

(1)列出驱动方程组:

$$\begin{cases} D_0 = \overline{Q}_0 \\ D_1 = \overline{Q}_2(Q_0 \oplus Q_1) \\ D_2 = Q_2\overline{Q}_0 + Q_1 Q_0 \end{cases} \tag{4.14}$$

（2）列出状态方程组。将驱动方程组代入 D 触发器的特征方程 $Q^{n+1} = D$ 中,可得状态方程

$$\begin{cases} Q_0^{n+1} = \overline{Q_0^n} \\ Q_1^{n+1} = \overline{Q_2^n}(Q_0^n \oplus Q_1^n) \\ Q_2^{n+1} = Q_2^n \overline{Q_0^n} + Q_1^n Q_0^n \end{cases} \tag{4.15}$$

（3）列出输出方程:

$$Y = Q_2^n Q_0^n \tag{4.16}$$

（4）列出状态转换表、画出波形图和状态转换图。将初态 $Q_2 Q_1 Q_0 = 000$ 代入状态方程,依次迭代可得状态转换表,见表 4.13。

**表 4.13 分析实例二状态转换表**

| 脉 冲 CP | 现 态 | | | 次 态 | | | 输 出 Y |
|---|---|---|---|---|---|---|---|
| | $Q_2^n$ | $Q_1^n$ | $Q_0^n$ | $Q_2^{n+1}$ | $Q_1^{n+1}$ | $Q_0^{n+1}$ | |
| ↑ | 0 | 0 | 0 | 0 | 0 | 1 | 0 |
| ↑ | 0 | 0 | 1 | 0 | 1 | 0 | 0 |
| ↑ | 0 | 1 | 0 | 0 | 1 | 1 | 0 |
| ↑ | 0 | 1 | 1 | 1 | 0 | 0 | 0 |
| ↑ | 1 | 0 | 0 | 1 | 0 | 1 | 0 |
| ↑ | 1 | 0 | 1 | 0 | 0 | 0 | 1 |
| ↑ | 1 | 1 | 0 | 1 | 0 | 1 | 0 |
| ↑ | 1 | 1 | 1 | 1 | 0 | 0 | 1 |

进而得到状态转换图和时序波形图,分别如图 4.25 和图 4.26 所示。

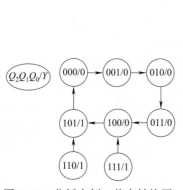

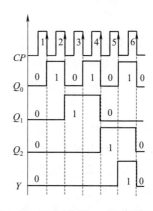

图 4.25 分析实例二状态转换图　　　图 4.26 分析实例二时序波形图

（5）判断逻辑功能。由上述分析可知,电路 8 个状态中有 6 个状态(000 ~ 101)参与循环计数,这 6 个状态称为有效状态。观察状态变化规律,发现电路是按 000 ~ 101 递增顺序变化,故该电路是同步六进制加法计数器。其中 Y 是进位输出端,当输出大于或等于 101 时 Y = 1。余下的 2 个状态(110 和 111)称为无效状态。电路可以自启动。

### 3. 触发器级异步时序逻辑电路分析

1）异步时序逻辑电路的分析步骤

异步时序逻辑电路的分析步骤与同步时序逻辑电路基本相同,区别在于异步时序逻辑电路在电路状态转换时需要确定触发器的时钟信号,因为不同的触发器触发脉冲可能不都相同,也可能都不相同。列写状态方程时需要考虑触发脉冲的状态。

2）分析图 4.27 所示异步时序逻辑电路的逻辑功能

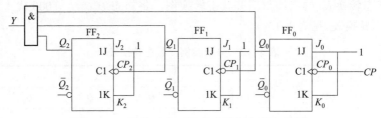

图 4.27　异步时序逻辑电路分析实例电路图

（1）列出每个触发器时钟脉冲表达式:

$$CP_0 = CP, CP_1 = Q_0^n, CP_2 = Q_1^n \tag{4.17}$$

（2）列出驱动方程组:

$$J_0 = K_0 = 1, J_1 = K_1 = 1, J_2 = K_2 = 1 \tag{4.18}$$

（3）列出状态方程组。将驱动方程组代入 JK 触发器的特征方程 $Q^{n+1} = J\overline{Q^n} + \overline{K}Q^n$ 中,可得状态方程组为

$$Q_0^{n+1} = \overline{Q_0^n}, Q_1^{n+1} = \overline{Q_1^n}, Q_2^{n+1} = \overline{Q_2^n} \tag{4.19}$$

**注意**:图中每个触发器仅在对应时钟脉冲下降沿到来时,才能发生状态转换。

（4）列出输出方程:

$$Y = Q_2^n Q_1^n Q_0^n \tag{4.20}$$

（5）列出状态转换表、画出状态转换图和时序波形图。由于 $CP_0 = CP$,所以对于每个 $CP$ 的下降沿,$FF_0$ 都要发生状态变化;$CP_1 = Q_0^n$,所以每当 $Q_0$ 端出现 1 到 0 变化时,$CP_1$ 出现下降沿,$FF_1$ 才发生状态变化;$CP_2 = Q_1^n$,每当 $Q_1$ 端出现 1 到 0 变化时,$CP_2$ 出现下降沿,$FF_2$ 才发生状态变化。

电路初始状态为 000,在第一个 $CP$ 下降沿到来时,$FF_0$ 发生状态变化,$Q_0$ 端由 0 变为 1。由于 $CP_1 = Q_0^n$,$CP_1$ 端没有出现下降沿,$FF_1$ 保持状态不变,$Q_1 = 0$。由于 $Q_1$ 端状态保持不变,所以 $CP_2$ 端没有出现下降沿,$FF_2$ 状态保持不变,$Q_2 = 0$。由分析可知,在第一个 $CP$ 上升沿到来时,电路状态由 000 变为 001。

在第二个 $CP$ 上升沿到来时,电路初始状态为 001,$FF_0$ 发生状态变化,$Q_0$ 端由 1 变为 0,$CP_1$ 端有下降沿产生,$FF_1$ 发生状态转换,$Q_1$ 端由 0 变为 1,$Q_1 = 1$。由于 $CP_2$ 端没有出现下降沿,$FF_2$ 状态保持不变,$Q_2 = 0$。由分析可知,在第二个 $CP$ 上升沿到来时,电路状态由 001 变为 010。

在第三个 $CP$ 下降沿到来时,电路初始状态为 010,$FF_0$ 发生状态变化,$Q_0$ 端由 0 变为 1。$CP_1$ 端没有出现下降沿,$FF_1$ 保持状态不变,$Q_1 = 1$。由于 $Q_1$ 端状态保持不变,所以 $CP_2$ 端没有出现下降沿,$FF_2$ 状态保持不变,$Q_2 = 0$。由分析可知,在第三个 $CP$ 上升沿到来时,电路状态由 010 变为 011。

重复上述步骤,可列出状态转换表,见表 4.14。画出状态转换图和时序波形图,如图 4.28 和图 4.29 所示。

表 4.14　异步时序逻辑电路状态转换表

| 脉　冲<br>$CP$ | 现　态 | | | 次　态 | | | 输　出<br>$Y$ |
|:---:|:---:|:---:|:---:|:---:|:---:|:---:|:---:|
| | $Q_2^n$ | $Q_1^n$ | $Q_0^n$ | $Q_2^{n+1}$ | $Q_1^{n+1}$ | $Q_0^{n+1}$ | |
| ↓ | 0 | 0 | 0 | 0 | 0 | 1 | 0 |
| ↓ | 0 | 0 | 1 | 0 | 1 | 0 | 0 |
| ↓ | 0 | 1 | 0 | 0 | 1 | 1 | 0 |
| ↓ | 0 | 1 | 1 | 1 | 0 | 0 | 0 |
| ↓ | 1 | 0 | 0 | 1 | 0 | 1 | 0 |
| ↓ | 1 | 0 | 1 | 1 | 1 | 0 | 0 |
| ↓ | 1 | 1 | 0 | 1 | 1 | 1 | 1 |
| ↓ | 1 | 1 | 1 | 0 | 0 | 0 | 0 |

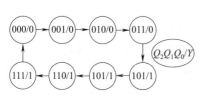

图 4.28　异步时序逻辑电路分析实例状态转换图

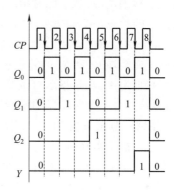

图 4.29　异步时序逻辑电路分析实例时序波形图

(6)判断逻辑功能。由步骤(4)可知,电路共有 8 种状态循环,并且是按 000 ~ 111 递增顺序。故该电路是异步八进制加法计数器。其中,$Y$ 是进位输出端,且当计数到 111 时,$Y=1$。

### 4.3.4　实验注意事项

(1)实验中要求使用 +5 V 电源给芯片供电,电源极性不要接错。

(2)插入集成芯片时,要认清定位标记,不得插反。

(3)连线之前,先用万用表测量导线是否导通。

(4)接通电源前,需用万用表检测电源和地是否正确接入电路。

(5)触发器芯片的 $\overline{S}_D$ 和 $\overline{R}_D$ 不能悬空,不使用时必须接高电平。

(6)实验用到的所有芯片需进行逻辑功能测试。

(7)实验过程中注意观察实验现象,如发生芯片过热等情况应立即关闭电源,并报告指导教师。

## 4.3.5    实验内容及操作步骤

### 1. 实验所示仪器和元器件

（1）数字万用表，1 块。

（2）数字电路实验箱，1 台。

（3）双 D 触发器芯片 7474，2 片。

（4）双 JK 触发器芯片 74112，2 片。

（5）逻辑门芯片 7408、7432、7486 和 7404，各 1 片。

### 2. 芯片功能测试

（1）测试双 JK 触发器 74112 的逻辑功能。测试步骤如下：

① 将芯片插于实验箱 16 引脚底座上，将 16 引脚接电源 +5 V，8 引脚接地。

② 将 2、3、4、10、11、12、14 和 15 引脚接电平开关，并将所有开关均置于高电平；将 5、6、7 和 9 引脚接指示灯，将 1 和 13 引脚接手动脉冲。注意将两个 JK 触发器的相应引脚分组对应；检查无误后接通电源，观察此时指示灯的亮灭状态。

③此时的状态是 $J = K = 1$，按下手动脉冲，观察指示灯是否切换变化，如果切换变化则继续测试当 $JK$ 分别为 00、10 和 11 时其功能是否满足功能表的要求。

④测试使能端 $\overline{R}_D$ 和 $\overline{S}_D$ 的复位和置位功能。任意选取一个 JK 触发器，将其使能端 $\overline{R}_D$ 或 $\overline{S}_D$ 中的一个接低电平，观察指示灯的变化，测试使能端的功能是否正确。然后切换使能端，测试其功能；再选择另一个触发器的使能端完成测试。

（2）测试双 D 触发器 7474 的逻辑功能。测试步骤如下：

①将芯片插于实验箱 14 引脚底座上，将 16 引脚接电源 +5 V，8 引脚接地。

②将 1、2、4、10、12 和 13 引脚接电平开关，并将所有开关均置于高电平；将 5、6、8 和 9 引脚接指示灯，将 3 和 11 引脚接手动脉冲。注意将两个 D 触发器的相应引脚分组对应；检查无误后接通电源，观察此时指示灯的亮灭状态。

③设置状态是 $D = 1$，按下手动脉冲，观察指示灯是否切换变化。改变 $D$ 的电平，观测 $Q$、$\overline{Q}$ 状态是否正确。

④将 D 触发器的 $\overline{Q}$ 端与 $D$ 端相连接，构成 T′触发器。测试其逻辑功能是否正确。

⑤测试使能端 $\overline{R}_D$ 和 $\overline{S}_D$ 的复位和置位功能。任意选取一个 D 触发器，将其使能端 $\overline{R}_D$ 或 $\overline{S}_D$ 中的一个接低电平，观察指示灯的变化，测试使能端的功能是否正确。然后切换使能端，测试其功能；再选择另一个触发器的使能端完成测试。

（3）测试逻辑门芯片 7408、7432、7486 和 7404 的逻辑功能。测试方法参阅 4.1 节相关内容。

### 3. 触发器级时序逻辑电路的功能测试

（1）测试图 4.21 所示电路的逻辑功能。

①参照图 4.21 连接电路，检查无误后接通电源。

②先采用手动脉冲对电路进行测试，然后采用自动脉冲控制电路运行，对照表 4.12 检查电路运行状态，运行正确后请指导教师验收。

（2）测试图 4.24 所示电路的逻辑功能。

①参照图 4.24 连接电路,检查无误后接通电源。

②先采用手动脉冲对电路进行测试,然后采用自动脉冲控制电路运行,对照表 4.13 检查电路运行状态,运行正确后请指导教师验收。

（3）测试图 4.27 所示电路的逻辑功能。

①参照图 4.27 连接电路,检查无误后接通电源。

②先采用手动脉冲对电路进行测试,然后采用自动脉冲控制电路运行,对照表 4.14 检查电路运行状态,运行正确后请指导教师验收。

**思考题**

（1）分析图 4.30 所示同步时序逻辑电路的功能。设初始状态为 0 态。

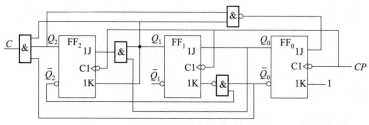

图 4.30　思考题(1)电路图

（2）分析图 4.31 所示异步时序逻辑电路的功能。设初始状态为 0 态。

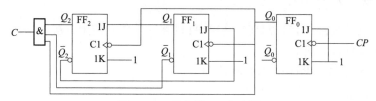

图 4.31　思考题(2)电路图

（3）分析图 4.32 所示同步时序逻辑电路的功能。设初始状态为 0 态。

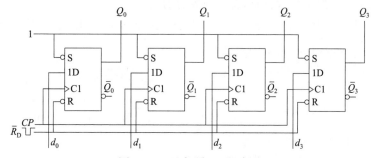

图 4.32　思考题(3)电路图

(4)分析图 4.33 所示时序逻辑电路的功能。设初始状态为 0 态。

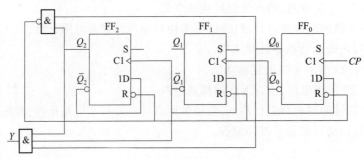

图 4.33    思考题(4)电路图

(5)设计用 D 触发器转换成 JK、时钟同步 RS、T 和 T′触发器的转换电路。
(6)设计用 JK 触发器转换成 D、时钟同步 RS、T 和 T′触发器的转换电路。

# 4.4    计数器设计实验

## 4.4.1    实验目的

(1)掌握常用集成计数器的功能及使用方法。
(2)掌握用反馈清零法和反馈置数法构成任意进制计数器的设计方法。

## 4.4.2    实验预习要求

(1)复习集成计数器 74161、74163 和 74192 的逻辑功能及使用方法。
(2)完成实验题目的理论设计。
*(3)完成实验题目的 Proteus 仿真验证。

## 4.4.3    实验原理

### 1. 基于 74161(74163)的任意进制计数器设计

1)74161 和 74163 的引脚图、图形符号和逻辑功能表
(1)74161 引脚图和图形符号分别如图 4.34(a)、(b)所示。功能表见表 4.15。

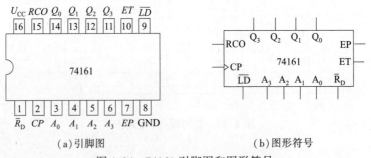

(a)引脚图                                (b)图形符号

图 4.34    74161 引脚图和图形符号

表 4.15　74161 的逻辑功能表

| 输　入 | | | | | | | | | 输　出 | | | |
| --- | --- | --- | --- | --- | --- | --- | --- | --- | --- | --- | --- | --- |
| $\overline{R_D}$ | $CP$ | $\overline{LD}$ | $EP$ | $ET$ | $A_3$ | $A_2$ | $A_1$ | $A_0$ | $Q_3$ | $Q_2$ | $Q_1$ | $Q_0$ |
| 0 | × | × | × | × | × | × | × | × | 0 | 0 | 0 | 0 |
| 1 | ↑ | 0 | × | × | $d_3$ | $d_2$ | $d_1$ | $d_0$ | $d_3$ | $d_2$ | $d_1$ | $d_0$ |
| 1 | ↑ | 1 | 1 | 1 | × | × | × | × | 计数 | | | |
| 1 | × | 1 | 0 | × | × | × | × | × | 保持 | | | |
| 1 | × | 1 | × | 0 | × | × | × | × | 保持 | | | |

（2）74163 引脚图和图形符号与 74161 完全相同，如图 4.34 所示。功能表见表 4.16。

表 4.16　74163 的逻辑功能表

| 输　入 | | | | | | | | | 输　出 | | | |
| --- | --- | --- | --- | --- | --- | --- | --- | --- | --- | --- | --- | --- |
| $\overline{R_D}$ | $CP$ | $\overline{LD}$ | $EP$ | $ET$ | $A_3$ | $A_2$ | $A_1$ | $A_0$ | $Q_3$ | $Q_2$ | $Q_1$ | $Q_0$ |
| 0 | ↑ | × | × | × | × | × | × | × | 0 | 0 | 0 | 0 |
| 1 | ↑ | 0 | × | × | $d_3$ | $d_2$ | $d_1$ | $d_0$ | $d_3$ | $d_2$ | $d_1$ | $d_0$ |
| 1 | ↑ | 1 | 1 | 1 | × | × | × | × | 计数 | | | |
| 1 | × | 1 | 0 | × | × | × | × | × | 保持 | | | |
| 1 | × | 1 | × | 0 | × | × | × | × | 保持 | | | |

2）用 74161（74163）设计十二进制加法计数器（分别采用反馈清零法和反馈置数法）

（1）采用反馈清零法。采用反馈清零法设计十二进制加法计数器时，初始状态必须为 0000，计数状态为 0000～1011。由于 74161 的 $\overline{R_D}$ 为异步清零端，所以反馈电路的控制状态为 1100，反馈电路的逻辑函数表达式为 $\overline{R_D} = \overline{Q_3 Q_2}$。74161 的 $EP$、$ET$、$\overline{LD}$ 接高电平，$A_3 A_2 A_1 A_0$ 可以悬空。电路如图 4.35（a）所示。

如果采用 74163 设计十二进制加法计数器，因为 74163 是同步清零，反馈电路的控制状态就变为 1011，反馈电路的逻辑函数表达式为 $\overline{R_D} = \overline{Q_3 Q_1 Q_0}$。电路如图 4.35（b）所示。

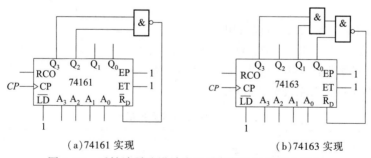

（a）74161 实现　　　　　　（b）74163 实现

图 4.35　反馈清零法设计十二进制加法计数器电路图

（2）采用反馈置数法。采用反馈置数法设计十二进制加法计数器时，初始状态可以选择。设初始状态为 0011，则计数状态为 0011～1110。由于 74161 和 74163 的 $\overline{LD}$ 均为同步置数端，所以反馈电路的控制状态为 1110，反馈电路的逻辑函数表达式为 $\overline{LD} = \overline{Q_3 Q_2 Q_1}$。74161（74163）的 $EP$、$ET$、$\overline{R_D}$ 接高电平，$A_3 A_2 A_1 A_0$ 不能悬空，必须接与初始状态对应的电平，即 $A_3 A_2 A_1 A_0$ 接

0011。电路如图 4.36 所示。

3）用 74161（74163）设计多模值加法计数器

（1）用 74161（74163）设计四模值计数器，控制量为 $A$ 和 $B$，当 $AB = 00$ 时实现三进制加法计数器，当 $AB = 01$ 时实现六进制加法计数器，当 $AB = 10$ 时实现九进制加法计数器，当 $AB = 11$ 时实现十一进制加法计数器。要求多模值控制在输入端 $A_3 A_2 A_1 A_0$ 实现，可适当添加逻辑门。

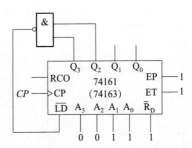

图 4.36　反馈置数法十二进制加法计数器电路图

多模值控制在输入端实现，必须采用反馈置数法。输出可以选取大于 11 的任意数，设输出为 1100，推导得多模值输入见表 4.17。

表 4.17　多模值预置数据对应关系表

| AB | 进 制 数 | 数据输入端设置值 | | | | 状态终值 | | | |
|----|---------|---------|---------|---------|---------|---------|---------|---------|---------|
| | | $A_3$ | $A_2$ | $A_1$ | $A_0$ | $Q_3$ | $Q_2$ | $Q_1$ | $Q_0$ |
| 00 | 三 | 1 | 0 | 0 | 0 | 1 | 1 | 0 | 0 |
| 01 | 六 | 0 | 1 | 1 | 1 | 1 | 1 | 0 | 0 |
| 10 | 九 | 0 | 1 | 0 | 0 | 1 | 1 | 0 | 0 |
| 11 | 十一 | 0 | 0 | 0 | 1 | 1 | 1 | 0 | 0 |

由表可得：$A_3 = \overline{A}\,\overline{B}, A_2 = A \oplus B, A_1 = \overline{A}B, A_0 = B$。

画出电路图如图 4.37 所示。

（2）用 74163 设计四模值计数器，控制量为 $A$ 和 $B$，当 $AB = 00$ 时实现三进制加法计数器，当 $AB = 01$ 时实现六进制加法计数器，当 $AB = 10$ 时实现九进制加法计数器，当 $AB = 11$ 时实现十一进制加法计数器。要求多模值控制在输出端 $Q_3 Q_2 Q_1 Q_0$ 实现，可添加其他芯片和逻辑门。

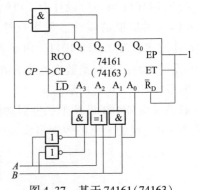

图 4.37　基于 74161（74163）的多模值设计电路图

多模式控制在输出端实现，可以采用反馈清零法。74163 为同步清零，增加一片 74153，$AB$ 为 74153 的地址输入端，74153 的数据由 74163 输出端进行逻辑运算获得，推导得多模值数据关系表见表 4.18。

表 4.18　多模值数据关系表

| AB | 进 制 数 | 74163 输出状态终值 | | | | 74153 输出/输入关系 |
|----|---------|---------|---------|---------|---------|---------|
| | | $Q_3$ | $Q_2$ | $Q_1$ | $Q_0$ | $Y$ |
| 00 | 三 | 0 | 0 | 1 | 0 | $D_0 = \overline{Q_1}$ |
| 01 | 六 | 0 | 1 | 0 | 1 | $D_1 = Q_2 \overline{Q_0}$ |
| 10 | 九 | 1 | 0 | 0 | 0 | $D_2 = \overline{Q_3}$ |
| 11 | 十一 | 1 | 0 | 1 | 0 | $D_3 = Q_3 \overline{Q_1}$ |

画出电路图如图 4.38 所示。

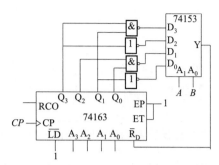

图 4.38　基于 74163 的多模值设计电路图

## 2. 基于 74192 的任意进制加法和减法计数器设计

### 1) 74192 的引脚图和逻辑功能表

74192 引脚图和图形符号如图 4.39 所示,功能表见表 4.19。

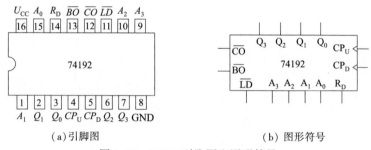

（a）引脚图　　　　　　　　　　　（b）图形符号

图 4.39　74192 引脚图和图形符号

**表 4.19　74192 的逻辑功能表**

| 输　　入 | | | | | | | | 输　　出 | | | |
|---|---|---|---|---|---|---|---|---|---|---|---|
| $R_D$ | $\overline{LD}$ | $CP_U$ | $CP_D$ | $A_3$ | $A_2$ | $A_1$ | $A_0$ | $Q_3$ | $Q_2$ | $Q_1$ | $Q_0$ |
| 1 | × | × | × | × | × | × | × | 0 | 0 | 0 | 0 |
| 0 | 0 | × | × | $d_3$ | $d_2$ | $d_1$ | $d_0$ | $d_3$ | $d_2$ | $d_1$ | $d_0$ |
| 0 | 1 | ↑ | 1 | × | × | × | × | 加法计数 | | | |
| 0 | 1 | 1 | ↑ | × | × | × | × | 减法计数 | | | |
| 0 | 1 | 1 | 1 | × | × | × | × | 保持 | | | |

2) 用 74192 设计二十四进制加法计数器（分别采用反馈清零法和反馈置数法）

（1）采用反馈清零法。采用反馈清零法设计二十四进制加法计数器,需要 2 片 74192,初始状态必须为 0000 0000,计数状态为 0000 0000 ~ 0010 0011。由于 74192 的 $R_D$ 为异步清零端,高电平有效,所以反馈电路的控制状态为 0010 0100,反馈电路的逻辑表达式为 $R_D = Q_{21}Q_{12}$。$CP$ 脉冲接 74192(1) 的 $CP_U$,2 片 74192 的 $CP_D$ 和 $\overline{LD}$ 接高电平,74192(2) 的 $CP_U$ 接 74192(1) 的 $\overline{CO}$,$A_3A_2A_1A_0$ 可以悬空。实现电路如图 4.40 所示。

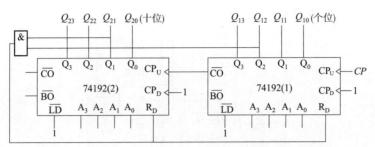

图 4.40　74192 反馈清零法设计二十四进制加法计数器

（2）采用反馈置数法。采用反馈置数法设计二十四进制加法计数器,初始状态可以任意设置,本例设初始状态为 0000 0001,则计数状态为 0000 0001 ~ 0010 0100。由于 74192 的 $\overline{LD}$ 为异步置数,低电平有效。所以反馈电路的控制状态为 0010 0101,反馈电路的逻辑函数表达式为 $\overline{LD} = \overline{Q_{21}Q_{12}Q_{10}}$。$CP$ 脉冲接 74192（1）的 $CP_U$,两片 74192 的 $CP_D$ 均接高电平,$R_D$ 均接低电平,74192（2）的 $CP_U$ 接 74192（1）的 $\overline{CO}$,$A_3A_2A_1A_0$ 不能悬空。实现电路如图 4.41 所示。

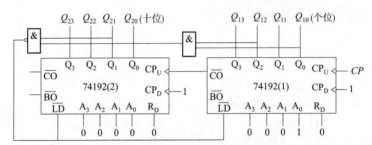

图 4.41　74192 反馈置数法设计二十四进制加法计数器

3）用 74192 设计三十一进制减法计数器（要求计数范围为 0011 0000 ~ 0000 0000）

采用反馈置数法设计。计数状态为 0011 0000 ~ 0000 0000。74192 的 $\overline{LD}$ 为异步置数端,反馈电路的控制状态为当输出为 1001 1001 时置数 0011 0000,1001 1001 为"毛刺"。反馈电路的逻辑函数表达式为 $\overline{LD} = \overline{Q_{23}Q_{20}Q_{13}Q_{10}}$。$CP$ 脉冲接 74192（1）的 $CP_D$,两片 74192 的 $CP_U$ 均接高电平,$R_D$ 均接低电平,74192（2）的 $CP_D$ 接 74192（1）的 $\overline{BO}$,74192（2）的 $A_3A_2A_1A_0$ 接 0011,74192（1）的 $A_3A_2A_1A_0$ 接 0000,不能悬空。实现电路如图 4.42 所示。

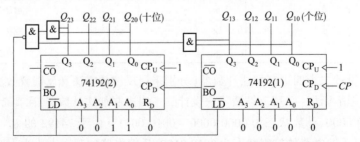

图 4.42　74192 反馈置数法设计三十一进制减法计数器

## 4.4.4　实验注意事项

（1）实验中要求使用 +5 V 电源给芯片供电,电源极性不要接错。

（2）插入集成芯片时,要认清定位标记,不得插反。

（3）连线之前,先用万用表测量导线是否导通。

（4）接通电源前,需用万用表检测电源和地是否正确接入电路。

（5）实验用到的所有芯片均需进行逻辑功能测试。

（6）实验过程中注意观察实验现象,如发生芯片过热等情况立即关闭电源,并报告指导教师。

## 4.4.5　实验内容及操作步骤

### 1. 实验所需仪器及元器件

（1）数字电路实验箱,1 台。

（2）数字万用表,1 块。

（3）二进制计数器芯片 74161(或 74163),1 片。

（4）十进制可逆计数器芯片 74192,2 片。

（5）双四选一数据选择器芯片 74153,1 片。

（6）逻辑芯片门 7400、7486、7408 和 7404,各 1 片。

### 2. 芯片功能测试

1)74161 逻辑功能测试

（1）将 74161 插于实验箱 DIP16 管座上,注意芯片方向。

（2）将 74161 的 16 引脚($U_{CC}$)接到实验箱的 +5 V,8 引脚(GND)接到实验箱的地。

（3）将 74161 的 2 引脚(CP)与实验箱的脉冲输出端相连。

（4）将 74161 的 $\overline{LD}$、$\overline{R_D}$、$A_3$、$A_2$、$A_1$、$A_0$ 分别与电平开关相连。

（5）将 74161 输出引脚 RCO、$Q_3$、$Q_2$、$Q_1$、$Q_0$,按从左到右的顺序分别与指示灯相连。

（6）检查电路,确认接线无误后,接通实验箱电源,参考表 4.15 完成 74161 的逻辑功能测试。

（7）测试 $\overline{LD}$ 和 $\overline{R_D}$ 的功能。

2)74163 逻辑功能测试

参考 74161 的测试步骤,参照表 4.16 完成 74163 的逻辑功能测试。

3)74192 逻辑功能测试

（1）将 74192 插于实验箱 DIP16 管座上,注意芯片方向。

（2）将 74192 的 16 引脚($U_{CC}$)接到实验箱的 +5 V,8 引脚(GND)接到实验箱的地。

（3）将 74192 的 4 引脚($CP_U$)与实验箱的脉冲输出端相连。

（4）将 74192 的 $\overline{LD}$、$R_D$、$A_3$、$A_2$、$A_1$、$A_0$、$CP_U$ 分别与电平开关相连。

（5）将 74192 输出引脚 $\overline{CO}$、$\overline{BO}$、$Q_3$、$Q_2$、$Q_1$、$Q_0$,按从左到右的顺序分别与指示灯相连。

（6）检查电路,确认接线无误后,接通实验箱电源,参考表 4.17 完成 74192 的加计数逻辑功能测试。

（7）将74192的5引脚（$CP_D$）与实验箱的脉冲输出端相连，4引脚$CP_U$接高电平，测试74192的减计数功能。

（8）测试$\overline{LD}$和$R_D$的功能。

4）其他芯片的功能测试

参见本章其他实验的相关内容

### 3. 任意进制计数器的设计

（1）参照图4.35和图4.36，用74161或74163设计十二进制加法计数器，分别采用反馈清零法和反馈置数法。

（2）参照图4.37或图4.38，用74161或74163设计多模值计数器。

（3）参照图4.40和图4.41用两片74192设计二十四进制加法计数器，分别用反馈清零法和反馈置数法。

（4）参照图4.42用两片74192设计三十一进制减法计数器。

### 思考题

（1）采用74163设计双模值计数器，控制量为$S$，当$S=1$时，实现八进制；当$S=0$时，实现十四进制。

（2）采用两片74192实现六十进制可逆计数器，控制量为$S$，当$S=1$时，为加法计数器；当$S=0$时，为减法计数器。

# 4.5  寄存器设计实验

## 4.5.1  实验目的

（1）掌握4位双向移位寄存器74194的逻辑功能及使用方法。

（2）掌握用74194构成移位型计数器的方法。

（3）掌握用74194设计序列检测器的方法。

## 4.5.2  实验预习要求

（1）复习4位双向移位寄存器74194的逻辑功能及使用方法。

（2）复习用4位双向移位寄存器74194构成移位型计数器的方法。

（3）复习用74194设计序列检测器的方法。

（4）完成实验内容的预习与电路设计。

*（5）完成实验题目的Proteus仿真验证。

## 4.5.3  实验原理

### 1. 74194芯片

74194的引脚图和图形符号如图4.43所示，功能表见表4.20。

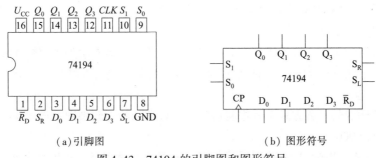

（a）引脚图　　　　　　　　（b）图形符号

图 4.43　74194 的引脚图和图形符号

表 4.20　4 位双向移位寄存器 74194 的功能表

| $\overline{R}_D$ | $S_1$ | $S_0$ | $CP$ | 功能描述 |
|---|---|---|---|---|
| 0 | × | × | × | 异步清零 |
| 1 | 0 | 0 | × | 数据保持 |
| 1 | 0 | 1 | ↑ | 串行输入 $S_R$，同步右移 |
| 1 | 1 | 0 | ↑ | 串行输入 $S_L$，同步左移 |
| 1 | 1 | 1 | ↑ | 同步置数 $D_i \rightarrow Q_i$ |

### 2. 用 1 片 74194 构成变形扭环形计数器

**1）电路组成**

74194 构成的右移方式七进制变形扭环形计数器的状态转换图如图 4.44（a）所示，计数初始状态为 1000，7 个计数状态为 1000、1100、1110、1111、0111、0011 和 0001。

将最末两级输出端 $Q_2$、$Q_3$ 和非门的输入端相连，与非门的输出端连接到右移输入端 $S_R$，$S_0$ 接高电平，$S_1$ 接单次正脉冲，并行数据输入端 $D_0 D_1 D_2 D_3$ 接计数初始状态 1000。

**2）工作原理**

电路开始工作时，先在 $S_1$ 端加一个正脉冲，此时 $S_1 S_0 = 11$，在 $CP$ 上升沿，74194 同步置数，$Q_0 Q_1 Q_2 Q_3 = 1000$，即将 74194 的初始状态设为 1000。此后，$S_1$ 端变成低电平，并一直保持低电平，$S_1 S_0 = 01$，74194 工作在右移方式。计数状态按 1000—1100—1110—1111—0111—0011—0001 循环变化，符合设计要求。实现电路如图 4.44（b）所示。

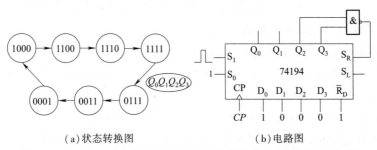

（a）状态转换图　　　　　　　　（b）电路图

图 4.44　右移方式七进制变形扭环形计数器状态转换图和电路图

### 3. 用 2 片 74194 构成扭环形计数器

1）电路组成

首先将 2 片 74194 级联可构成 8 位双向移位寄存器。连接方法如下：将 74194(2) 的 $Q_3$ 接至 74194(1) 的 $S_R$ 端，而 74194(1) 的 $Q_0$ 接至 74194(2) 的 $S_L$ 端，再将两片 74194 的 $S_1$、$S_0$、$CP$、$\overline{R}_D$ 分别连接在一起。

两片 74194 构成的左移方式十六进制扭环形计数器的状态转换图如图 4.45(a) 所示，计数初始状态为 0000 0000。

将 74194(2) 的输出端 $Q_{20}$ 经非门后连接到左移数据输入端 $S_L$，$S_1$ 接高电平，$S_0$ 接低电平，即 $S_1 S_0 = 10$，电路工作在左移方式。实现电路如图 4.45(b) 所示。

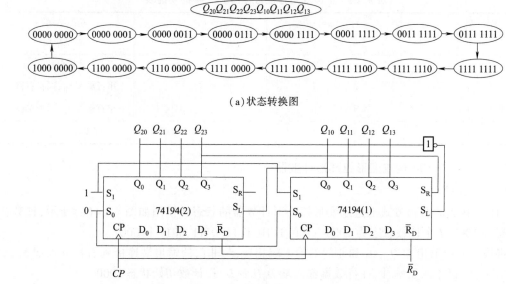

（a）状态转换图

（b）电路图

图 4.45 2 片 74194 级联构成扭环形计数器状态转换图和电路图

2）工作原理

电路工作时，首先在 $\overline{R}_D$ 端加一个负脉冲，将 74194 的初始状态设置为 0000 0000。此后，将 $\overline{R}_D$ 端接高电平并一直保持高电平，电路开始按照图 4.45(a) 所示的状态循环变化。

### 4. 用 1 片 74194 构成序列检测器

1）左移串行输入 4 位序列码 0110 检测（允许序列码重叠）

（1）电路组成。用 74161 和 74151 构成序列发生器，用 74194 作为序列检测器，实现电路如图 4.46 所示。

（2）工作原理。74161 的输出 $Q_2 Q_1 Q_0$ 接 74151 的数据输入端 $A_2 A_1 A_0$，在 $CP$ 脉冲的作用下，74151 循环输出 01101100，74194 的 $S_1 S_0 = 10$，74194 工作在左移状态，当数据输入端输入 0、1、1、0 时，$Z = 1$；否则 $Z = 0$。从电路的序列可见，前 4 个脉冲 74194 输出 0110，此时 $Z = 1$；第 5 个脉冲 74194 输出 1101；第 6 个脉冲 74194 输出 1011；第 7 个脉冲 74194 输出 0110，此时 $Z = 1$，有 3 个序列码是重叠的。该电路为"0110"序列检测器，且允许序列码重叠。

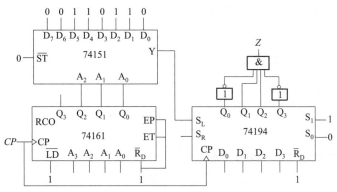

图 4.46　0110 可重序列检测器电路图

2）右移串行输入 4 位序列码 1101 检测（不允许序列码重叠）

（1）电路组成。用 74161 和 74151 构成序列发生器，用 74194 作为序列检测器，实现电路如图 4.47 所示。

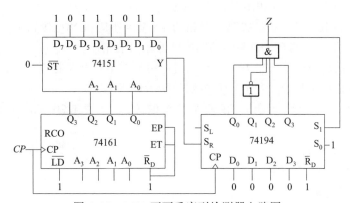

图 4.47　1101 不可重序列检测器电路图

（2）工作原理。74161 的输出 $Q_2Q_1Q_0$ 接 74151 的数据输入端 $A_2A_1A_0$，在 $CP$ 脉冲的作用下，74151 循环输出 11011010，当 $Z=0$ 时，74194 的 $S_1S_0=01$，74194 工作在右移状态，当数据输入端输入 1、1、0、1 时，$Z=1$；否则 $Z=0$。从电路的序列可见，前 4 个脉冲 74194 输出 1101，此时 $Z=1$；同时 $S_1S_0=11$，74194 置零，并在 $Z=1$ 消失后的下一个脉冲到来时才恢复 $Z=0$。虽然 74151 继续送出数据，但由于延迟，在 74194 的输出端不能立刻接收到输入的变化，这和理论分析是有差距的。此电路为不允许序列码重叠的序列检测器，如果序列码超过 4 个，需要考虑因为延时对电路造成的影响。

### 4.5.4　实验注意事项

（1）实验中要求使用 +5 V 电源给芯片供电，电源极性不要接错。

（2）插入集成芯片时，要认清定位标记，不得插反。

（3）连线之前，先用万用表测量导线是否导通。

（4）接通电源前，需用万用表检测电源和地是否正确接入电路。

（5）所有使用的芯片均要进行逻辑功能测试。

（6）实验过程中注意观察实验现象，如发生芯片过热等情况应立即关闭电源，并报告指导教师。

### 4.5.5　实验内容及操作步骤

**1. 实验所需仪器及元器件**

（1）数字电路实验箱，1 台。

（2）数字万用表，1 块。

（3）双向移位寄存器芯片 74194，2 片。

（4）二进制计数器芯片 74161，1 片。

（5）八选一数据选择器芯片 74151，1 片。

（6）逻辑门芯片 7404、7400 和 7408，各 1 片。

**2. 芯片功能测试**

1）74194 逻辑功能测试

（1）将 74194 插于实验箱 DIP16 管座上，注意芯片方向。

（2）将 74194 的 16 引脚（$U_{CC}$）接到实验箱的 + 5 V，8 引脚（GND）接到实验箱的地。

（3）将 74194 的 11 引脚（$CLK$）与实验箱的脉冲输出端相连。

（4）将 74194 的 $\overline{R}_D$、$D_3$、$D_2$、$D_1$、$D_0$、$S_1$、$S_0$、$S_R$、$S_L$ 分别与电平开关相连。

（5）将 74194 输出引脚 $Q_0$、$Q_1$、$Q_2$、$Q_3$ 分别与指示灯相连。

（6）检查电路，确认接线无误后，接通实验箱电源，参考表 4.20 完成 74194 的逻辑功能测试。

2）其他芯片的功能测试

参见本章其他实验的相关内容。

**3. 任意进制计数器的设计**

（1）参照图 4.43 用 1 片 74194 构成变形扭环形计数器。

（2）参照图 4.45 用 2 片 74194 构成扭环形计数器。

（3）参照图 4.46 用 74161、74151 和 74194 构成序列检测器，允许序列码重叠。

（4）参照图 4.47 用 74161、74151 和 74194 构成序列检测器，不允许序列码重叠。

**思考题**

（1）用 74161、74151 和 74194 构成序列检测器，序列码右移输入，允许序列码重叠。

（2）用 74161、74151 和 74194 构成序列检测器，序列码左移输入，不允许序列码重叠。

（3）采用 2 片 74194 构成环形计数器和变形扭环形计数器。

# 第 5 章 ║ 综合设计实验

完成电工电子技术基础课程的学习和基本实验之后,本章选取了 6 个综合设计实验,以巩固学生的学习效果,引导学生建立系统设计理念。通过案例详细的计算、推导和剖析,激发学生将理论付诸实验探究的兴趣,为后续专业课的综合设计和创新研究打好基础。

## 5.1 温度控制电路设计

### 5.1.1 功能要求

设计一个温度检测与控制电路,电路功能满足如下要求:
(1)温度在正常工作范围时,电路正常工作,安全工作指示灯亮。
(2)能手动设置不同的报警温度。
(3)当温度超过设定报警温度时,报警器响,切断电源,同时报警指示灯亮。

### 5.1.2 系统组成

根据设计要求,温度控制电路由四部分组成,组成框图如图 5.1 所示。

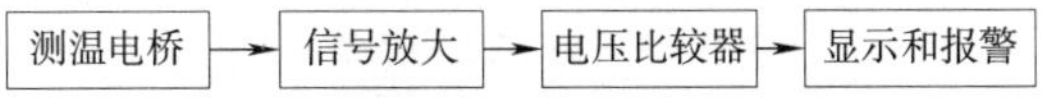

测温电桥 → 信号放大 → 电压比较器 → 显示和报警

图 5.1 温度控制电路组成框图

### 5.1.3 电路设计

**1. 测温电桥电路设计**

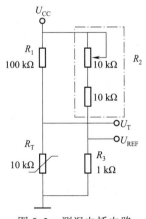

图 5.2 测温电桥电路

测温电桥是将热敏电阻的电压值和参考电压相比较,以保证后级差分放大电路工作在线性区。测温电桥电路如图 5.2 所示,电路由基准电压、3 个固定电阻器、1 个可变电阻器和 1 个热敏电阻器构成。

基准电压是设置参考电压范围的电压基准,本例中取集成运放芯片供电电压值 $U_{CC} = +12$ V。热敏电阻器 $R_T$ 可以用阻值为 10 kΩ 固定电阻和可变电阻器串联替代,热敏电阻器两端的电压值作为温度测量信号 $U_T$,通过设定和调节电阻器 $R_1$、$R_2$ 和 $R_3$ 的阻值确定参考电压 $U_{REF}$ 的值。如果电阻参照

图 5.2 取值,则有

$$U_{REF} = \frac{R_3}{R_3 + R_2} \times U_{CC} \tag{5.1}$$

当 $R_2 = 20$ kΩ 时,$U_{REF} = \frac{1}{20 + 1} \times 12$ V $= 0.571$ V。

当 $R_2 = 10$ kΩ 时,$U_{REF} = \frac{1}{10 + 1} \times 12$ V $= 1.09$ V。

$$U_T = \frac{R_1}{R_T + R_1} \times U_{CC} \tag{5.2}$$

当 $R_T = 0$ kΩ 时,$U_T = 12$ V。

当 $R_T = 10$ kΩ 时,$U_T = \frac{100}{10 + 100} \times 12$ V $= 10.9$ V。

即测温电压 $U_T$ 的变化范围为 10.9 ~ 12 V,参考电压 $U_{REF}$ 的变化范围为 0.571 ~ 1.09 V。

**2. 信号放大电路设计**

信号放大电路采用差分放大电路实现。差分放大电路将输入的测温电压信号 $U_T$ 和分压后参考电压信号 $U_{REF}$ 进行比例减法运算,以保证输出信号在合理的范围之内。采用集成运放构成减法放大电路,电路图如图 5.3 所示,电路的工作原理参见 3.3 节相关内容。

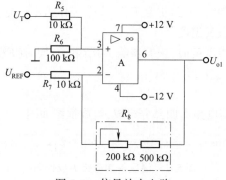

图 5.3    信号放大电路

$U_{o1}$ 与 $U_{REF}$ 和 $U_T$ 的关系为

$$U_{o1} = -\frac{R_8}{R_7} U_{REF} + \left(1 + \frac{R_8}{R_7}\right) \frac{R_6}{R_6 + R_5} U_T \tag{5.3}$$

差分放大电路的输出电压 $U_{o1}$,取决于两个输入电压之差和外部电阻的比值。参照图 5.3 取值。

当 $R_8 = 700$ kΩ 时,

$$U'_{o1} = -\frac{700}{10} U_{REF} + \left(1 + \frac{700}{10}\right) \frac{100}{100 + 10} U_T = -70 U_{REF} + 64.54 U_T \tag{5.4}$$

当 $R_8 = 500$ kΩ 时,

$$U''_{o1} = -\frac{500}{10} U_{REF} + \left(1 + \frac{500}{10}\right) \frac{100}{100 + 10} U_T = -50 U_{REF} + 46.46 U_T \tag{5.5}$$

根据温度测量范围设置 $U_{REF}$ 的值,使 $U_{o1}$ 输出值在集成运放的正负饱和电压范围之内。

### 3. 电压比较器电路设计

电压比较器电路的作用是将差分放大器输出电压 $U_{o1}$ 与设置的报警温度对应的电压值 $U_{TR}$ 相比较,确定测温控制电路的工作状态。电压比较器采用集成运算放大器和电阻构成,电路如图 5.4 所示。

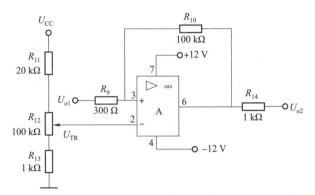

图 5.4　电压比较器电路

电阻 $R_{11}$、$R_{12}$ 和 $R_{13}$ 构成分压电路用于设置报警温度,其电压调整范围为

$$U_{TRmax} = \frac{101}{121} \times 12 \text{ V} = 10.01 \text{ V}, U_{TRmin} = \frac{1}{121} \times 12 \text{ V} = 0.1 \text{ V}$$

当 $U_{o1} > U_{TR}$ 时,$U_{o2}$ 输出为正饱和电压;当 $U_{o1} < U_{TR}$ 时,$U_{o2}$ 输出为负饱和电压。

假设测温范围为 0 ~ 100 ℃,对应的输入电压为 10.9 ~ 12 V;如果此时测量的温度为 50 ℃,则对应的电压为 $U_T = \frac{50}{100} \times 1.1 \text{ V} = 0.55 \text{ V}$,选取参考电压 $U_{REF} = 0.71 \text{ V}$。根据式(5.4) 和式(5.5)计算出两个极限值分别为

$$U'_{o1} = -70 U_{REF} + 64.54 U_T = -14.5 \text{ V}, U''_{o1} = -50 U_{REF} + 46.46 U_T = -10.2 \text{ V}$$

两个值均为负值,小于 $U_{TR}$,电压比较器的输出应该为负饱和电压。

如果此时测量的温度为 80 ℃,则对应的电压为 $U_T = \frac{80}{100} \times 1.1 \text{ V} = 0.882 \text{ V}$,参考电压 $U_{REF}$ = 0.71 V。根据式(5.4)和式(5.5)计算出两个极限值分别为

$$U'_{o1} = -70 U_{REF} + 64.54 U_T = 6.58 \text{ V}, U''_{o1} = -50 U_{REF} + 46.46 U_T = 5.01 \text{ V}$$

设置报警温度为 70 ℃,报警温度对应的电压值 $U_{TR}$ 为 5 V。可见 $U''_{o1}$ 偏低,应该将图 5.3 中 $R_8$ 全接入,或者再串联一个电阻增大 $R_8$。保证此时测量温度对应的电压值高于报警温度对应的电压值,使电压比较器的输出为正饱和电压。

### 4. 显示和报警电路设计

根据功能要求,显示和报警电路应满足:

(1)当温度未超限时,设置绿色指示灯亮,表示电路正常工作,此时可以保持温度不变或者进行升温和降温的调节。

(2)当温度超过设定的报警温度时,设置红色指示灯亮,蜂鸣器响起,同时切断电源。

显示和报警电路如图 5.5 所示。采用晶体管作为开关元件控制显示和报警电路的通断,选用继电器控制指示灯和蜂鸣器。限流电阻 $R_{16}$、$R_{17}$ 取值范围为 300 Ω ~ 1 kΩ。

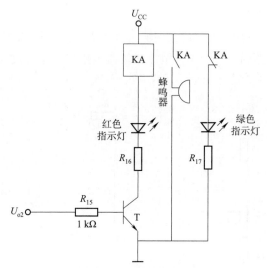

图 5.5  显示和报警电路

图 5.5 中,当 $U_{o2}$ 为负饱和值时,晶体管 T 截止,继电器线圈不通电,报警指示灯不亮,继电器的常闭触点闭合,正常状态指示灯亮,继电器的常开触点断开,报警器不响;当 $U_{o2}$ 为正饱和值时,晶体管 T 饱和导通,继电器线圈通电,超限报警指示灯亮,继电器的常闭触点断开,正常状态指示灯不亮,继电器的常开触点闭合,报警器响。

### 5. 总体电路图

在连接器件之前,先进行仿真分析和验证。将各部分电路连接构成完整的温度控制系统仿真电路图,如图 5.6 所示。

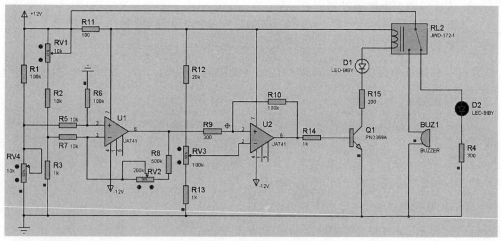

图 5.6  温度控制系统仿真电路图[①]

①仿真电路图中的图形符号与国家标准符号对照关系参见附录 E。

### 5.1.4　元器件清单

实验所需仪器仪表及元器件清单见表 5.1。

表 5.1　温度控制系统所需仪器仪表及元器件清单

| 名　　称 | 参数及功能要求 | 数　量 | 名　　称 | 参数及功能要求 | 数　　量 |
|---|---|---|---|---|---|
| 直流稳压电源 | ±12 V | 1 | 继电器 | JWD172 – 1 | 1 |
| 数字万用表 | — | 1 | 固定电阻器 | 500 kΩ | 1 |
| μ741 芯片 | 集成运放 | 2 | 固定电阻器 | 100 kΩ | 3 |
| 晶体管 | NPN 型 | 1 | 固定电阻器 | 20 kΩ | 1 |
| LED 灯 | 红色 | 1 | 固定电阻器 | 10 kΩ | 3 |
| LED 灯 | 绿色 | 1 | 固定电阻器 | 1 kΩ | 3 |
| 蜂鸣器 | — | 1 | 固定电阻器 | 300 kΩ | 2 |
| 滑动变阻器 | 200 kΩ | 1 | 固定电阻器 | 200 kΩ | 1 |
| 滑动变阻器 | 10 kΩ | 2 | 固定电阻器 | 100 kΩ | 1 |
| 滑动变阻器 | 100 kΩ | 1 | | | |

### 5.1.5　实验要求

(1)完成每一部分的理论设计和参数计算。

(2)完成电路的仿真图绘制,并验证每一种情况,将验证结果截屏保存。

(3)器件连接过程一定要分模块进行,每完成一个模块连接请指导教师检查后再进行下一模块的连接和调试。

(4)总体电路调试完成后,实验数据要拍照保存备查。

# 5.2　音频功率放大器设计

### 5.2.1　功能要求

设计一个音量可调的音频功率放大器,电路功能满足如下要求:

(1)当声源转换的电信号进入电路后,经过音频功率放大器的放大和滤波,可在喇叭里听到放大的蜂鸣声。

(2)能手动调节喇叭放出声音的大小。

### 5.2.2　系统组成

根据设计要求,音频功率放大系统由 4 部分组成,组成框图如图 5.7 所示。

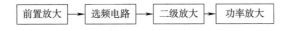

图 5.7　音频功率放大系统组成框图

### 5.2.3 电路设计

#### 1. 前置放大电路设计

前置放大电路的设计目的是将输入的声源电压信号进行滤波后再将信号放大,采用集成运放构成反相比例电路,电路图如图5.8所示。

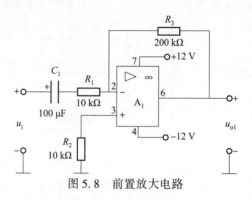

图5.8 前置放大电路

反相比例电路的放大倍数为

$$A_{uf} = \frac{u_{o1}}{u_i} = -\frac{R_3}{R_1} = -\frac{200}{10} = -20 \tag{5.6}$$

信号输入电路中串联电容器的目的是滤除输入信号的直流成分。

#### 2. 选频电路设计

选频电路的设计目的是让有效的音频信号通过,滤除其他频率的干扰信号。本设计采用两级集成运放分别构成有源低通滤波器和有源高通滤波器,对音频信号进行两次滤波。电路图如图5.9所示。

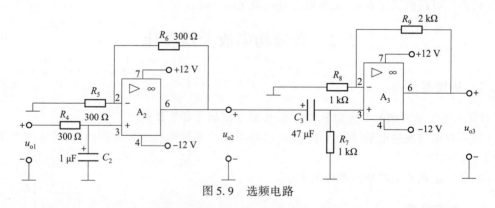

图5.9 选频电路

集成运算放大器 $A_2$ 构成有源低通滤波器,输出信号 $u_{o2}$ 与输入信号 $u_{o1}$ 的传递函数关系为

$$T(j\omega) = \frac{U_{o2(j\omega)}}{U_{o1(j\omega)}} = \frac{1 + \dfrac{R_6}{R_5}}{1 + j\dfrac{\omega}{\omega_0}} = \frac{A_{uf_0}}{1 + j\dfrac{\omega}{\omega_0}} \tag{5.7}$$

代入参数计算可得低通剪切频率 $f_0 \approx 531$ Hz。

由式(5.7)可知,当频率大于 $\omega_0$ 时,信号衰减很大,所以低通滤波器可以有效地抑制高频干扰信号。

集成运算放大器 $A_3$ 构成有源高通滤波器,输出信号 $u_{o3}$ 与输入信号 $u_{o2}$ 的传递函数关系为

$$T(j\omega) = \frac{U_{o3(j\omega)}}{U_{o2(j\omega)}} = \frac{1 + \dfrac{R_9}{R_8}}{1 - j\dfrac{\omega_0}{\omega}} = \frac{A_{uf_0}}{1 - j\dfrac{\omega_0}{\omega}} \tag{5.8}$$

代入参数计算可得高通剪切频率 $f_0 \approx 4$ Hz。

由式(5.8)可知,高通滤波器对直流信号衰减很大,所以高通滤波器具有抑制低频和直流信号的作用。

将低通滤波器和高通滤波器叠加组成的电路就是选频电路。在音频功率放大电路中可以选出有用信号。

### 3. 二级放大电路设计

二级放大电路设计的目的是保证电路的输出信号能够被功率放大模块检索到并可调整输出电压信号的大小。电路采用集成运放构成同相比例运算电路,反相比例运算电路的放大倍数可通过滑动变阻器来调节。电路如图 5.10 所示。

图 5.10 所示电路最大电压放大倍数为

$$A_{ufmax} = \frac{u_{o4}}{u_{o3}} = 1 + \frac{R'_{V1}}{R_{11}} = 1 + \frac{20}{5} = 5 \tag{5.9}$$

电压的放大倍数可以在 0 ~ 5 倍之间任意调节。

### 4. 功率放大电路设计

功率放大电路是将已经进行滤波和电压放大后的音频信号进行功率放大,以驱动喇叭发出声音。本设计采用图 5.11 所示的功率放大电路。

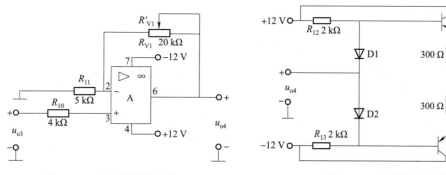

图 5.10　电压比较器电路　　　　　　图 5.11　功率放大电路

在静态时,$T_1$ 和 $T_2$ 工作在甲乙类状态,即在电源电压不变的条件下,使静态电流减小,静态工作点 $Q$ 沿负载线下移。在输入信号 $u_{o4}$ 的一个周期内,两个晶体管的发射极电流交替流过负载,在负载上合成而得出一个交流输出信号电压。由于静态电流很小,电路功率损耗也很小,效率较高。

### 5. 总体电路图

在连接器件之前,先进行仿真分析和验证。将各部分电路连接构成完整的音频功率放大仿真电路图如图 5.12 所示。

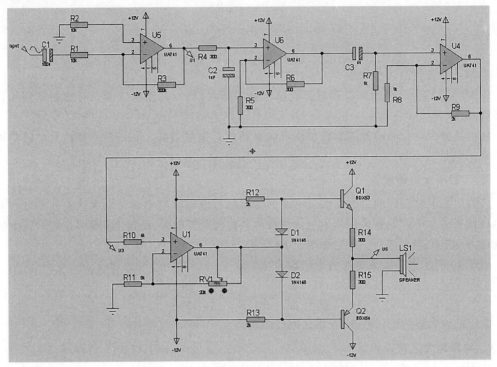

图 5.12  音频功率放大电路总体仿真电路图

## 5.2.4  元器件清单

实验所需仪器仪表及元器件清单见表 5.2。

表 5.2  音频功率放大电路所需仪器仪表及元器件清单

| 名　称 | 参数及功能要求 | 数　量 | 名　称 | 参数及功能要求 | 数　量 |
|---|---|---|---|---|---|
| 直流稳压电源 | ± 12 V | 1 | 固定电阻器 | 200 kΩ | 1 |
| 数字万用表 | — | 1 | 固定电阻器 | 10 kΩ | 2 |
| 信号发生器 | — | 1 | 固定电阻器 | 5 kΩ | 1 |
| μ741 芯片 | 集成运放 | 4 | 固定电阻器 | 4 kΩ | 1 |
| 晶体管 | NPN 型 | 1 | 固定电阻器 | 2 kΩ | 3 |
| 晶体管 | PNP 型 | 1 | 固定电阻器 | 1 kΩ | 2 |
| 喇叭 | — | 1 | 固定电阻器 | 300 Ω | 5 |
| 二极管 | — | 2 | 电解电容器 | 100 μF | 1 |
| 滑动变阻器 | 20 kΩ | 1 | 电解电容器 | 4 μF | 1 |
|  |  |  | 电解电容器 | 1 μF | 1 |

### 5.2.5　实验要求

（1）完成每一部分的理论设计和参数计算。

（2）完成电路的仿真图绘制，并验证每一级电路的工作特性是否满足设计要求，将验证结果截屏保存。

（3）将输入信号叠加直流信号和高频干扰信号检验电路的滤波效果。

（4）器件连接过程一定要分模块进行，每完成一个模块连接请指导教师检查后再进行下一模块的连接和调试。

（5）总体电路调试完成后，实验数据要拍照保存备查。

## 5.3　基于分立式元件的串联稳压电源设计

### 5.3.1　功能要求

设计一个分立元件的串联稳压电源电路，电路功能满足如下要求：

（1）输出电压具有一定可调范围，最大电压和最小电压调节范围不小于 5 V。

（2）当负载变化和输入电压发生变化时，稳压系数不大于 0.1%。

### 5.3.2　系统组成

根据设计要求，基于分立式元件的串联稳压电源电路由 6 部分组成，组成框图如图 5.13 所示。

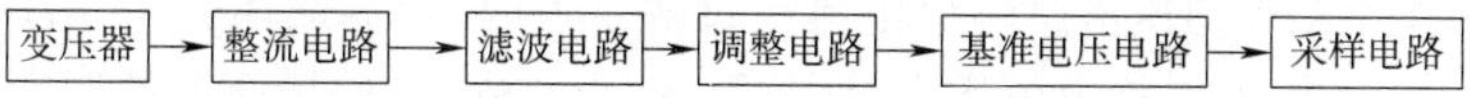

$$\boxed{变压器} \rightarrow \boxed{整流电路} \rightarrow \boxed{滤波电路} \rightarrow \boxed{调整电路} \rightarrow \boxed{基准电压电路} \rightarrow \boxed{采样电路}$$

图 5.13　基于分立式元件的串联稳压电源电路组成框图

### 5.3.3　电路设计

变压、整流和滤波电路的设计原理请参见 3.5 节相关内容。

将变压器二次侧输出标记为 $U_2$，整流滤波后的输出标记为 $U_C$，理论上空载时 $U_C = \sqrt{2}\,U_2 \approx 1.4U_2$。桥式整流电容滤波电路接入负载后，电路的输出电压平均值为

$$U_{C(AV)} = \frac{U_{Cmax} + U_{Cmin}}{2} = U_{Cmax} - \frac{U_{Cmax} - U_{Cmin}}{2} = U_{Cmax}\left(1 - \frac{T}{4R_L C}\right) \tag{5.10}$$

在整流电路的内阻不大并且放电时间常数满足 $\tau_d = R_L C \geq (3 \sim 5)\dfrac{T}{2}$ 关系时，计算求得 $U_{C(AV)} \approx 1.2U_2$。

#### 1. 调整电路设计

调整电路的作用是当电路中负载变化或电源波动时，通过反馈调整稳定负载两端的输出电压。调整电路主要由调整管电路和保护电路两部分组成。调整电路如图 5.14 所示。

1）调整管电路

调整管电路的核心器件是调整管 $T_1$。

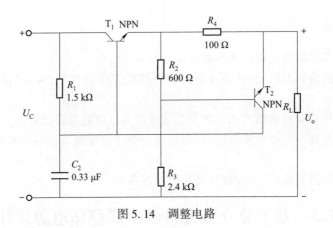

图 5.14　调整电路

（1）当输出电压 $U_o$ 因负载变化减小时，调整管 $T_1$ 发射极电位降低，引入下列负反馈过程：

$$U_o \downarrow \rightarrow V_E \downarrow \rightarrow U_{BE} \uparrow \rightarrow I_B \uparrow \rightarrow I_E \uparrow \rightarrow U_o \uparrow$$

输入电压更多的加到负载上，使输出电压快速回升，达到稳定输出电压的目的。

（2）当输入电压 $U_i$ 因电源波动增加时，滤波输出电压 $U_C$ 随之增大，$U_o$ 也随之增大，引入下列负反馈过程：

$$U_o \uparrow \rightarrow V_E \uparrow \rightarrow U_{BE} \downarrow \rightarrow I_B \downarrow \rightarrow I_E \downarrow \rightarrow U_o \downarrow$$

如此使输出电压快速回落，达到稳定输出电压的目的。

2）保护电路

保护电路的作用是在稳压电路输出电流超过额定值时，限流晶体管 $T_2$ 由截止状态变为饱和导通状态。晶体管 $T_2$ 发射极电流增大，调整管 $T_1$ 的电流减小，从而保护调整管 $T_1$ 不会因电流过大而烧坏。输出电流在正常范围时，晶体管 $T_2$ 工作在截止区。

## 2. 基准电压电路设计

基准电压电路为稳压电源电路提供基准电压，如图 5.15 所示。基准电压电路主要由晶体

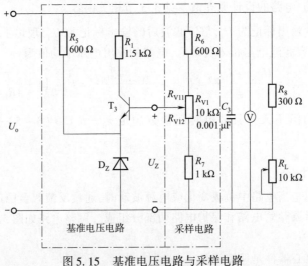

图 5.15　基准电压电路与采样电路

管、稳压管和限流电阻组成。电路的基准电压值取决于稳压管的稳压值。晶体管 $T_3$ 的作用是在保证稳压管正常工作输出电压稳定的同时,隔离基准电压电路,使采样电路的采样电压值保持不变。基准电压值 $U_Z$ 为稳压管稳压值和晶体管 $T_3$ 的 $U_{BE}$ 值之和。

### 3. 采样电路设计

采样电路由两个固定电阻器和一个可变电阻器组成,通过调整可变电阻器可以改变输出电压的数值。如图 5.15 所示,晶体管 $T_3$ 的 $I_B$ 值很小,忽略不计,则基准电压和输出电压之间的关系为

$$U_o = \left(1 + \frac{R_6 + R_{V11}}{R_7 + R_{V12}}\right)U_Z \qquad (5.11)$$

只要稳压管和晶体管 $T_3$ 能正常工作,则 $U_Z$ 保持不变。输出电压的数值只取决于 3 个电阻的分压结果。

如果选择稳压管稳压值为 5.3 V,则 $U_Z = 6$ V,如果参照图 5.15 取电阻值,根据式(5.11)得到输出电压理论计算范围为

$$U_{omin} = \left(\frac{R_6 + R_7 + R_{V1}}{R_7 + R_{V1}}\right)U_Z = \frac{0.6 + 10 + 1}{1 + 10} \times 6 \text{ V} = 6.33 \text{ V}$$

$$U_{omax} = \left(\frac{R_6 + R_7 + R_{V1}}{R_7}\right)U_Z = \frac{0.6 + 10 + 1}{1} \times 6 \text{ V} = 69.6 \text{ V}$$

实际电路输出电压的最大值不会超过滤波输出电压,即 $U_{omax} \leqslant U_C$。

### 4. 总体电路图

将各部分电路连接构成完整的基于分立式元件的串联稳压电源总体仿真电路图,如图 5.16 所示。图中电容 $C_3$ 的作用是在电路工作过程中,将输出信号瞬时产生的干扰信号滤除,使输出电压更稳定。

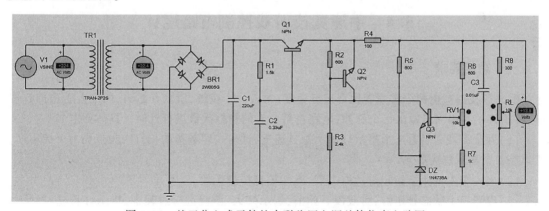

图 5.16　基于分立式元件的串联稳压电源总体仿真电路图

## 5.3.4　元器件清单

实验所需仪器仪表及元器件清单见表 5.3。

表5.3　基于分立式元件的串联稳压电源所需仪器仪表及元器件清单

| 名　称 | 参数及功能要求 | 数　量 | 名　称 | 参数及功能要求 | 数　量 |
|---|---|---|---|---|---|
| 可调输出变压器 | — | 1 | 固定电阻器 | 1.5 kΩ | 1 |
| 数字万用表 | — | 1 | 固定电阻器 | 2.4 kΩ | 1 |
| 交流毫伏表 | — | 1 | 固定电阻器 | 1 kΩ | 1 |
| 晶体管 | NPN 型 | 3 | 固定电阻器 | 600 Ω | 3 |
| 稳压管 | 3～6 V | 1 | 固定电阻器 | 300 Ω | 1 |
| 电解电容器 | 200 μF | 1 | 固定电阻器 | 100 Ω | 1 |
| 电容器 | 0.33 μF | 1 | 滑动变阻器 | 10 kΩ | 2 |
| 电容器 | 0.01 μF | 1 | | | |

### 5.3.5　实验要求

（1）完成每一部分的理论设计和参数计算。

（2）完成电路的仿真图绘制，并测试电路的稳压性能和输出电压调整范围的理论值，将测试结果截屏保存。

（3）根据实验室变压器的输出电压范围，仿真分析不同输入电压时输出电压的输出范围。（有一组输入电压值接近稳压管电压。）

（4）器件连接过程一定要分模块进行，每完成一个模块的调试后都要请指导教师检查，再进行下一模块的连接和调试。

（5）总体电路调试完成后，实验数据要拍照保存备查。

# 5.4　手速竞技游戏控制电路设计

## 5.4.1　功能要求

手速竞技游戏由两个游戏者比赛按键速度，每人一个按键，游戏开始时，两个人迅速拍打按键，每拍打一次相当于输出一个脉冲，电路对每个人的拍打次数进行计时。具体要求如下：

（1）两个游戏者各有 4 个指示灯显示拍打速度，计时一定数量的拍打次数点亮 1 个指示灯。先点亮 4 个指示灯为胜。

（2）当一个人的 4 个指示灯均点亮后，继续拍打按键无效。

（3）设置一个状态指示灯，游戏没开始前，指示灯灭；游戏进行过程中，指示灯长亮；当某一名游戏者的 4 个指示灯都点亮后，状态指示灯开始闪烁，提示游戏结束。

## 5.4.2　系统组成

手速竞技游戏控制电路由时钟脉冲发生电路、两路竞技控制电路和比赛进程控制电路组成。电路组成框图如图 5.17 所示。

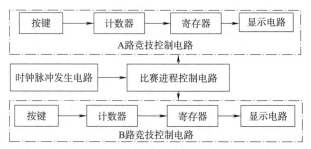

图 5.17　手速竞技游戏控制电路组成框图

## 5.4.3　电路设计

### 1. 时钟脉冲发生电路设计

时钟脉冲发生电路采用 555 定时器构成多谐振荡器,电路如图 5.18 所示。

脉冲周期可以根据需要设计。时钟脉冲信号周期的设计方法请读者参阅相关资料,此处仅给出计算公式。

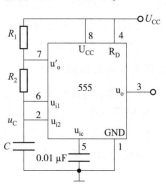

高电平脉宽:

$$T_1 = (R_1 + R_2) C \ln \frac{U_{CC} - U_{R_2}}{U_{CC} - U_{R_1}} = (R_1 + R_2) C \ln 2 \tag{5.12}$$

低电平脉宽:

$$T_2 = R_2 C \ln \frac{0 - U_{R_2}}{0 - U_{R_1}} = R_2 C \ln 2 \tag{5.13}$$

图 5.18　555 定时器构成多谐振荡器电路

时钟周期:

$$T = T_1 + T_2 = (R_1 + 2R_2) C \ln 2 \tag{5.14}$$

输出脉冲的占空比:

$$q = \frac{T_1}{T} = \frac{R_1 + R_2}{R_1 + 2R_2} = \frac{1}{1 + R_2/(R_1 + R_2)} \tag{5.15}$$

如果时钟周期为 1 s。电容器 $C$ 选用 10 μF,$R_1 = 1$ kΩ。$R_2$ 取 100 kΩ 的可变电阻器,调节可变电阻器使 $R_2 \approx 72$ kΩ。在电路调试过程中可以调节 $R_2$ 改变输出脉冲的频率。

本设计的时钟脉冲只用于游戏结束后的指示灯闪烁,对脉冲周期没有严格要求。

### 2. 竞技控制电路设计

本设计有两路竞技控制电路统计并显示游戏者拍打按键的速度。两路竞技控制电路的结构完全相同,下面以 A 路竞技控制电路为例进行设计。

由图 5.17 可见,每路竞技控制电路由四部分组成:按键、计数器、寄存器和显示电路。

每拍打一次按键相当于给计数器输入一个脉冲。计数器选用二进制计数器 74163,每计数 16 个脉冲,由 74163 的 $RCO$ 输出一个脉冲给双向移位寄存器 74194,74194 工作在左移工作状态 $S_1 S_0 = 10$,其左移串行输入端 $S_L = 1$,每输入一个脉冲,74194 左移输入"1",直到 74194 的 4 个输出均为"1",表示此路游戏者赢得比赛。为了增加驱动,74194 的输出端接"非"门后再接指示灯,指示灯采用共阳极接法。A 路竞技控制电路图如图 5.19 所示。图中 $CP_A$ 为 A 路游戏者拍打按键输入的脉冲信号。限流电阻 $R$ 的取值为 300 Ω ~ 1 kΩ。

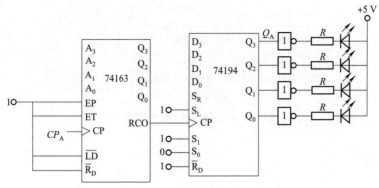

图 5.19　A 路竞技控制电路

B 路竞技控制电路的工作原理和 A 路完全相同,只是 B 路的 74194 工作在右移状态 $S_1S_0 = 01$,其右移串行输入端 $S_R = 1$,每输入一个脉冲,74194 右移输入"1",直到 74194 的 4 个输出均为"1",表示此路游戏者赢得比赛。

### 3. 比赛进程控制电路设计

比赛进程控制电路需要实现两方面的控制:

(1)控制比赛开始,并控制指示灯长亮提示游戏者比赛进行中。

(2)控制比赛结束,并控制指示灯闪烁提示游戏者比赛结束。

采用小规模组合逻辑电路实现比赛进程控制,电路如图 5.20 所示。

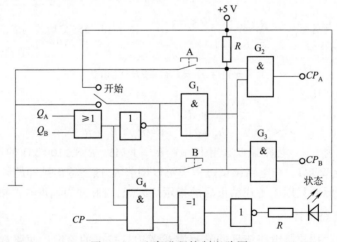

图 5.20　比赛进程控制电路图

图 5.20 中 CP 脉冲由 555 定时器产生。$Q_A$ 为图 5.19 所示 A 路竞技控制电路最后一位输出,$Q_B$ 为 B 路竞技控制电路最后一位输出。$CP_A$ 为 A 路游戏者拍打按键产生的脉冲,$CP_B$ 为 B 路游戏者拍打按键产生的脉冲。限流电阻 $R$ 的取值为 300 Ω ~ 1 kΩ。

电路的工作过程如下:

(1)开始开关接入高电平,$Q_A$ 和 $Q_B$ 均为低电平,"或非"运算后输出高电平;与门 $G_1$ 输出高电平,此时与门 $G_2$ 和 $G_3$ 的一个输入端接入高电平,其输出取决于拍打按键的结果。

（2）此时 A 和 B 两个游戏者拍打按键的脉冲输入到 $G_2$ 和 $G_3$ 的另一个输入端,在与门的输出端产生脉冲,计数器开始计数。

（3）当 A 和 B 两路中任意一路的输出端 4 个指示灯均点亮,即 $Q_A$ 和 $Q_B$ 有 1 个输出高电平,则或非门输出低电平,与门 $G_1$ 输出低电平。$G_2$ 和 $G_3$ 封闭,此时再拍打按键,A 和 B 也不会产生脉冲。

（4）当 $Q_A$ 和 $Q_B$ 均为低电平时,或门输出低电平,与门 $G_4$ 输出低电平,脉冲 $CP$ 不会输入电路;开始开关接入高电平后,异或门输出高电平,状态指示灯长亮。

（5）当 $Q_A$ 和 $Q_B$ 有 1 个输出高电平时,或门输出高电平,脉冲 $CP$ 加到指示灯输入端,指示灯闪烁,提示比赛结束。

### 5. 总体电路图

将各部分电路连接构成完整的仿真电路图,如图 5.21 所示。

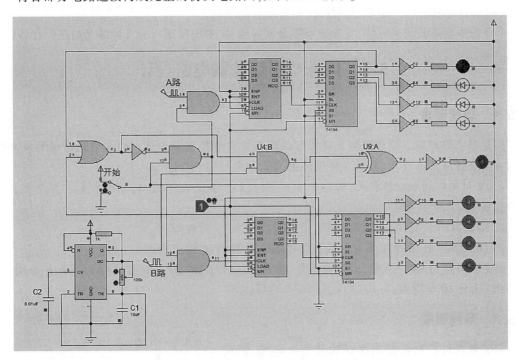

图 5.21　手速竞技游戏控制仿真电路图

## 5.4.4　元器件清单

实验所需仪器仪表及元器件清单见表 5.4。

表 5.4　手速竞技游戏控制电路所需仪器仪表及元器件清单

| 名　　称 | 参数及功能要求 | 数　　量 | 名　　称 | 参数及功能要求 | 数　　量 |
|---|---|---|---|---|---|
| 直流稳压电源 | +5 V | 1 | 74194 | 寄存器 | 2 |
| 数字万用表 | — | 1 | 74163 | 计数器 | 2 |
| 固定电阻器 | 300 Ω | 9 | 7486 | 异或门 | 1 |

续表

| 名　　称 | 参数及功能要求 | 数　量 | 名　　称 | 参数及功能要求 | 数　量 |
|---|---|---|---|---|---|
| 固定电阻器 | 1 kΩ | 1 | 7432 | 二输入或门 | 1 |
| 滑动变阻器 | 100 kΩ | 1 | 7408 | 二输入与门 | 1 |
| 电解电容器 | 10 μF | 1 | 7404 | 非门 | 2 |
| 电容 | 0.01 μF | 1 | 555 | 计时器 | 1 |
| LED 灯 | 红色 | 1 | LED 灯 | 绿色 | 4 |
| LED 灯 | 黄色 | 4 | | | |

### 5.4.5　实验要求

（1）完成每一部分的电路设计，并确定其输出信号的状态。

（2）完成电路的仿真图绘制，将验证结果截屏保存。

（3）器件连接过程一定要分模块进行，方便查找问题。

（4）总体电路调试完成后，实验效果要录制视频，实验电路运行分几种情况拍照保存备查。

# 5.5　闪烁型彩灯控制电路设计

### 5.5.1　功能要求

闪烁型彩灯控制电路可控制 8 只彩灯以闪烁方式变换显示方式。设 8 只彩灯编号从左到右为 0、1、2、3、4、5、6、7 号，设计 3 种循环的闪烁方式：

（1）8 只彩灯间隔交替亮灭，即 0、2、4、6 亮时，1、3、5、7 灭；0、2、4、6 灭时，1、3、5、7 亮。此过程需要 16 个时钟周期。

（2）0、2、4、6 长亮，1、3、5、7 闪烁。此过程需要 16 个时钟周期。

（3）1、3、5、7 长亮，0、2、4、6 闪烁。此过程需要 16 个时钟周期。

一个循环运行 64 个周期，运行方式是：方式（1）运行 16 个周期，方式（2）运行 16 个周期，方式（1）运行 16 个周期，方式（3）运行 16 个周期。

### 5.5.2　系统组成

闪烁型彩灯控制电路由时钟脉冲发生电路、模式选择和计数电路、模式变换控制电路和显示电路 4 部分组成。电路组成框图如图 5.22 所示。

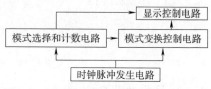

图 5.22　闪烁型彩灯控制电路组成框图

### 5.5.3　电路设计

#### 1. 时钟脉冲发生电路设计

时钟脉冲发生电路采用 555 定时器构成多谐振荡器，时钟周期的计算方法参阅 5.4 节相关内容。

#### 2. 模式选择和计数电路设计

模式选择和计数电路是确定彩灯亮灭方式和循环时间的控制电路，在时钟脉冲的控制下，控制电路显示模式和显示模式的持续时间。本设计采用计数器结合逻辑门实现模式的选择和计数。

按照设计要求,分 4 组显示方式,每种显示方式运行时间为 16 个时钟周期。选用 2 片 74161 实现。电路原理图如图 5.23 所示。

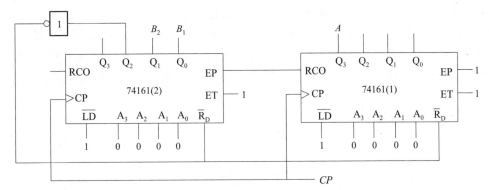

图 5.23　模式选择电路原理图

在脉冲作用下,取 3 个输出端作为模式变换控制电路的控制信号,如图 5.23 中的 $A$、$B_1$、$B_2$。其中,$A$ 为十六分频输出端,$B_1$ 为三十二分频输出端,$B_2$ 为六十四分频输出端。当 74161(2)的 $Q_2 = 1$ 时,系统清零,开始下一个循环。

### 3. 模式变换控制电路设计

模式变换控制电路实现对 4 种显示方式的控制,采用 D 触发器和逻辑门实现。电路如图 5.24 所示。

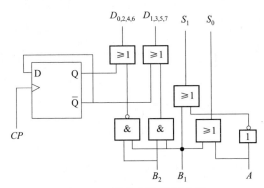

图 5.24　模式变换控制电路

电路的输入信号来自图 5.23 所示电路的输出。电路的输出信号 $D_{0,2,4,6}$ 为显示控制电路的第 0、2、4、6 四个数据置数端,$D_{1,3,5,7}$ 为显示控制电路的第 1、3、5、7 四个数据置数端。

寄存器的工作方式控制信号 $S_0 = A + B_1$,$S_1 = \overline{A} + B_1$。

(1)在计数脉冲的前 16 个周期,计数器高位芯片 74161(2)的控制信号 $B_2 B_1 = 00$ 时,$S_0 = A$,$S_1 = \overline{A}$,在计数脉冲的 1 ~ 8 个周期,计数器低位芯片 74161(1)的 $A = Q_3 = 0$ 时,$S_1 S_0 = 10$,寄存器工作在右移方式;在计数脉冲的 9 ~ 16 周期,计数器低位芯片 74161(1)的 $A = Q_3 = 1$ 时,$S_1 S_0 = 01$,寄存器工作在左移方式。

（2）在计数脉冲的 17～32 个周期，在当来自计数器高位芯片的控制信号 $B_2B_1=01$ 时，$S_1S_0=11$，寄存器工作在置数状态，所置的数值来自于 D 触发器产生的 2 分频信号。移位寄存器的置数端的信号分别为 $D_{0,2,4,6}=Q+\overline{B_1B_2}$，$D_{1,3,5,7}=\overline{Q}+B_1B_2$。

$B_1B_2=01$，$D_{0,2,4,6}=1$；$D_{1,3,5,7}=\overline{Q}$，D 触发器每收到一个脉冲 $D_{1,3,5,7}$ 翻转一次，而 $D_{0,2,4,6}=1$ 保持不变，即实现了 0、2、4、6 四个灯长亮，1、3、5、7 四个灯闪烁的效果。

（3）在计数脉冲的 33～48 个周期，$B_1B_2=10$，电路的输出状态和前 16 个周期一样。

（4）在计数脉冲的 49～64 个周期，$B_1B_2=11$，$D_{0,2,4,6}=Q$；$D_{1,3,5,7}=1$，D 触发器每收到一个脉冲 $D_{0,2,4,6}$ 翻转一次，而 $D_{1,3,5,7}=1$ 保持不变，即实现了 1、3、5、7 四个灯长亮，0、2、4、6 四个灯闪烁的效果。

### 4. 显示控制电路设计

本设计中的彩灯由 8 个发光二极管构成。彩灯驱动采用双向移位寄存器 74194 芯片。考虑到 74194 输出的驱动能力，8 个发光二极管采用共阳极接法。所以，在 74194 输出端需加反相器（非门），实际电路连接时需要在反相器和发光二极管之间加限流电阻，限流电阻 $R$ 的阻值在 300 Ω～1 kΩ 之间。

74194 为 4 位双向移位寄存器，选用两片 74194 级联构成 8 位双向移位寄存器。构成方法参见 4.5 节相关内容。通过控制两片 74194 的 $S_1$ 和 $S_0$ 实现彩灯的亮灭。当 $S_1S_0=01$ 时，数据右移；当 $S_1S_0=10$ 时，数据左移；当 $S_1S_0=11$ 时置数。

根据设计要求，把 74194（1）的 $Q_0$ 取反接入其右移数据输入端，74194（2）的 $Q_3$ 取反接入其左移数据输入端。显示控制电路如图 5.25 所示。

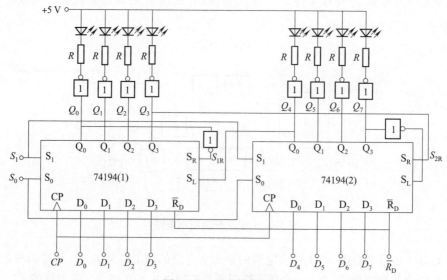

图 5.25　显示控制电路

电路启动后，模式变换控制电路使 $S_1S_0=10$，电路工作在右移方式。

第 1 个脉冲到来时，$S_{1R}=\overline{Q_0}=1$，$S_{2R}=Q_3=0$。此时寄存器输出为 $Q_0Q_1Q_2Q_3Q_4Q_5Q_6Q_7=10000000$。

第 2 个脉冲到来时，$S_{1R}=\overline{Q_0}=0$，$S_{2R}=Q_3=0$。寄存器输出为 $Q_0Q_1Q_2Q_3Q_4Q_5Q_6Q_7=01000000$。

第 3 个脉冲到来时，$S_{1R} = \overline{Q_0} = 1$，$S_{2R} = Q_3 = 0$。寄存器输出为 $Q_0Q_1Q_2Q_3Q_4Q_5Q_6Q_7 = 10100000$。

第 4 个脉冲到来时，$S_{1R} = \overline{Q_0} = 0$，$S_{2R} = Q_3 = 1$。寄存器输出为 $Q_0Q_1Q_2Q_3Q_4Q_5Q_6Q_7 = 01010000$。

以此类推，第 8 脉冲到来时，寄存器输出为 $Q_0Q_1Q_2Q_3Q_4Q_5Q_6Q_7 = 01010101$。

呈现的彩灯状态是边闪烁边右移点亮彩灯。

8 个周期后，将 $S_1S_0$ 变为 01，电路开始工作在左移方式，此时 $S_L = \overline{Q_7} = 0$。

第 9 个脉冲到来时，$Q_0Q_1Q_2Q_3Q_4Q_5Q_6Q_7 = 10101010$；第 10 个脉冲到来时，$Q_0Q_1Q_2Q_3Q_4Q_5Q_6Q_7 = 01010101$；以此类推，第 16 个脉冲到来时，$Q_0Q_1Q_2Q_3Q_4Q_5Q_6Q_7 = 01010101$。此时电路显示效果就是 8 个彩灯交替的亮灭。

第 17 个脉冲到来时，$S_1S_0 = 11$，$Q_0Q_1Q_2Q_3Q_4Q_5Q_6Q_7 = D_0D_1D_2D_3D_4D_5D_6D_7 = 01010101$，接下来的运行结果请读者参照前 16 个周期自行分析。

**5. 总体电路图**

将各部分电路连接构成完整的仿真电路图，如图 5.26 所示。仿真电路中脉冲接入的是 Proteus 仿真软件中的 DCLOCK。实际连接电路时，可参照图 5.26 调试脉冲，然后将 555 定时器的 3 引脚输出连接到图 5.26 中的 CP 处。

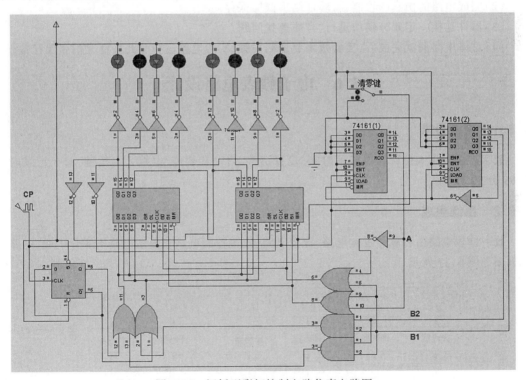

图 5.26 闪烁型彩灯控制电路仿真电路图

## 5.5.4 元器件清单

实验所需仪器仪表及元器件清单见表 5.5。

表 5.5　闪烁型彩灯控制电路所需仪器仪表及元器件清单

| 名　　称 | 参数及功能要求 | 数　　量 | 名　　称 | 参数及功能要求 | 数　　量 |
|---|---|---|---|---|---|
| 直流稳压电源 | +5 V | 1 | 74194 | 寄存器 | 2 |
| 数字万用表 | — | 1 | 74161 | 计数器 | 2 |
| 固定电阻器 | 300 Ω | 8 | 7474 | D 触发器 | 1 |
| 固定电阻器 | 1 kΩ | 1 | 7432 | 二输入或门 | 1 |
| 滑动变阻器 | 100 kΩ | 1 | 7408 | 二输入与门 | 1 |
| 电解电容器 | 10 μF | 1 | 7404 | 非门 | 2 |
| 电容器 | 0.01 μF | 1 | 555 | 计时器 | 1 |
| LED 灯 | 红色 | 4 | LED 灯 | 绿色 | 4 |

### 5.5.5　实验要求

（1）完成每一部分的电路设计，并确定其输出信号的状态。

（2）完成电路的仿真图绘制，将验证结果截屏保存。

（3）器件连接一定要分模块进行，方便查找问题。

（4）总体电路调试完成后，实验效果要录制视频，实验电路运行分几种情况拍照保存备查。

# 5.6　电子秒表电路设计

## 5.6.1　功能要求

数字秒表采用 6 位计数器显示时间，设置清零/启动和暂停/继续 2 个按键，最大记录时间为 99 分 59 秒 99。

## 5.6.2　系统组成

数字秒表电路由秒脉冲发生电路、计数电路、按键控制电路和显示电路 4 部分组成，电路组成框图如图 5.27 所示。

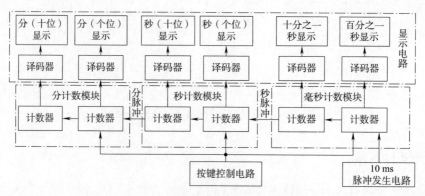

图 5.27　数字秒表电路组成框图

### 5.6.3　电路设计

#### 1. 秒脉冲发生电路设计

秒脉冲发生电路采用 555 定时器构成多谐振荡器。因为显示到毫秒级,所以电阻器、电容器的取值需要重新计算。只需更改电容值 $C = 0.1\ \mu F$,输出即为 1 ms 的脉冲信号。

#### 2. 计数电路设计

根据功能要求,计数电路含有 3 个模块,即毫秒计数模块、秒计数模块和分计数模块。毫秒计数模块和分计数模块采用一百进制计数器实现,秒计数模块采用六十进制计数器实现。计数器拟采用同步二进制计数器 74163。因为一片 74163 有 16 个状态,秒计数只需要 10 个状态,因此需要将 74163 毫秒、秒和分的低位均接成十进制计数器,高位按照进制需求进行连接。

一百进制计数器电路如图 5.28 所示。由于 74163 为同步清零同步置数的计数器,一百进制计数器的工作状态为 0～99,共 100 个数。74163(1)采用反馈置数法接成十进制计数器,每计 10 个数,向74163(2)输出一个脉冲。两片 74163 级联采用反馈清零法接成一百进制计数器,计数到"99"时,下一个脉冲到来,两片 74163 同时清零。用 74163 构成的任意进制计数器电路没有"毛刺"。

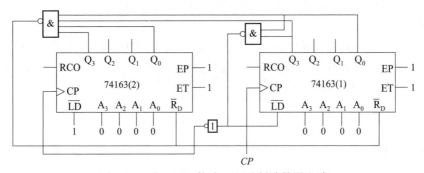

图 5.28　由 74163 构成一百进制计数器电路

六十进制计数器电路如图 5.29 所示。74163(3)仍接成十进制计数器。两片 74163 级联接成六十进制计数器。计数到"59"时,下一个脉冲到来,两片 74163 同时清零。

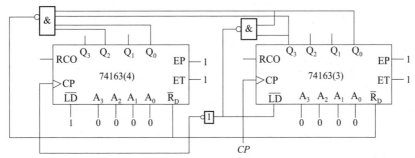

图 5.29　由 74163 构成六十进制计数器电路

#### 3. 按键控制电路设计

按键控制电路如图 5.30 所示。

开关 $S_1$ 控制秒表电路计时启动和清零,开关 $K_2$ 控制秒表电路的暂停和继续计数。控制电

路的工作过程分 3 种情况:

(1)当开关 $S_1$ 置于下端时,"与"门输出为"0",6 个 74163 的置数端均为"0",6 个 74163 的数据输入端均接低电平,所以电路清零。

(2)当开关 $S_1$ 置于上端时,如果反馈置数信号也为高电平,与门输出为"1"。如果此时开关 $S_2$ 置于下端,则 $CP$ 脉冲加到秒表电路中,电路开始计时。

(3)秒表在计时过程中,如果将开关 $S_2$ 置于上端,则将脉冲屏蔽,电路处于暂停状态;将开关 $S_2$ 再置于下端,秒表继续计数。

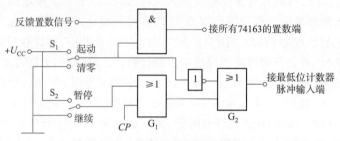

图 5.30　数字秒表按键控制电路

### 4. 总体电路图

将各部分电路连接构成完整的仿真电路图,如图 5.31 所示。仿真电路中的脉冲接入的是 Proteus 仿真软件中的 DCLOCK。实际连接电路时,可参照图 5.18 调试脉冲,然后将 555 定时器的 3 引脚输出连接到图 5.31 中的 $CP$ 处。

## 5.6.4　元器件清单

实验所需仪器仪表及元器件清单见表 5.6。

表 5.6　电子秒表电路所需仪器仪表及元器件清单

| 名　称 | 参数及功能要求 | 数　量 | 名　称 | 参数及功能要求 | 数　量 |
|---|---|---|---|---|---|
| 直流稳压电源 | +5 V | 1 | 74163 | 计数器 | 6 |
| 数字万用表 | — | 1 | 4511 | 译码器 | 6 |
| 固定电阻器 | 300 Ω | 42 | 7420 | 四输入与非门 | 2 |
| 固定电阻器 | 1 kΩ | 1 | 7432 | 二输入或门 | 1 |
| 滑动变阻器 | 100 kΩ | 1 | 7408 | 二输入与门 | 1 |
| 电容器 | 0.1 μF | 1 | 7404 | 非门 | 1 |
| 电容器 | 0.01 μF | 1 | 7400 | 二输入与非门 | 1 |
| 单刀双掷开关 | — | 2 | 555 | 定时器 | 1 |
| 数码管 | 共阴极 | 6 | | | |

## 5.6.5　实验要求

(1)完成每一部分的电路设计,并确定其输出信号的状态。

(2)完成电路的仿真图绘制,将验证结果截屏保存。

(3)器件连接过程一定要分模块进行,方便查找问题。

(4)总体电路调试完成后,实验效果要录制视频,实验电路运行分几种情况拍照保存备查。

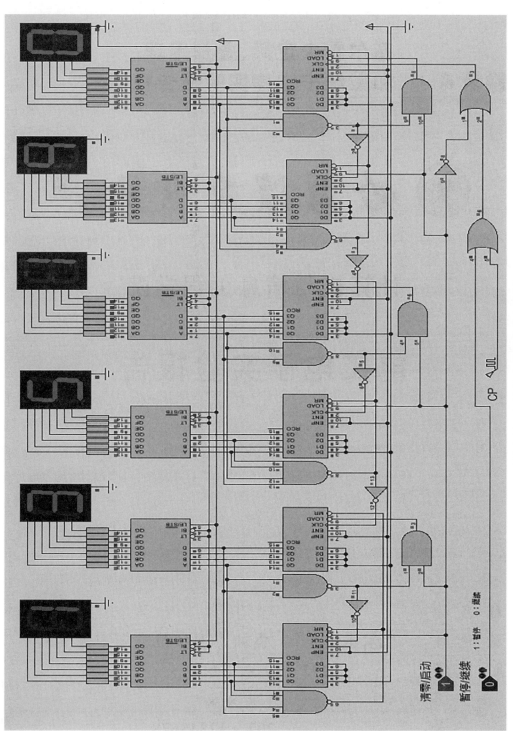

图 5.31　电子秒表总体仿真电路图

# 哈尔滨商业大学

## 计算机与信息工程学院

# 电工电子实验报告

课 程 名 称： 电工学

实 验 题 目： 基尔霍夫定律、叠加定理和戴维宁定理实验

专 业 、 班 级： 202×级××专业×班

姓　　　名： ×××

学　　　号： 202×12345678

日　　　期： 202×.××.××

## 一、实验目的

（1）掌握基尔霍夫定律、叠加定理和戴维宁定理。
（2）掌握实验电路的连接、测试及调整方法。
（3）熟悉直流毫安表、万用表和直流稳压电源的使用方法。
（4）熟悉通过仿真分析验证理论计算的正确性的方法。

## 二、实验原理

### 1. 基尔霍夫定律

（1）基尔霍夫电流定律：

①基尔霍夫电流定律的描述：在任一瞬时，流入某一节点的电流之和等于由该节点流出的电流之和。或者说在任一瞬时，流入（流出）某一节点电流的代数和为零。

②实验参考电路及理论计算。基尔霍夫电流定律参考实验电路如图 1 所示。选择电路中的电源及元器件参数为 $E_1 = 12$ V，$E_2 = 6$ V，$R_1 = 510$ Ω，$R_2 = 510$ Ω，$R_3 = 1$ kΩ。

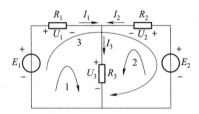

图 1 基尔霍夫定律和叠加定理实验电路图

根据电路图采用支路电流法求解电路中各支路电流。电路方程为

$$\begin{cases} I_1 + I_2 = I_3 \\ E_1 = R_1 I_1 + R_3 I_3 \\ E_2 = R_2 I_2 + R_3 I_3 \end{cases} \tag{1}$$

代入元器件参数，解得：$I_1 \approx 9.47$ mA，$I_2 \approx -2.3$ mA，$I_3 = 7.17$ mA。

（2）基尔霍夫电压定律：

①基尔霍夫电压定律的描述：在任一瞬时，沿任一闭合回路的任一循环方向，电压升之和等于电压降之和。或者说在任一瞬时，沿任一闭合回路的任一循环方向，电压代数和为零。

②实验参考电路及理论计算。基尔霍夫电压定律参考实验电路如图 1 所示。电路中有 3 个回路。根据基尔霍夫电流定律的计算结果，对各回路电压进行计算。

根据式（1），回路 1 和回路 2 代入数据得

回路 1：$510 \times 9.47 \times 10^{-3} + 1\,000 \times 7.17 \times 10^{-3} \approx 12$ V

回路 2：$-510 \times 2.3 \times 10^{-3} + 1\,000 \times 7.17 \times 10^{-3} \approx 6$ V

回路 3：根据图 1 列写回路电压公式为

$$E_1 - U_1 + U_2 - E_2 = 0 \tag{2}$$

代入数据计算：$12 - 510 \times 9.47 \times 10^{-3} - 510 \times 2.3 \times 10^{-3} - 6 \approx 0$

3 个回路均符合基尔霍夫电压定律。

### 2. 叠加定理

(1)叠加定理的内容:对于线性电路,任意一条支路的电流(或任一负载元件两端的电压),都可以看成是由电路中各个电源单独作用时,在此支路产生的电流(或此元件两端产生的电压)的代数和。

(2)实验参考电路及理论计算。叠加定理的参考实验电路如图 1 所示。根据叠加定理进行分图,如图 2 所示。

本实验以 3 个电阻两端的电压和流过 $R_1$ 的电流为例进行理论值的计算。

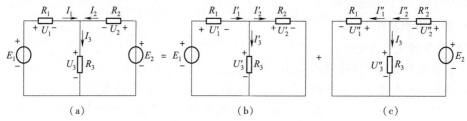

(a)    (b)    (c)

图 2　叠加定理实验电路理论计算分图

由图 2(b)得

$$
\begin{cases}
I_1' = \dfrac{E_1}{R_1 + R_2//R_3} = 14.16 \text{ mA} \\[2mm]
U_1' = R_1 I_1' = 510 \times 14.16 \times 10^{-3} \text{ V} = 7.22 \text{ V} \\[2mm]
U_2' = E_1 - U_1' = 4.78 \text{ V} \\[2mm]
U_3' = E_1 - U_1' = 4.78 \text{ V}
\end{cases}
\tag{3}
$$

由图 2(c)得

$$
\begin{cases}
I_1'' = \dfrac{E_2}{R_2 + R_1//R_3} \cdot \dfrac{R_3}{R_1 + R_3} = 4.69 \text{ mA} \\[2mm]
U_1'' = R_1 I_1'' = 510 \times 4.69 \times 10^{-3} \text{V} = 2.39 \text{ V} \\[2mm]
U_2'' = \dfrac{E_2}{R_2 + R_2//R_3} \cdot R_2 = 3.61 \text{ V} \\[2mm]
U_3'' = U_1'' = 2.39 \text{ V}
\end{cases}
\tag{4}
$$

根据两个分图的电压和电流的参考方向,叠加计算之后得

$$
\begin{cases}
I_1 = I_1' - I_1'' = (14.16 - 4.69)\text{mA} = 9.47 \text{ mA} \\[2mm]
U_1 = U_1' - U_1'' = (7.22 - 2.39)\text{V} = 4.83 \text{ V} \\[2mm]
U_2 = -U_2' + U_2'' = (-4.78 + 3.61)\text{V} = -1.17 \text{ V} \\[2mm]
U_3 = U_3' + U_3'' = (4.78 + 2.39)\text{V} = 7.17 \text{ V}
\end{cases}
\tag{5}
$$

### 3. 戴维宁定理

(1)戴维宁定理的内容:任何一个有源二端线性网络都可以用一个电动势为 $U_{OC}$ 的理想电压源和内阻 $R_{eq}$ 的电阻串联来等效代替,其中等效电压源的电动势 $U_{OC}$ 等于二端网络的开路电压,内阻 $R_{eq}$ 等于二端网络去除全部电源(电压源短路,电流源开路)后从开路处看进去的等效电阻。

（2）实验参考电路及理论计算。有源二端网络的实验参考电路图如图3所示,选择电路中的元器件参数为$U_S = 12$ V,$R_0 = 10$ $\Omega$,$R_1 = 300$ $\Omega$,$R_2 = 510$ $\Omega$,$R_3 = 510$ $\Omega$,$R_4 = 200$ $\Omega$。其等效电路如图4所示。

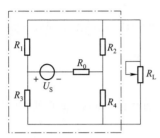
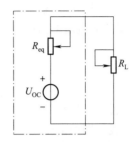

图3　有源二端网络的实验参考电路　　　图4　有源二端网络等效电路

①开路电压和短路电流计算。计算开路电压和短路电流的电路如图5所示。

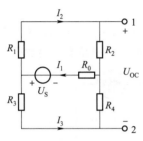
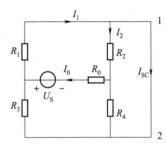

（a）计算开路电压电路　　　　　　　（b）计算短路电流电路

图5　有源二端网络计算开路电压和短路电流电路

由图5(a)计算得

$$
\begin{cases}
I_1 = \dfrac{U_S}{R_0 + (R_1 + R_2) // (R_3 + R_4)} = 31 \text{ mA} \\[3mm]
I_2 = \dfrac{U_S - R_0 I_1}{R_1 + R_2} = 14.4 \text{ mA} \\[3mm]
I_3 = \dfrac{U_S - R_0 I_1}{R_3 + R_4} = 16.5 \text{ mA} \\[3mm]
U_{OC} = R_2 I_2 - R_4 I_3 = 4.04 \text{ V}
\end{cases}
\tag{6}
$$

由图5(b)计算得

$$
\begin{cases}
I_0 = \dfrac{U_S}{R_0 + R_1 // R_3 + R_3 // R_4} = 35 \text{ mA} \\[3mm]
I_1 = \dfrac{I_0 R_3}{R_1 + R_3} = 22.04 \text{ mA} \\[3mm]
I_2 = \dfrac{I_0 R_4}{R_2 + R_4} = 9.86 \text{ mA} \\[3mm]
I_{SC} = I_1 - I_2 = 12.18 \text{ mA}
\end{cases}
\tag{7}
$$

利用开路短路法计算等效电阻得

$$R_{\mathrm{eq}} = \frac{U_{\mathrm{OC}}}{I_{\mathrm{SC}}} = 331.7\ \Omega \tag{8}$$

②外特性验证。接入负载后,计算有源二端网络的外特性。

如图 3 所示的等效电路中,如果取 $R_{\mathrm{L}} = 1\ \mathrm{k}\Omega$,计算负载中流过的电流和负载两端的电压得

$$\begin{cases} I_{\mathrm{L}} = \dfrac{U_{\mathrm{OC}}}{R_{\mathrm{L}} + R_{\mathrm{eq}}} = 3.03\ \mathrm{mA} \\[2mm] U_{\mathrm{L}} = I_{\mathrm{L}} R_{\mathrm{L}} = 3.03\ \mathrm{V} \end{cases} \tag{9}$$

以同样的方法,分别取 $R_{\mathrm{L}}$ 为 2 kΩ、750 Ω、510 Ω、200 Ω、100 Ω 等不同参数值计算负载中流过的电流和负载两端的电压。

## 三、仿真分析

### 1. 基尔霍夫定律

参照图 1 连接仿真电路,电路参数为 $E_1 = 12$ V,$E_2 = 6$ V,$R_1 = 510$ Ω,$R_2 = 510$ Ω,$R_3 = 1$ kΩ。基尔霍夫电流定律仿真结果如图 6 所示,基尔霍夫电压定律仿真结果如图 7 所示。

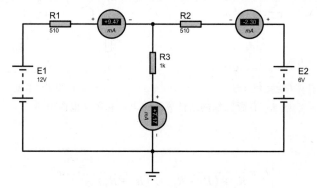

图 6　基尔霍夫电流定律实验 Proteus 仿真图

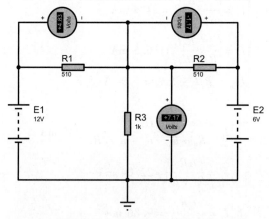

图 7　基尔霍夫电压定律实验 Proteus 仿真图

**2.叠加定理**

　　参照图2连接仿真电路,电路中电阻的参考阻值为$R_1 = 510\ \Omega$,$R_2 = 510\ \Omega$,$R_3 = 1\ \text{k}\Omega$。电压源的参考电压值为$E_1 = 12\ \text{V}$,$E_2 = 6\ \text{V}$,仿真结果如图8、图9和图10所示。

　　(1)$E_1$单独作用时:

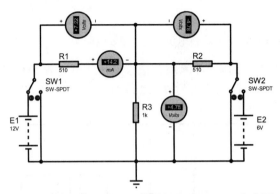

图 8　$E_1$单独作用时电压值测量电路 Proteus 仿真图

　　(2)$E_2$单独作用时:

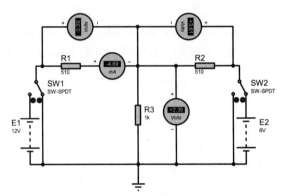

图 9　$E_2$单独作用时电压值测量电路 Proteus 仿真图

　　(3)$E_1$和$E_2$共同作用时:

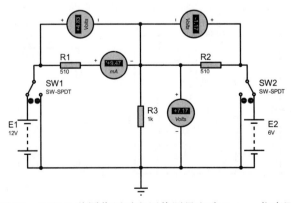

图 10　$E_1$和$E_2$共同作用时电压值测量电路 Proteus 仿真图

### 3. 戴维宁定理

（1）参照图 3 连接仿真电路，电路中参数为 $U_S = 12$ V，$R_0 = 10$ Ω，$R_1 = 300$ Ω，$R_2 = 510$ Ω，$R_3 = 510$ Ω，$R_4 = 200$ Ω。

（2）先将开关断开，不接入 $R_L$，如图 11 所示。测定有源二端网络的开路电压 $U_{OC}$，并与计算值相比较。

（3）将两个开关闭合短路，测定短路电流 $I_S$，则等效电阻 $R_0 = \dfrac{U_{OC}}{I_S}$。仿真结果如图 12 所示。

（4）接入 $R_L$，分别取不同的阻值，读取并记录电压表和电流表的读数，并与计算值相比较。仿真结果如图 13 所示。图中接入的 $R_L = 200$ Ω。

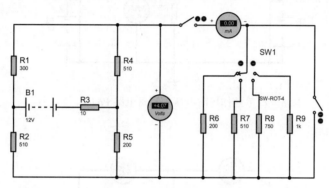

图 11　戴维宁定理原电路测量开路电压 Proteus 仿真图

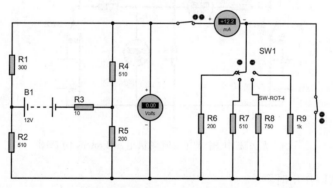

图 12　戴维宁定理原电路测量短路电流 Proteus 仿真图

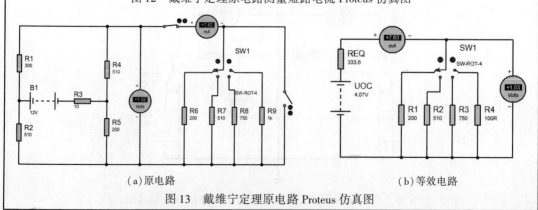

（a）原电路　　　　　　　　　　　（b）等效电路

图 13　戴维宁定理原电路 Proteus 仿真图

#### 四、实验内容

##### 1. 基尔霍夫定律

（1）实验所需仪器仪表及元器件：

①电阻器：510 Ω，2 个。

　　　　　　1 kΩ，1 个。

②直流电源：12 V，1 个。

　　　　　　6 V，1 个。

③直流毫安表，1 块。

④万用表，1 块。

（2）实验操作步骤：

①调节直流电压源：选择两个电压值为 12 V 和 6 V 的固定直流电压源；也可以选择可调电压源，将电压调至 12 V 和 6 V，用万用表直流电压挡测量电压值。

②实验电路如图 1 所示，此电路为基尔霍夫定律和叠加定理的通用实验电路。直流电流表需要串联到电路中，注意直流电流表的正负极要与图中标识的电流方向一致。本实验用一个直流毫安表测量 3 个支路的电流，需要分 3 次完成，当测量一个支路的电流时，其他 2 个支路的电流表位置要用短路线连接。

③参照图 1 连接电路，电源 $E_1$ 和 $E_2$ 接到步骤①调好的直流电压源上，$E_1 = 12$ V，$E_2 = 6$ V，并保证电源的正负极正确对应。首先用直流毫安表测量电流 $I_1$，检查无误后接通电源。电路稳定后读取直流毫安表显示的数值，并将测量结果记录到表 1 中。

④关闭电源，将直流毫安表变换位置测量电流 $I_2$，注意要将步骤③中原毫安表的位置用短路线连接；将测量结果记录到表 1 中。

⑤关闭电源，将直流毫安表变换位置测量电流 $I_3$，注意要将步骤④中原毫安表的位置用短路线连接；将测量结果记录到表 1 中。

⑥保持电路电源接通的状态，用万用表的直流电压挡分别测量电阻 $R_1$、$R_2$ 和 $R_3$ 两端的电压，万用表的红表笔接到图 1 所示电压值的"＋"端，将测量结果记录到表 2 中。

##### 2. 叠加定理

叠加定理实验电路图和基尔霍夫定律实验电路图一样，实验用到的元器件和仪器仪表也相同。

（1）参照图 2 连接电路，直流毫安表测量电流 $I_1$，将 $E_1$ 和 $E_2$ 接入电路，构成两个电源共同作用的工作状态，检查无误后接通电源。

（2）选择电阻 $R_1$、$R_2$ 和 $R_3$ 两端的电压和电阻 $R_1$ 支路的电流 $I_1$ 进行叠加原理的验证。电路稳定后，读取直流毫安表的读数 $I_1$。然后用万用表电阻挡分别测量 $R_1$、$R_2$ 和 $R_3$ 两端的电压 $U_1$、$U_2$ 和 $U_3$，并将测量结果记录在表 3 中。

（3）将电源 $E_2$ 去除，构成电源 $E_1$ 单独作用的工作状态，然后读取直流毫安表读数 $I_1'$，分别用万用表电阻挡测量 $R_1$、$R_2$ 和 $R_3$ 两端的电压 $U_1'$、$U_2'$ 和 $U_3'$，并将测量结果记录在表 3 中。

（4）将电源 $E_1$ 去除，电源 $E_2$ 处于接通状态，构成电源 $E_2$ 单独作用的工作状态，然后读取直流毫安表读数 $I_1''$。分别用万用表电阻挡测量 $R_1$、$R_2$ 和 $R_3$ 两端的电压 $U_1''$、$U_2''$ 和 $U_3''$，并将测量结果记录在表 3 中。

### 3. 戴维宁定理

（1）实验所需仪器仪表及元器件：

①固定电阻器：750 Ω，1 个。

               510 Ω，2 个。

               300 Ω，1 个。

               200 Ω，2 个。

               100 Ω，1 个。

               10 Ω，1 个。

②可变电阻器：1 kΩ，1 个。

               10 kΩ，1 个。

③可调直流电源，1 个。

④直流毫安表，1 块。

⑤万用表，1 块。

（2）实验操作步骤：

①调节直流电压源：选择一个可调电压源，将电压调至 12 V，用万用表直流电压挡测量电压值。

②参照图 5（a）构成电路，测量开路电压。用万用表的直流电压挡测量"1"、"2"两端的电压，将测量结果填入表 4 中。

③参照图 5（b）构成电路，测量短路电流。将电路中的"1"、"2"两端用短路线连接，检查无误后接通电源，读取电流表读数，并将测量结果填入表 4 中。

④测量等效电阻：将电路中的 12 V 直流电源去除，并用短路线连接，然后用万用表电阻挡测量开口"1"、"2"两端的电阻值，将测量结果填入表 4 中；并与步骤②和步骤③的测量结果计算后的 $R_{eq}$ 值相比较，以检验测量结果的正确性。

⑤原电路的外特性测量。将负载电阻连接到电路中，检查无误后接通电源，读取直流毫安表的数值，并用万用表的直流电压挡测量负载电阻两端的电压，将测量结果记录到表 5 中；变换不同的负载电阻值，分别测量电流和电压，并将测量结果记录到表 5 中。

⑥等效电路外特性测量。将可变直流电源的电压调整到步骤②测量的数值，将可变电阻的阻值调整为 $R_{eq}$ 的数值。参照图 4 连接电路，将负载电阻调整到步骤⑤相同的阻值，检查无误后接通电源，分别读取直流毫安表的数值和负载电阻两端的电压值，并将测量结果记录到表 5 中。

## 五、数据记录

**表 1　基尔霍夫电流定律实验数据记录**

| 数值 | 项　目 | | |
|---|---|---|---|
| | $I_1$/mA | $I_2$/mA | $I_3$/mA |
| 测量值 | 9.38 | −2.39 | 7.01 |

**表 2　基尔霍夫电压定律实验数据记录**

| 数值 | 项　目 | | |
|---|---|---|---|
| | $U_1$/V | $U_2$/V | $U_2$/V |
| 测量值 | 4.81 | −1.21 | 7.18 |

表 3　叠加定理实验数据

| $E_1$ 和 $E_2$ 共同作用 | $U_1/\text{V}$ | $U_2/\text{V}$ | $U_3/\text{V}$ | $I_1/\text{mA}$ |
|---|---|---|---|---|
| | 4.87 | −1.21 | 7.13 | 9.23 |
| $E_1$ 单独作用 | $U_1'/\text{V}$ | $U_2'/\text{V}$ | $U_3'/\text{V}$ | $I_1'/\text{mA}$ |
| | 7.27 | −4.83 | 4.72 | 13.89 |
| $E_2$ 单独作用 | $U_1''/\text{V}$ | $U_2''/\text{V}$ | $U_3''/\text{V}$ | $I_1''/\text{mA}$ |
| | −2.39 | 3.62 | 2.39 | −4.64 |

表 4　有源二端网络实验数据

| 数　值 | 测　量　值 | | | 等效电阻计算值 |
|---|---|---|---|---|
| | 开路电压 $U_{\text{OC}}/\text{V}$ | 短路电流 $I_{\text{SC}}/\text{mA}$ | 等效电阻 $R_{\text{eq}}/\Omega$ | 等效电阻 $R_{\text{eq}}/\Omega$ |
| 测量值 | 4.01 | 11.96 | 332 | 335 |

表 5　有源二端网络及其等效电路外特性实验数据

| 数　值 | $R_L = 200\ \Omega$ | | $R_L = 510\ \Omega$ | | $R_L = 750\ \Omega$ | | $R_L = 1\ \text{k}\Omega$ | |
|---|---|---|---|---|---|---|---|---|
| | $U_L/\text{V}$ | $I_L/\text{mA}$ | $U_L/\text{V}$ | $I_L/\text{mA}$ | $U_L/\text{V}$ | $I_L/\text{mA}$ | $U_L/\text{V}$ | $I_L/\text{mA}$ |
| 有源二端网络测量值 | 1.47 | 7.37 | 2.38 | 4.70 | 2.74 | 3.66 | 2.97 | 2.99 |
| 等效电路测量值 | 1.46 | 7.33 | 2.37 | 4.68 | 2.73 | 3.64 | 2.96 | 2.97 |

## 六、数据处理及结果

### 1. 基尔霍夫定律

根据相对误差计算公式 $\delta_U = \left| \dfrac{U_{\text{计算值}} - U_{\text{测量值}}}{U_{\text{计算值}}} \right| \times 100\%$，计算基尔霍夫定律的 6 个相对误差，计算结果见表 6。

表 6　基尔霍夫定律误差计算表

| 数　值 | 项　目 | | | | | |
|---|---|---|---|---|---|---|
| | 基尔霍夫电流定律 | | | 基尔霍夫电压定律 | | |
| | $\delta_{I_1}$ | $\delta_{I_2}$ | $\delta_{I_3}$ | $\delta_{U_1}$ | $\delta_{U_2}$ | $\delta_{U_3}$ |
| 计算值 | 0.11% | 3.77% | 2.23% | 0.41% | 3.4% | 0.98% |

### 2. 叠加定理

根据相对误差计算公式计算叠加定理的 12 个相对误差，计算结果见表 7。

表 7　叠加定理误差计算表

| 数　值 | 项　目 | | | |
|---|---|---|---|---|
| | $\delta_{U_1}$ | $\delta_{U_2}$ | $\delta_{U_3}$ | $\delta_{I_1}$ |
| $E_1$ 和 $E_2$ 共同作用 | 0.83% | 3.42% | 0.56% | 2.53% |
| $E_1$ 单独作用 | 0.69% | 1.05% | 1.26% | 1.91% |
| $E_2$ 单独作用 | 0 | 0.28% | 0 | 1.07% |

### 3. 戴维宁定理

（1）开路电压误差：

$$\delta_{U_{oc}} = \left| \frac{U_{CO计算值} - U_{OC测量值}}{U_{OC计算值}} \right| \times 100\% \qquad (10)$$

代入数据计算得

$$\delta_{U_{oc}} = \left| \frac{4.04 - 4}{4.04} \right| \times 100\% = 1\%$$

（2）等效电阻误差：

$$\delta_{R_0} = \left| \frac{R_{0计算值} - R_{0测量值}}{R_{0计算值}} \right| \times 100\% \qquad (11)$$

代入数据计算，用开路短路法计算

$$\delta_{R_{eq}} = \left| \frac{331.7 - 335}{331.7} \right| \times 100\% = 1\%$$

用万用表测量值计算

$$\delta_{R_{eq}} = \left| \frac{331.7 - 332}{331.7} \right| \times 100\% = 0.09\%$$

实验中采用误差小的数值，即 $R_{eq} = 332\ \Omega$。

（3）原电路与等效电路的外特性误差（见表8），以绝对误差表示，即

$$\Delta U = U_{原电路} - U_{等效电路} \qquad (12)$$

**表 8    戴维宁定理原电路与等效电路的外特性误差表**

| 数　　值 | 项　　目 | |
|---|---|---|
| | $\Delta U/\text{V}$ | $\Delta I/\text{mA}$ |
| $R_L = 200\ \Omega$ | 0.01 | 0.04 |
| $R_L = 510\ \Omega$ | 0.01 | 0.02 |
| $R_L = 750\ \Omega$ | 0.01 | 0.02 |
| $R_L = 1\ \text{k}\Omega$ | 0.03 | 0.02 |

## 七、误差分析

（通过实验数据和仪器设备情况进行误差分析。）

（1）导线误差。

（2）电源老化造成的示数不稳定。

（3）其他设备工作不稳定。

（4）仪器仪表的示数误差。

（5）接触电阻带来的误差。

（6）实验元器件示值不准确造成的误差。

## 八、对本实验的学习心得、意见和建议

通过本次实验,不仅验证了基尔霍夫定律、叠加定理和戴维宁定理的正确性,更加深了对基尔霍夫定律、叠加定理和戴维宁定理的理解和运用,熟悉了直流毫安表、万用表和直流稳压电源的使用方法。同时,在实验中一定要注意实验安全问题,发现问题要及时与老师沟通、解决。

## 九、成绩评定

| 考核项目 | 实验预习情况 | 实验操作情况 | 实验报告 | 成绩评定 |
|---|---|---|---|---|
| 得分 | | | | |

指导教师签字:

# 哈尔滨商业大学

## 计算机与信息工程学院

# 电工电子实验报告

课　程　名　称：　　　　电工学
实　验　题　目：　单晶体管共射放大电路实验
专业、班级：　　202×级××专业×班
姓　　　　名：　　　　　×××
学　　　　号：　　　202×12345678
日　　　　期：　　　202×.××.××

## 一、实验目的

（1）掌握单晶体管共射放大电路的工作原理。

（2）掌握静态工作点的测试及调整方法。

（3）掌握放大电路电压放大倍数 $A_u$、输入电阻 $r_i$ 和输出电阻 $r_o$ 的测量方法。

（4）理解负载 $R_L$ 的变化对放大倍数 $A_u$ 的影响。

（5）理解晶体管放大电路静态工作点的变化对电路性能的影响。

（6）进一步熟悉数字示波器、数字信号发生器和毫伏表的使用方法。

（7）通过仿真分析验证理论计算的正确性，并为实际操作实验提供参考。

## 二、实验原理

单晶体管共射分压偏置放大电路如图 1 所示。

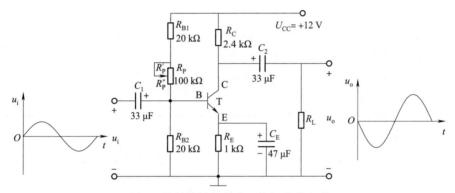

图 1　单晶体管共射分压偏置放大电路

### 1. 静态工作点 Q 的理论计算所需公式

$$\begin{cases} V_B = \dfrac{R_{B2}}{R_{B1} + R_P''}U_{CC} \\[2mm] I_E = \dfrac{V_B - U_{BE}}{R_E} \\[2mm] I_B = \dfrac{I_C}{\beta} = \dfrac{I_E}{1 + \beta} \\[2mm] U_{CE} = U_{CC} - I_C R_C - I_E R_E \end{cases} \tag{1}$$

### 2. 动态参数的理论计算

测量放大电路的电压放大倍数、输入电阻、输出电阻等动态参数应在输出波形不失真的情况下进行。电路电压放大倍数取决于 $\beta$，$R_C$，$R_L$ 和晶体管输入电阻 $r_{be}$ 的大小。其中，晶体管输入电阻

$$r_{be} \approx 200(\Omega) + (\beta + 1)\dfrac{26(mV)}{I_E(mA)} \tag{2}$$

如果忽略偏置电阻的分流影响，中频段的电压放大倍数可以表示为

$$A_{us} = \frac{u_o}{u_s} = -\beta \frac{R_C /\!/ R_L}{R_S + r_{be}} \tag{3}$$

其中,式(3)中 $R_S$ 为输入信号源内阻,如果在中频段忽略信号源内阻,电路的电压放大倍数为

$$A_u = \frac{u_o}{u_i} = -\beta \frac{R_C /\!/ R_L}{r_{be}} \tag{4}$$

输入电阻和输出电阻分别由下式计算

$$r_i = R_{B1} /\!/ R_{B2} /\!/ r_{be} \tag{5}$$

$$r_o \approx R_C \tag{6}$$

### 3. 静态工作点不合适,对放大电路输出波形的影响

如果 $Q$ 点过低($I_B$ 小,则 $I_C$ 小,$U_{CE}$ 大),晶体管工作在截止区,会产生截止失真,出现输出电压波形上削波现象;$Q$ 点过高($I_B$ 和 $I_C$ 大,$U_{CE}$ 小),晶体管将工作在饱和区,产生饱和失真,出现输出电压波形下削波现象。即使 $Q$ 点合适,若输入信号过大,也会因为晶体管动态范围不够而出现输出波形双削波现象。

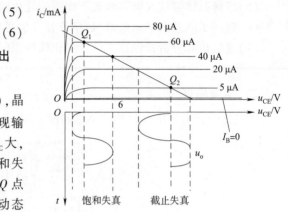

图 2　静态工作点位置不合适的波形失真图

## 三、仿真分析

### 1. 测试静态工作点

连接好电路后,可先不接入信号源和示波器,只接入直流电源进行静态工作点的调试和调整。

在调试无错误的状态下单击电路中的晶体管 T,则弹出此时的静态工作点状态的界面,如图 3 所示。

此时电路的静态值分别为

$U_{BE} = 0.6687\ \text{V}$,$U_{CE} = 6.054\ \text{V}$,$I_B = 8.245\ \mu\text{A}$,$I_C = 1.746\ \text{mA}$。

### 2. 测试电路放大倍数

输入信号有效值为 10 mV,频率为 1 kHz 的正弦波。由于 Proteus 在信号源中幅值设置是峰-峰值,所以设置输入信号峰-峰值为 28 mV,频率为 1 kHz。考虑显示效果,设置示波器的扫描时间为 0.2 ms,A 通道信号幅值选择 10 mV 挡,B 通道信号幅值选择 1 V

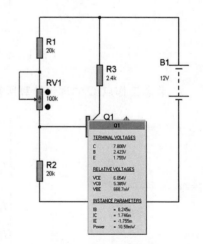

图 3　单晶体管共射放大电路静态工作点仿真图

挡。由图中可以看到,输入信号的幅值 $U_{im} = 14\ \text{mV}$($V_{PP} = 28\ \text{mV}$),输出信号的幅值 $U_{om} = 1.45\ \text{V}$,电路的放大倍数 $|A_u| = 104$,且输入/输出波形相位上相差 $180°$,即输入与输出反相,如图 4 所示。

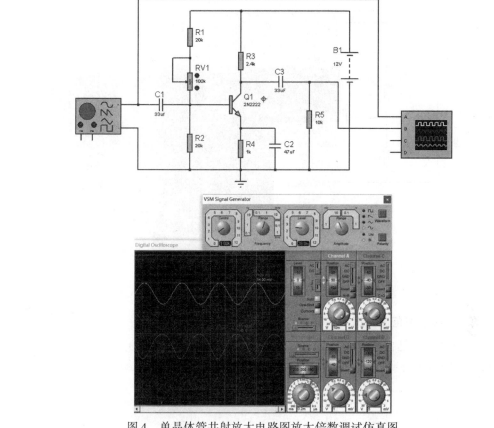

图 4　单晶体管共射放大电路图放大倍数调试仿真图

## 3. 电路波形失真仿真分析

电路饱和失真和截止失真时的输出波形如图 5(a)、(b)所示。由图 5(a)、(b)可见出现波形失真时晶体管的静态工作点的参数值也发生了变化。

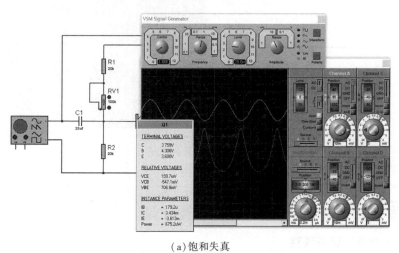

(a)饱和失真

图 5　单晶体管共射放大电路失真情况仿真图

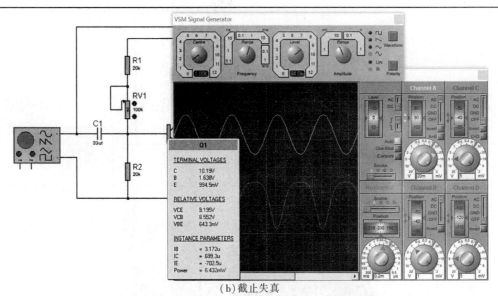

(b)截止失真

图 5　单晶体管共射放大电路失真情况仿真图(续)

### 4. 放大电路动态范围测试

在静态工作点合适的情况下,逐渐增大输入信号,观察输出波形的变化,直到出现削波失真为止,此时的输入信号即为此晶体管放大电路的动态范围,如图 6 所示。

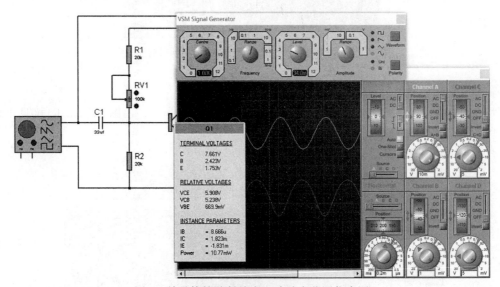

图 6　单晶体管共射放大电路动态范围仿真图

### 四、实验内容

### 1. 静态工作点测试与调整

(1)参照图 1 连接直流通路,不接入电容器、负载电阻、信号源和示波器;

(2)缓慢调节 $R_P$,使 $U_{CEQ} \approx 6$ V,然后用万用表直流挡分别测量 $U_{BEQ}$ 及 $V_B$、$V_C$ 的值,并计算 $I_{BQ}$,$I_{CQ}$ 和 $\beta$ 的数值,将相关数据填入表 1 中。

### 2. 测量电压放大倍数 $A_u$

(1)按照图 1 所示的放大电路,将 2 个 33 μF 和 1 个 47 μF 电容器接入电路中。

(2)调整信号源产生 $f = 1$ kHz,$U_i = 10$ mV($U_{PP} \approx 28$ mV)的正弦波信号。信号的有效值用交流毫伏表测量,信号频率用示波器观察。

(3)将调整好的信号源连接到放大电路的输入端,将交流毫伏表和示波器两个通道分别接到放大电路的输入端和输出端。

(4)首先不接负载($R_L = \infty$),用毫伏表测量输出电压有效值,并计算放大电路开路时的中频段电压放大倍数,将测量数据和计算结果记录于表 2 中。

(5)保持电路其他参数不变,接入负载电阻 $R_L$,分别取 $R_L = 1$ kΩ,5 kΩ,10 kΩ,50 kΩ,测量输出电压,计算电压放大倍数,将测量数据和计算结果也填入表 2 中。

### 3. 放大电路波形失真实验

(1)电路中接入 $R_L = 10$ kΩ,其他参数不变。

(2)逐渐减小 $R_P$ 阻值,观察输出电压波形的变化,直到出现波形失真,记录此时的 $U_i$ 数值,测量此时的 $U_{BE}$、$U_{CE}$ 的数值,将测量结果和示波器观察到的失真波形示意图填入表 3 中。

(3)逐渐增大 $R_P$ 阻值,观察输出电压波形的变化,直到出现波形失真(当 $R_P$ 增至最大,波形失真仍不明显时,可增大输入信号 $u_i$),记录此时的 $U_i$ 数值,测量此时的 $U_{BE}$、$U_{CE}$ 的数值,将测量结果和示波器观察到的失真波形示意图填入表 3 中。

### 4. 动态范围的测量

(1)调整电路的静态工作点使 $U_{CEQ} = 6$ V。

(2)调节输入信号 $U_i$ 的大小,观测输出波形,直至出现输出波形出现双削波,并将 $U_i$ 的变化范围填入表格中。

### 5. 测量输入电阻 $r_i$

(1)将电阻 $R_E$ 短路。

(2)在信号源与放大器之间串入一个 $R_D$ 电阻(4.7 kΩ),其他电路连线不变。

(3)检查无误后接通电源,分别测量电路中的 $U_{R_D}$ 和 $U_i$,将测量结果填入表 4 中。

### 6. 测量输出电阻 $r_o$

(1)在上一步骤的基础上,去除电阻 $R_D$ 不接入负载电阻 $R_L$。

(2)在放大器输入端接入 $U_S = 10$ mV,$f = 1$ kHz 的电压信号,测量当负载 $R_L = \infty$ 时的输出电压 $U_{R_o}$,将测量结果填入表 4 中,关闭电源。

(3)将 $R_L = 5$ kΩ 接入电路,接通电源,测量输出电压 $U_{R_L}$ 的值,将测量结果填入表 4 中。

## 五、数据记录

表 1 静态工作点数据

| 实 测 | | | | 根据实测计算 | | |
|---|---|---|---|---|---|---|
| $U_{BEQ}/V$ | $U_{CEQ}/V$ | $V_B/V$ | $V_C/V$ | $I_{BQ}/mA$ | $I_{CQ}/mA$ | $\beta$ |
| 0.65 | 6.00 | 2.45 | 7.81 | 0.05 | 1.75 | 35 |

表2　电压放大倍数的测试

| 条　件 | 测量结果 | | 计　算　值 |
| --- | --- | --- | --- |
| | $U_i$/mV | $U_o$/V | $|A_u|$ |
| $R_L = \infty$ | 9.7 | 1.42 | 146.39 |
| $R_L = 10$ kΩ | 9.7 | 1.14 | 117.53 |
| $R_L = 5$ kΩ | 9.7 | 0.96 | 98.97 |
| $R_L = 1$ kΩ | 9.7 | 0.42 | 43.30 |

表3　静态工作点的位置对输出波形的影响

| 项　　目 | | $R_P$ 减小 | $R_P$ 增加 |
| --- | --- | --- | --- |
| 电压测量 | $U_i$/mV | 9.22 | 27.95 |
| | $U_{BE}$/V | 0.66 | 0.62 |
| | $U_{CE}$/V | 1.8 | 8.42 |
| 输出波形示意图 | | 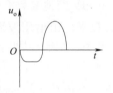 | 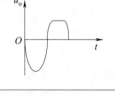 |
| 失真判断 | | 饱和失真 | 截止失真 |

表4　动态范围、输入电阻和输出电阻的测量

| 动态范围 | $U_i = 0 \sim 34.5$ mV | | |
| --- | --- | --- | --- |
| 输入电阻 $r_i$ | $U_i = 6.52$ mV | $U_{R_b} = 2.42$ mV | $r_i = 1.74$ kΩ |
| 输出电阻 $r_o$ | $U_{R_L\infty} = 1.42$ V | $U_{R_L} = 0.96$ V | $r_o = 2.2$ kΩ |

## 六、数据处理及结果

根据表1的测量结果,通过静态工作点的公式转化可以得出:

$$\begin{cases} I_E = \dfrac{V_B - U_{BE}}{R_E} = \left(\dfrac{2.45 - 0.65}{1 \times 10^3}\right)A = 1.8 \text{ mA} \\[2mm] I_C = \dfrac{U_{CC} - V_C}{R_C} = \left(\dfrac{12 - 7.81}{2.4 \times 10^3}\right)A = 1.75 \text{ mA} \\[2mm] \beta = \dfrac{I_C}{I_E - I_C} = \dfrac{1.75}{1.8 - 1.75} = 35 \\[2mm] I_B = \dfrac{I_C}{\beta} = \dfrac{1.75}{35}\text{mA} = 0.05 \text{ mA} \end{cases}$$

当 $U_{CC} = +12$ V 时,调整 $R_P$ 使 $U_{CE} = +6$ V,可得

$$I_C \approx I_E = \frac{U_{CC} - U_{CE}}{R_C + R_E} = \left(\frac{12 - 6}{1 + 2.4}\right)\text{mA} = 1.765 \text{ mA}$$

$$r_{be} = \left[ 200 + (1 + 35)\frac{26}{1.8} \right] \Omega \approx 720\ \Omega$$

取 $U_{BE} = 0.65$ V,由图 1 可得

$$V_B = U_{BE} + I_E R_E = (0.65 + 1.8 \times 1)\ V = 2.45\ V$$

与测量结果相同。

根据公式(4)可得

$$R_L = \infty\ 时,A_u = -\beta\frac{R_C // R_L}{r_{be}} = -35 \times \frac{2.4}{0.72} = -115.5$$

根据相对误差公式计算误差,可得:$\delta_{A_u} = \left| \dfrac{-115.5 + 146.39}{-115.5} \right| \approx 26.7\%$

$$R_L = 10\ k\Omega\ 时,A_u = -\beta\frac{R_C // R_L}{r_{be}} = -35 \times \frac{2.4 // 10}{0.72} = -94.1$$

根据相对误差公式计算误差,可得:$\delta_{A_u} = \left| \dfrac{-94.1 + 117.53}{-94.1} \right| \approx 24.9\%$

$$R_L = 5\ k\Omega\ 时,A_u = -\beta\frac{R_C // R_L}{r_{be}} = -35 \times \frac{2.4 // 5}{0.72} = -78.8$$

根据相对误差公式计算误差,可得:$\delta_{A_u} = \left| \dfrac{-78.8 + 98.97}{-78.8} \right| \approx 25.6\%$

$$R_L = 1\ k\Omega\ 时,A_u = -\beta\frac{R_C // R_L}{r_{be}} = -35 \times \frac{2.4 // 1}{0.82} = -34.3$$

根据相对误差公式计算误差,可得:$\delta_{A_u} = \left| \dfrac{-34.3 + 43.3}{-34.3} \right| \approx 27.2\%$

## 七、误差分析

(通过实验数据和仪器设备情况进行误差分析。)

从数据处理结果可见,静态参数误差较小,放大倍数误差很大。造成测量结果存在误差的主要原因是:

(1)采用估算法存在很大误差。

(2)电源老化造成的电路工作不稳定。

(3)仪器设备工作不稳定。

(4)仪器仪表的示数误差。

(5)接触电阻带来的误差。

(6)实验元器件示值不准确造成的误差。

## 八、对本实验的学习心得、意见和建议

通过本次实验,加深了对单晶体管放大电路的理解和运用,熟悉了数字函数信号发生器、数字示波器、交流毫伏表和万用表的使用方法。同时,在实验中一定要注意实验安全问题,发现问题要及时与老师沟通、解决。

## 九、成绩评定

| 考核项目 | 实验预习情况 | 实验操作情况 | 实验报告 | 成绩评定 |
|---|---|---|---|---|
| 得分 | | | | |

指导教师签字：

# 哈爾濱商業大學

## 计算机与信息工程学院

# 电工电子实验报告

课 程 名 称： 数字逻辑

实 验 题 目： 小规模组合逻辑电路的分析与设计实验

专业、班级： 202×级××专业×班

姓　　　名： ×××

学　　　号： 202×12345678

日　　　期： 202×.××.××

## 一、实验目的

（1）掌握与门、或门、与非门、异或门和非门等基本逻辑门芯片的功能及使用方法；

（2）掌握小规模组合逻辑电路分析方法及测试方法；

（3）掌握小规模组合逻辑电路设计方法及测试方法；

（4）掌握利用仿真软件对分析和设计的结果进行验证的方法。

## 二、实验原理

### 1. 实验用芯片的功能

（1）芯片引脚图。本实验可使用五种芯片，分别为与非门 7400、与门 7408、或门 7432、异或门 7486 和非门 7404。五种芯片的外形相同，均为 14 引脚。内部结构如图 1 所示。

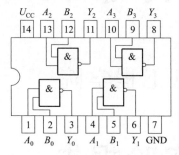
（a）7400（2 输入与非门）

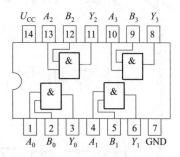
（b）7408（2 输入与门）

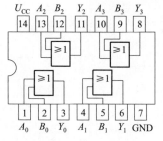
（c）7432（2 输入或门）

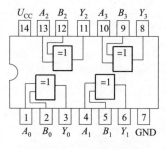
（d）7486（2 输入异或门）

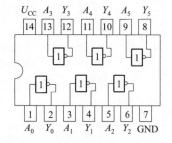
（e）7404（非门）

图 1　五种芯片的引脚图

（2）芯片的真值表。五种芯片的真值表见表 1（a）、（b）。

表 1　五种芯片的真值表

(a) 与非门、与门、或门和异或门真值表

| 输入 $A$ $B$ | 输出 $Y$ 7400 | 输出 $Y$ 7408 | 输出 $Y$ 7432 | 输出 $Y$ 7486 |
|---|---|---|---|---|
| 0　0 | 1 | 0 | 0 | 0 |
| 0　1 | 1 | 0 | 1 | 1 |

续表

| 输入 <br> $A$    $B$ | 输出 $Y$ <br> 7400 | 输出 $Y$ <br> 7408 | 输出 $Y$ <br> 7432 | 输出 $Y$ <br> 7486 |
|---|---|---|---|---|
| 1    0 | 1 | 0 | 1 | 1 |
| 1    1 | 0 | 1 | 1 | 0 |

(b) 非门状态测试表

| 输入 $A$ | 输出 $Y$ |
|---|---|
| 1 | 0 |
| 0 | 1 |

**2. 小规模组合逻辑电路分析实例**

(1)分析实例一:分析图 2 所示电路的逻辑功能。

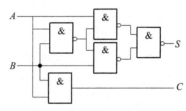

图 2  分析实例一电路图

①根据电路图,写出 $S$、$C$ 的逻辑函数表达式。

$$\begin{cases} S = \overline{\overline{AB} \cdot A} \cdot \overline{\overline{AB} \cdot B} = A\overline{B} + \overline{A}B \\ C = AB \end{cases} \tag{1}$$

②列出真值表并判断逻辑功能。根据逻辑函数表达式,列出真值表,见表2。

表 2  图 2 对应的真值表

| 输入 | | 输出 | |
|---|---|---|---|
| $A$ | $B$ | $S$ | $C$ |
| 0 | 0 | 0 | 0 |
| 0 | 1 | 1 | 0 |
| 1 | 0 | 1 | 0 |
| 1 | 1 | 0 | 1 |

根据真值表可以判断,图 2 所示的电路为半加器逻辑电路。输入 $A,B$ 为两个 1 位二进制数加数,输出 $S$ 为本位的和,另一个输出 $C$ 为两个数相加之后产生的进位。

(2)分析实例二:分析图 3 所示电路的逻辑功能。

①根据图 3 所示电路,写出 $S_i$、$C_i$ 的逻辑函数表达式。

$$\begin{cases} S_i = A_i \oplus B_i \oplus C_{i-1} = \overline{A}_i B_i C_{i-1} + A_i \overline{B}_i C_{i-1} + A_i B_i \overline{C}_{i-1} + A_i B_i C_{i-1} \\ C_i = A_i B_i + A_i \oplus B_i \cdot C_{i-1} = A_i B_i + B_i C_{i-1} + A_i C_{i-1} \end{cases} \tag{2}$$

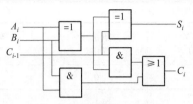

图 3　分析实例二电路图

②列出真值表并判断逻辑功能。

根据逻辑函数表达式,列出真值表,见表 3。

表 3　图 3 对应的真值表

| 输　　入 | | | 输　　出 | |
|---|---|---|---|---|
| $A_i$ | $B_i$ | $C_{i-1}$ | $S_i$ | $C_i$ |
| 0 | 0 | 0 | 0 | 0 |
| 0 | 0 | 1 | 1 | 0 |
| 0 | 1 | 0 | 1 | 0 |
| 0 | 1 | 1 | 0 | 1 |
| 1 | 0 | 0 | 1 | 0 |
| 1 | 0 | 1 | 0 | 1 |
| 1 | 1 | 0 | 0 | 1 |
| 1 | 1 | 1 | 1 | 1 |

根据真值表可以判断,图 3 所示的电路为全加器逻辑电路。其中,$A_i$、$B_i$ 分别为 1 位二进制加数,$C_{i-1}$ 为低位来的进位,$S_i$ 表示全加器运算的和,$C_i$ 表示全加器运算后产生的新的进位。

**3. 小规模组合逻辑电路的设计实例**

(1)设计实例一:设计一个判断 3 个变量是否一致的组合逻辑电路,要求当输入量 $A$、$B$、$C$ 不同时,输出 $Y$ 为 1;当输入量 $A$、$B$、$C$ 相同时,输出 $Y$ 为 0。

①根据逻辑要求列出真值表,见表 4。

表 4　判一致电路真值表

| 输　　入 | | | 输　　出 |
|---|---|---|---|
| $A$ | $B$ | $C$ | $Y$ |
| 0 | 0 | 0 | 0 |
| 0 | 0 | 1 | 1 |
| 0 | 1 | 0 | 1 |
| 0 | 1 | 1 | 1 |
| 1 | 0 | 0 | 1 |
| 1 | 0 | 1 | 1 |
| 1 | 1 | 0 | 1 |
| 1 | 1 | 1 | 0 |

②根据真值表写出逻辑函数表达式。

$$Y = \sum m(1,2,3,4,5,6) = \overline{A}\,\overline{B}C + \overline{A}B\overline{C} + \overline{A}BC + A\overline{B}\,\overline{C} + A\overline{B}C + AB\overline{C} \qquad (3)$$

③化简和变换。可以采用代数式化简,也可以采用卡诺图化简。卡诺图如图 4 所示。

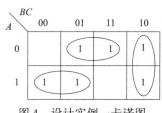

图 4  设计实例一卡诺图

化简后的结果为

$$Y = A\overline{B} + B\overline{C} + \overline{A}C \qquad (4)$$

④根据逻辑函数表达式画出电路图,如图 5 所示。

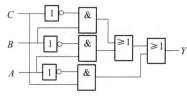

图 5  判一致电路的电路图

(2)设计实例二:设 $A = A_1A_0$、$B = B_1B_0$ 均为两位二进制数,设计一个判别 $A > B$ 的比较器。

设输出用 $Y$ 表示,当 $A > B$ 时 $Y = 1$,当 $A \leqslant B$ 时 $Y = 0$。

①根据逻辑要求画出逻辑状态表,见表 5。

②根据逻辑状态表写出逻辑函数式:

$$Y = \sum (4,8,9,12,13,14) \qquad (5)$$

③采用卡诺图化简,卡诺图如图 6 所示。

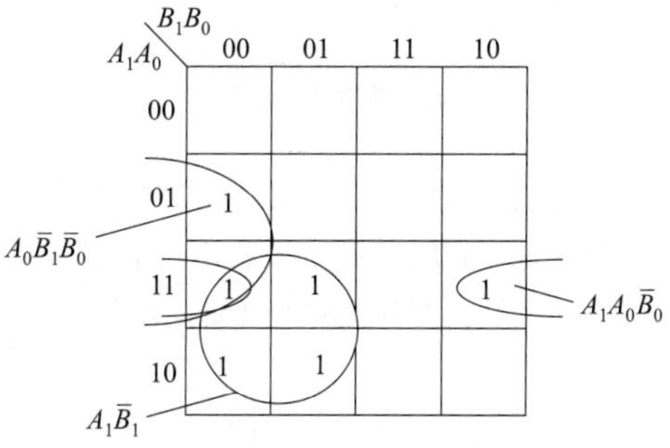

表 5  设计实例二真值表

| 输 | 入 | | | 输出 |
|---|---|---|---|---|
| $A$ | | $B$ | | |
| $A_1$ | $A_0$ | $B_1$ | $B_0$ | $Y$ |
| 0 | 0 | 0 | 0 | 0 |
| 0 | 0 | 0 | 1 | 0 |
| 0 | 0 | 1 | 0 | 0 |
| 0 | 0 | 1 | 1 | 0 |
| 0 | 1 | 0 | 0 | 1 |
| 0 | 1 | 0 | 1 | 0 |
| 0 | 1 | 1 | 0 | 0 |
| 0 | 1 | 1 | 1 | 0 |
| 1 | 0 | 0 | 0 | 1 |
| 1 | 0 | 0 | 1 | 1 |
| 1 | 0 | 1 | 0 | 0 |
| 1 | 0 | 1 | 1 | 0 |
| 1 | 1 | 0 | 0 | 1 |
| 1 | 1 | 0 | 1 | 1 |
| 1 | 1 | 1 | 0 | 1 |
| 1 | 1 | 1 | 1 | 0 |

图 6  设计实例二卡诺图

化简和变换后可得

$$
\begin{aligned}
Y &= A_0 \overline{B_1}\,\overline{B_0} + A_1 \overline{B_1} + A_1 A_0 \overline{B_0} \\
&= A_0 \overline{B_0}(\overline{B_1} + A_1) + A_1 \overline{B_1}
\end{aligned}
\tag{6}
$$

画出电路图,如图 7 所示。

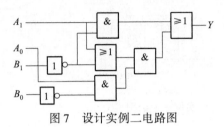

图 7　设计实例二电路图

### 三、仿真分析

#### 1.小规模组合逻辑电路分析实例仿真

(1)仿真实例一——半加器电路仿真。参照图 2 连接仿真电路,需要 2 个与非门 7400,1 个与门 7408。输入采用双掷开关 SW – SPDT,输出采用发光二极管 LED。仿真图如图 8 所示。图中输入 $A = 0$,$B = 1$,输出 $S = 1$,$C = 0$。

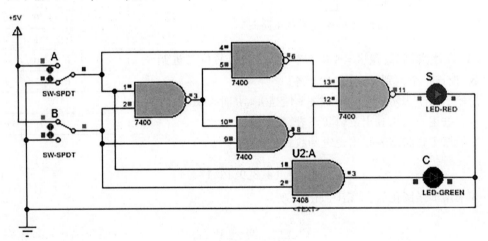

图 8　半加器仿真图

(2)仿真实例二——全加器电路仿真。参照图 3 连接仿真电路,需要 2 个异或门 74HC86,2 个与门 74HC08,1 个或门 74HC32,输入采用逻辑状态块 LOGICSTATE。输出采用 发光二极管 LED。仿真图如图 9 所示。图中,输入 $A = 1$,$B = 1$,$C_{i-1} = 0$,输出 $S_i = 0$,$C_i = 1$。

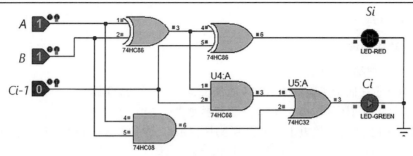

图 9 全加器仿真图

### 2. 小规模组合逻辑电路设计实例仿真

(1)设计实例一——判一致电路。参照图 5 连接仿真电路,需要 3 个非门 74LS04,3 个与门 74LS08,2 个或门 74LS32,输入采用逻辑状态块 LOGICSTATE。输出采用发光二极管 LED。仿真图如图 10 所示。图中,输入 $A=1$,$B=0$,$C=1$,输出 $Y=1$。

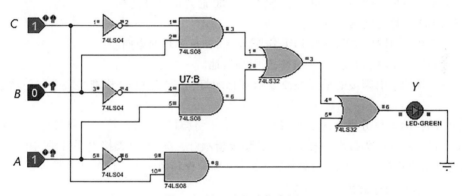

图 10 判一致电路仿真图

(2)设计实例二——比较电路。参照图 7 连接仿真电路,需要 3 个非门 74LS04,3 个与门 74LS08,2 个或门 74LS32,输入采用逻辑状态块 LOGICSTATE。输出采用发光二极管 LED。仿真图如图 11 所示。图中,$A_1A_0=11$,$B_1B_0=10$,$A>B$,输出 $Y=1$。

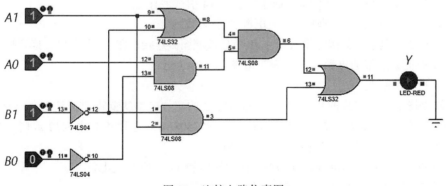

图 11 比较电路仿真图

## 四、实验内容

### 1. 芯片功能测试

（1）7400 芯片功能测试：

①将 7400 芯片插于实验台的 DIP14 管座上，注意芯片的方向。

②将芯片的 14 引脚接 +5 V 电源，7 引脚接地。

③将芯片的 1、2 引脚接电平开关，3 引脚接指示灯，参照表 1(a)检查第一个与非门功能是否正常。

④以同样的方法分别将 4,5 引脚接电平开关，6 引脚接指示灯；将 13,12 引脚接电平开关，11 引脚接指示灯；将 10,9 引脚接电平开关，8 引脚接指示灯，分别检查其他 3 个与非门的功能是否正常。

（2）7408 芯片功能测试。测试步骤参考 7400 芯片的测试过程。

（3）7432 芯片功能测试。测试步骤参考 7400 芯片的测试过程。

（4）7486 芯片功能测试。测试步骤参考 7400 芯片的测试过程。

（5）7404 芯片功能测试：

①将 7404 芯片插于实验台的 DIP14 管座上，注意芯片的方向。

②将芯片的 14 引脚接 +5 V 电源，7 引脚接地。

③将芯片的 1 引脚接电平开关，2 引脚接指示灯，参照表 1(b)检查第一个非门功能是否正常。

④以同样的方法分别将 3 引脚接电平开关，4 引脚接指示灯；将 5 引脚接电平开关，6 引脚接指示灯；将 13 引脚接电平开关，12 引脚接指示灯；将 11 引脚接电平开关，10 引脚接指示灯；将 9 引脚接电平开关，8 引脚接指示灯，分别检查其他 5 个非门的功能是否正常。

### 2. 小规模组合逻辑电路分析实验

（1）分析实例一：

①根据图 2 统计芯片的数量和种类，选择合适的芯片。本实验需要用到 4 个与非门和 1 个与门，需要 1 片 7400 与非门芯片和 1 片 7408 与门芯片。

②在数字逻辑实验箱上连接电路进行验证。

a. 先将 1 片 7400 和 1 片 7408 插于实验箱 14 引脚底座上。

b. 将 2 个芯片的 14 引脚接 +5 V 电源，7 引脚接地。

c. 任选 2 个电平开关作为输入端 $A$、$B$；然后按照图 2 连接电路；输出 $S$ 和 $C$ 接到指示灯上。

d. 检查无误后接通电源。对照表 2 检查电路的性能。

（2）分析实例二：

①根据图 3 统计芯片的数量和种类，选择合适的芯片。本实验需要用到 2 个异或门、2 个与门和 1 个或门，需要 1 片 7486 异或门芯片、1 片 7408 与门芯片和 1 片 7432 或门芯片。

②在数字逻辑实验箱上连接电路进行验证。

a. 先将 1 片 7486、7408 和 1 片 7432 插到实验箱 14 引脚底座上。

b. 将 3 个芯片的 14 引脚接 +5V 电源，7 引脚接地。

c. 任选 3 个电平开关作为输入端 $A_i$,$B_i$,$C_{i-1}$；然后按照图 3 连接电路；输出 $S_i$ 和 $C_i$ 接到指示灯上。

d. 检查无误后接通电源。对照表 3 检查电路的性能。

**3. 小规模组合逻辑电路的设计实验**

（1）设计实例一：

①根据图 5 中逻辑门的数量和种类，选择芯片。由图 5 可知，电路需要 2 个或门、3 个非门和 3 个与门。因此需要 1 片 7432、1 片 7404、1 片 7408。

②在数字逻辑实验台上连接电路进行验证。

a. 先将 1 片 7432、1 片 7404 和 1 片 7408 插到实验箱 14 引脚底座上。

b. 将 3 个芯片的 14 引脚接 +5 V 电源，7 引脚接地。

c. 任选 3 个电平开关作为输入端 $A$、$B$、$C$；然后按照图 5 连接电路；输出 $Y$ 接到指示灯上；

d. 检查无误后接通电源。对照表 4 检查电路的性能。

（2）设计实例二：

①根据逻辑电路图中逻辑门的数量和种类，选择芯片。由图 7 可见，实现电路需要 2 个非门、2 个或门和 3 个与门，因此需要 1 片 7404、1 片 7432 和 1 片 7408。从逻辑式的化简和变换结果可以看出，如果不对式（6）进行代数变换，直接用最简"与或"式实现电路，则需要 5 个与门和 2 个或门，则需要 2 片 7408 和 1 片 7432，电路的芯片性能不是最优。

②在数字逻辑实验台上连接电路进行验证。

a. 先将 1 片 7404、1 片 7408 和 1 片 7432 插到实验箱 14 引脚底座上。

b. 将 3 个芯片的 14 引脚接 +5 V 电源，7 引脚接地。

c. 任选 4 个电平开关作为输入端 $A_1$、$A_0$、$B_1$、$B_0$；然后按照图 7 连接电路；输出 $Y$ 接到指示灯上。

d. 检查无误后接通电源。对照表 5 检查电路的性能。

**五、对本实验的学习心得、意见和建议**

虽然分析和设计结果是正确的，仿真结果也是正确的，但是在实验过程中，完成接线验证真值表却不对，仔细检查存在以下问题：

（1）接触不良，将芯片和连接线接实后结果就正确了；

（2）电源连接错误，将电源和地接错，烧坏了芯片，更换芯片后结果就正确了；

（3）虽然芯片测试时都是好用的，但是接好电路，结果就不对，在老师的指导下测试逻辑门输出电压发现输出电压低于 2 V，因此导致逻辑错误；

（4）第 4 个实验用到 3 个与门，只测试了 2 个，接好电路不出结果，在老师的提醒下测试第三个与门，发现输出电平不够，因此实验前，一定要测试所有的逻辑门。

通过本次实验，掌握了逻辑门的测试方法和逻辑电路的验证方法，收获很大。

**六、成绩评定**

| 考核项目 | 实验预习情况 | 实验操作情况 | 实验报告 | 成绩评定 |
|---|---|---|---|---|
| 得分 | | | | |

指导教师签字：

# 哈爾濱商業大學

## 计算机与信息工程学院

# "数字逻辑"课程设计报告

实 验 题 目：　365 倒计时电路设计

专业、班级：　电子信息工程 202×级 1 班

学　　　号：　2020××××

姓　　　名：　×××、×××、×××

指 导 教 师：

日　　　期：　202×.××.××

# 目　录

# 1. 选题的目的和意义

倒计时电路广泛应用于基于计算机系统的时间控制过程,用于进行时间的计时和显示。倒计时电路在日常生活中几乎无处不在,大到航天飞机、火箭的发射升天,小到十字路口交通灯,高考、重要节假日的倒计时牌等。本设计的 365 倒计时电路主要是基于"数字逻辑"课程中的秒脉冲发生器和集成计数器来实现,它是将"数字逻辑"课程中的计数器、时钟脉冲发生器、小规模组合逻辑电路、数码显示电路等知识的综合应用。

# 2. 功能要求

365 倒计时电路是在时钟脉冲的控制下,从 365 开始做减法计数,每输入 1 个脉冲计数器减 1,当电路减到 1 后在下一个脉冲到达时电路置数返回 365,开始下一轮重新倒计时。用数码管显示当前的倒计时时间。

# 3. 电路设计

## 3.1 电路构成

根据电路的功能要求,365 倒计时电路的组成结构框图如图 1 所示。

图 1　365 倒计时电路的组成结构框图

由图 1 可见,电路由三部分构成:
(1)时钟脉冲发生器:产生时钟脉冲,驱动倒计时电路进行倒计时计数。
(2)倒计时计数器:产生从 365 开始进行减法倒计时,计时减到 1 结束,返回 365。
(3)数码显示电路:显示当前倒计时的时间。

## 3.2 芯片选择及电路设计

### 3.2.1 时钟脉冲发生器设计

时钟脉冲发生器的主要功能就是产生时钟脉冲。产生时钟脉冲的方法很多,本设计选用 555 定时器芯片为主芯片构成时钟脉冲发生器。

1. 555 定时器芯片的引脚图
555 定时器芯片的引脚图如图 2 所示。

2. 用 555 定时器构成多谐振荡器

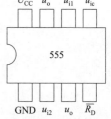

图 2　555 定时器芯片的引脚图

(1)电路构成及输出波形图。用 555 定时器构成多谐振荡器,产生输出脉冲。由 555 定时器构成的多谐振荡器电路图及波形图如图 3 所示。

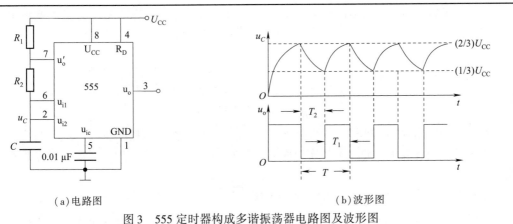

（a）电路图　　　　　　　　　　　　　（b）波形图

图 3　555 定时器构成多谐振荡器电路图及波形图

（2）工作原理。参考电压 $U_{R_1} = (2/3) U_{CC}$，$U_{R_2} = (1/3) U_{CC}$。

①初始状态。电源接通前，电容器无储能，$u_C = 0$。

②电容器第一次充电。电源接通后，开始通过电阻 $R_1$ 和 $R_2$ 对电容器 $C$ 进行第一次充电，使 $u_C$ 逐渐升高，此时满足 $u_{i1} < U_{R_1}$，$u_{i2} < U_{R_2}$，所以电路输出 $u_o$ 为高电平，晶体管 $T_D$ 截止。

当 $(2/3) U_{CC} > u_C > (1/3) U_{CC}$ 时，满足 $u_{i1} < U_{R_1}$，$u_{i2} > U_{R_2}$ 时，电路保持原状态不变，电路输出 $u_o$ 仍为高电平，晶体管 $T_D$ 仍然截止。

③电容器第一次充电结束。当 $u_C$ 的电压升高到大于 $(2/3) U_{CC}$ 时，满足 $u_{i1} > U_{R_1}$，$u_{i2} > U_{R_2}$，晶体管 $T_D$ 饱和导通，输出 $u_o$ 变为低电平。

④电容器第一次放电。电容器 $C$ 开始通过晶体管 $T_D$ 放电，随着电容器放电的进行，$u_C$ 的电压逐渐下降，只要 $u_C$ 不低于 $(1/3) U_{CC}$，电路的输出将一直保持低电平，晶体管 $T_D$ 一直饱和导通；当 $u_C$ 下降到略低于 $(1/3) U_{CC}$ 时，满足 $u_{i1} < U_{R_1}$，$u_{i2} < U_{R_2}$，电路的状态发生翻转，输出 $u_o$ 又跳变到高电平，晶体管 $T_D$ 截止。

⑤电路自激振荡。随后电容器 $C$ 又开始充电，如此周而复始，电路工作在自激振荡状态，形成了多谐振荡器。

（3）脉冲周期的计算。根据上面的分析和电路的工作波形，可以知道该多谐振荡器输出脉冲的周期 $T$ 等于电容的充电时间 $T_1$ 和放电时间 $T_2$ 之和。

①输出高电平时间 $T_1$。根据上面的分析和电路的工作波形，电路输出高电平的时间就是电容的充电时间。根据三要素公式可得

$$u_C(t) = u_C(\infty) + [u_C(0+) - u_C(\infty)] e^{-\frac{t}{\tau}} \tag{1}$$

且 $u_C(\infty) = U_{CC}$，$u_C(0+) = \dfrac{1}{3} U_{CC}$，$u_C(T_1) = \dfrac{2}{3} U_{CC}$，$\tau = (R_1 + R_2) C$

可得

$$T_1 = (R_1 + R_2) C \ln \frac{U_{CC} - U_{R_2}}{U_{CC} - U_{R_1}} = (R_1 + R_2) C \ln 2 \tag{2}$$

②输出低电平时间 $T_2$。输出低电平时间也是电容器的放电时间，同样根据三要素公式，且 $u_C(\infty) = 0$，$u_C(0+) = \dfrac{2}{3} U_{CC}$，$u_C(T_2) = \dfrac{1}{3} U_{CC}$，$\tau = R_2 C$，可得

$$T_2 = R_2 C \ln \frac{0 - U_{R_2}}{0 - U_{R_1}} = R_2 C \ln 2 \tag{3}$$

③输出脉冲周期 $T$。该多谐振荡器输出脉冲的周期 $T$ 等于电容的充电时间 $T_1$ 和放电时间 $T_2$ 之和,即

$$T = T_1 + T_2 = (R_1 + 2R_2)C\ln 2 \tag{4}$$

④输出脉冲占空比 $q$:

$$q = \frac{T_1}{T} = \frac{R_1 + R_2}{R_1 + 2R_2} = \frac{1}{1 + R_2/(R_1 + R_2)} \tag{5}$$

通过改变电阻 $R_1$、$R_2$ 和电容 $C$ 的参数,就可以调整输出脉冲的频率和占空比。

为了满足设计要求同时又节省实验时间,本设计脉冲周期设计为 1 s。首先电容器 $C$ 选用 10 μF。

根据式(4)可推得 $1 = (R_1 + 2R_2) \times 10 \times 10^{-6} \times \ln 2$,$R_1 + 2R_2 \approx 145$ kΩ。

根据式(5),占空比取 50%,可得 $T_2 = R_2 C\ln 2$,$0.5 = R_2 \times 10 \times 10^{-6}\ln 2$,$R_2 \approx 72.46$ kΩ。

实际连接电路时,$R_2$ 取 100 kΩ 的可变电阻,取 $R_1 = 500$ Ω,调节可变电阻使 $R_2 \approx 72.46$ kΩ,在电路调试过程中可以调节输出脉冲的频率。

利用 Proteus 软件,参照图 3(a)选取元器件连接电路,仿真结果如图 4 所示。

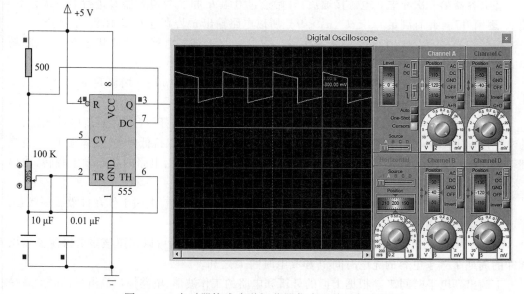

图 4    555 定时器构成多谐振荡器仿真电路及仿真结果

由仿真结果可见,$R_2$ 约为 72 kΩ 时,输出脉冲的周期为 1 s。

### 3.2.2    倒计时计数器设计

倒计时计数器本质上就是减法计数器。本设计采用十进制可逆计数器 74192 级联实现。

74192 芯片的引脚图及逻辑功能

74192 是一种常用的十进制同步可逆计数器。74192 引脚图及图形符号如图 5 所示。74192 采用 DIP16 封装。

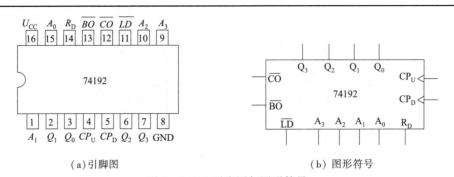

(a) 引脚图 　　　　　　　　　　　　　（b）图形符号

图 5　74192 引脚图与图形符号

74192 具有异步清零、异步置数、加法/减法计数及保持的功能。

①当 $R_D = 1$，其他输入端为任意，计数器异步清零，即 $Q_3 Q_2 Q_1 Q_0 = 0000$。

②当 $R_D = 0$，$\overline{LD} = 0$ 时，将输入端 $A_3 \sim A_0$ 的值置入 $Q_3 Q_2 Q_1 Q_0$ 端，即 $Q_3 Q_2 Q_1 Q_0 = d_3 d_2 d_1 d_0$。74192 为异步置数。

③当 $R_D = 0$，$\overline{LD} = 1$ 时，74192 工作在计数器状态。当 $CP_D = 1$，$CP_U$ 接外部计数脉冲时，74192 为加法计数器；当 $CP_U = 1$，$CP_D$ 接外部计数脉冲时，74192 为减法计数器。

④当 $R_D = 0$，$\overline{LD} = 1$，$CP_U = CP_D = 1$ 时，74192 工作在保持状态。

根据题目要求，本设计应采用反馈置数法，减法计数。电路启动时遇 000 置数 365，然后减计数，减到 000 时，置数 365，由于 74192 是异步置数，所以 000 为"毛刺"。原理电路如图 6 所示。

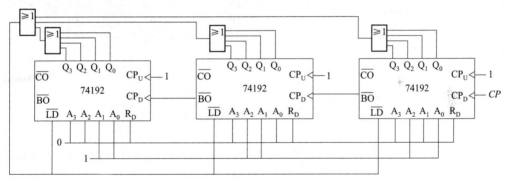

图 6　365 倒计时原理电路图

在图 6 中，如果不用四输入或门，也可以将输出端进行变换，变化的方法是：

$$Q_3 + Q_2 + Q_1 + Q_0 = \overline{\overline{Q_3 + Q_2 + Q_1 + Q_0}} = \overline{\overline{Q_3} \cdot \overline{Q_2} \cdot \overline{Q_1} \cdot \overline{Q_0}} \tag{6}$$

采用非门 7404 和四输入与非门 7420，这样既增加了芯片的驱动能力，还降低了电路的繁杂程度。

### 3.2.3 数码显示电路设计

倒计时电路采用数码管显示，直观清晰。

1. 数码管

数码管分共阴极和共阳极两种，本设计选用共阴极数码管，其引脚图及图形符号如图 7 所示。数码管有 10 个引脚。其中 3 引脚、8 引脚接地。

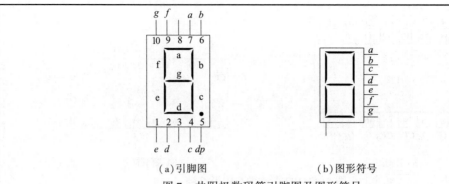

(a) 引脚图                    (b) 图形符号

图 7   共阴极数码管引脚图及图形符号

2. 显示译码器

数码管正常工作需要显示译码器驱动,显示译码器种类繁多,本设计采用 CD4511 芯片。

CD4511 是一个用于驱动共阴极数码管的 BCD 码-七段译码器,具有锁存、译码及驱动等功能。可直接驱动 LED 显示器(数码管)。CD4511 采用 16 引脚 DIP 封装,其引脚图及图形符号如图 8 所示。其中,$A_3 \sim A_0$ 为 BCD 码输入端,$Y_a \sim Y_g$ 为七段译码输出端,$\overline{LT}$ 为试灯输入端,$\overline{BI}$ 为输出消隐控制端,$LE$ 为数据锁定控制端。

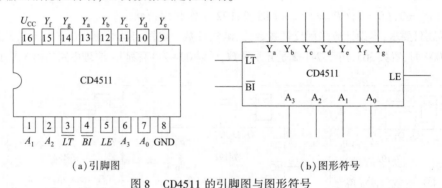

(a) 引脚图                    (b) 图形符号

图 8   CD4511 的引脚图与图形符号

CD4511 与共阴极七段数码管的连接原理图如图 9 所示。限流电阻 R 的取值范围为 300 Ω ~ 1 kΩ。

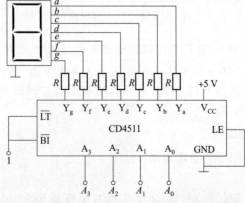

图 9   CD4511 与共阴极七段数码管的连接原理图

### 3.3 电路总体仿真

完成了各部分设计之后,将 3 部分电路连接进行仿真,仿真电路图如图 10 所示。

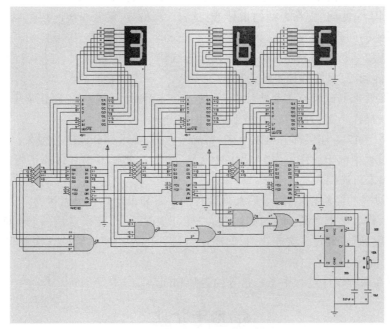

图 10　365 倒计时仿真电路图

# 4. 电路连接及调试

参照图 10,在实验箱或电路板上连接电路,小组成员分工协作,采取了如下的连接步骤:

(1)对所用芯片进行功能测试;

(2)对连接线进行测试;

(3)根据电路图在实验板上进行器件布局;

(4)按照结构图分 3 部分连接电路,先连接倒计时计数器部分,并借用实验台上的脉冲和数码管,调试 365 倒计时电路;

(5)365 倒计时部分调试完成后,连接数码显示电路并进行调试;

(6)最后连接时钟脉冲发生电路,替代实验台上的脉冲完成整个电路的连接和调试。

图 11 为电路调试完成后电路运行过程抓拍的图片。

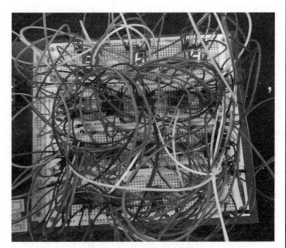

图 11　365 倒计时电路板图

# 5. 总结与感想

课程设计结束了,在课程设计过程中,小组成员密切配合,圆满地完成了设计任务。在设计过程中,遇到了一些问题,在老师的指导下,我们认真检查,反复 3 次连接电路,最后终于完成了设计。遇到的问题如下:

(1)虽然按照结构图部分连接电路,但由于连线错误,导致倒计时电路运行无结果,无法检查是哪里出的问题,只好拆掉重新连接;

(2)未按照要求测试所有芯片的性能,致使一个非门损坏而影响电路正常工作;

(3)连接线插入不实,有虚接,电路不稳定;

(4)数码管与 4511 连接部分电阻太多,布局不合理,显示部分调试了很久;

(5)调试过程中由于操作失误,一片 74192 坏了,更换芯片不小心碰掉了附近的线,致使电路崩溃,拆掉重新连接。

总结设计过程的经验教训,对今后其他课程的学习和设计都有很大帮助。也深刻体会到了老师常说的"作为一个产品,不会像计算题一样分步骤给分,要么它是一个合格的商品,要么它就是一个废品"。经过 3 次连线,我们还体会到了产品优化的意义,这次课程设计收获很大,受益匪浅。

最后感谢在课程设计过程中悉心指导的老师和同学。

# 6. 参考文献

[1]张玉茹. 数字逻辑电路设计[M]. 2 版. 哈尔滨:哈尔滨工业大学出版社,2018.

[2]赵明. Proteus 电工电子技术仿真技术实践[M]. 2 版. 哈尔滨:哈尔滨工业大学出版社,2017.

# 附录  元器件清单

| 序 号 | 器件名称 | 参数及功能要求 | 数 量 |
|---|---|---|---|
| 1 | 555 | 定时器 | 1 |
| 2 | 可变电阻器 | 100 kΩ | 1 |
| 3 | 电阻器 | 500 Ω | 1 |
| 4 | 电容器 | 10 μF | 1 |
| 5 | 电容器 | 0.01 μF | 1 |
| 6 | 电阻器 | 300 Ω | 21 |
| 7 | 7404 | 非门 | 3 |
| 8 | 74192 | 十进制可逆计数器 | 3 |
| 9 | 7420 | 4 输入与非门 | 2 |
| 10 | 7432 | 2 输入或门 | 1 |
| 11 | CD4511 | 显示译码器 | 3 |
| 12 | 数码管 | 共阴极 | 3 |

# 附录 E 图形符号对照表

图形符号对照表见表 E.1。

表 E.1 图形符号对照表

| 序　号 | 名　称 | 国家标准中的画法 | 软件中的画法 |
|---|---|---|---|
| 1 | 发光二极管 | | |
| 2 | 二极管 | | |
| 3 | 稳压管 | | |
| 4 | 晶体管 | | |
| 5 | 整流桥 | | |

续表

| 序　号 | 名　　称 | 国家标准中的画法 | 软件中的画法 |
|---|---|---|---|
| 6 | 变压器 | | |
| 7 | 电解电容 | | |
| 8 | 蓄电池 | | |
| 9 | 与门 | | |
| 10 | 异或门 | | |
| 11 | 或门 | | |
| 12 | 非门 | | |

# 参 考 文 献

[1]秦曾煌.电工学:上、下册[M].7版.北京:高等教育出版社,2019.

[2]赵明.电工学实验教程[M].2版.哈尔滨:哈尔滨工业大学出版社,2016.

[3]赵明.电工电子技术仿真与实验[M].北京:中国铁道出版社,2017.

[4]赵明.Proteus电工电子仿真技术实践[M].2版.哈尔滨:哈尔滨工业大学出版社,2017.

[5]吴建强.电工学新技术实践[M].3版.北京:机械工业出版社,2012.

[6]张玲霞.电工电子实验教程[M].哈尔滨:哈尔滨工业大学出版社,2012.

[7]张玉茹.数字逻辑电路设计[M].2版.哈尔滨:哈尔滨工业大学出版社,2018.

[8]刘陈.电工电子实验技术:上、下册.[M].北京:人民邮电出版社,2014.

[9]侯建军.电子技术基础实验、综合设计实验与课程设计[M].北京:高等教育出版社,2009.